KB126954

미술관에 간 화학자

| 두 번째 이야기 |

| 일러두기 |

- 해당 인명이 대표적으로 소개되는 각 꼭지마다 국문명과 영문명 및 생몰연도를 함께 표기하였다(예 : 레오나르도 다빈치Leonardo da Vinci, 1452~1519). 해당 꼭지에서는 영문명과 생몰연도를 중복표기하지 않는 것을 원칙으로 하였다. 이후 항목을 달리 하는 꼭지에서 재등장할 경우 중복표기하였다.
- 미술이나 영화 및 연극 작품은 〈 〉로, 단행본은 『 』, 논문이나 정기간행물은 「 」로 묶었다.
- 본문 뒤에 작품과 인명 찾아보기(색인)를 두어, 본문에 수록한 작품 등을 찾아 볼 수 있도록 하였다.
- 외래명의 한글 표기는 원칙적으로 외래어 표기법에 따랐다.
- 작품의 크기는 세로×가로로 표기하였다.

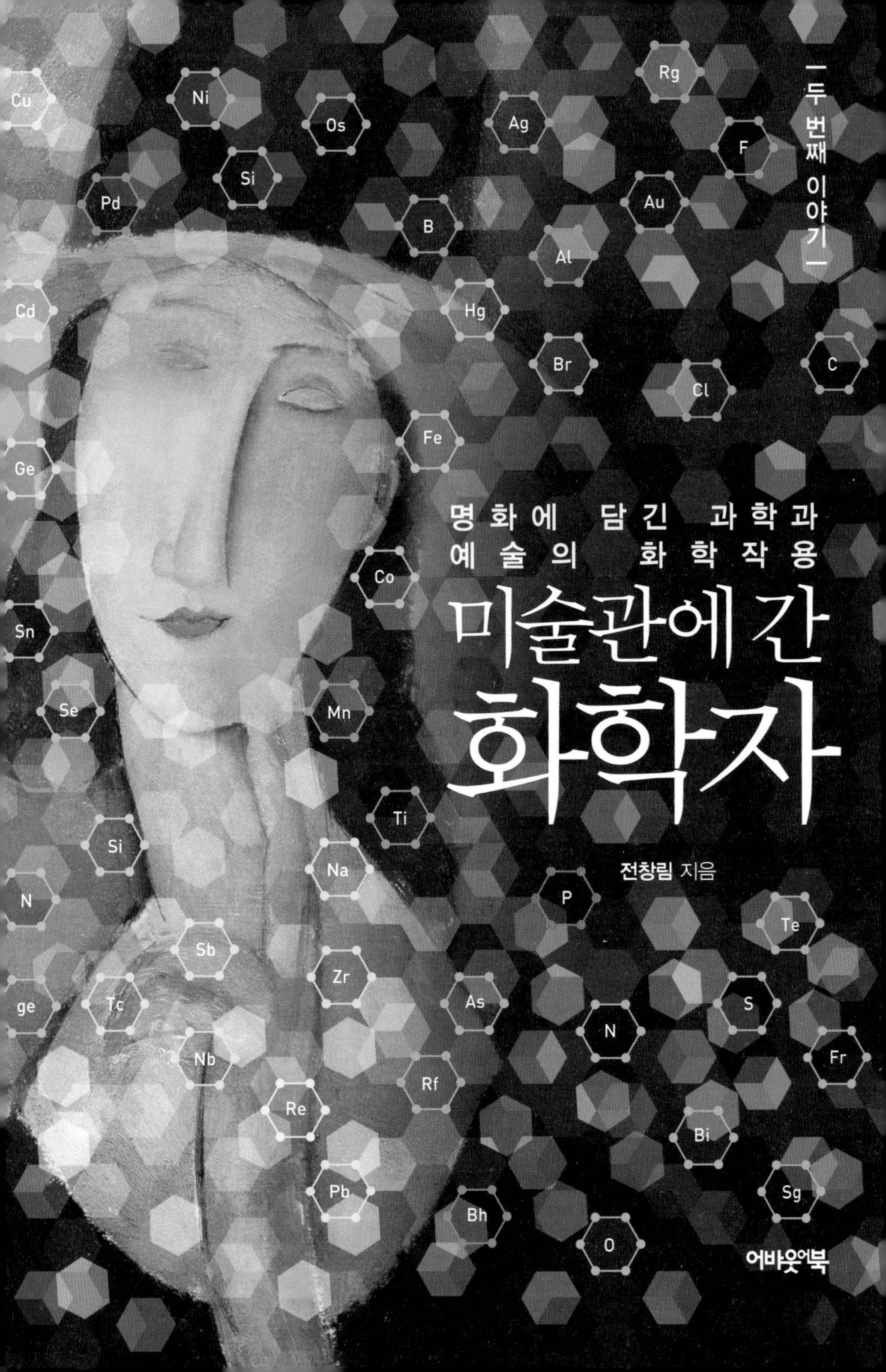
두 번째 이야기
명화에 담긴 과학과
예술의 화학작용
미술관에 간
화학자
전창림 지음
어바웃어북

명화에 담긴 화학과 예술 그리고 인생 이야기

『미술관에 간 화학자』(첫 번째 이야기)가 출간된 지 벌써 12년이 지났고 개정증보판이 나온 지도 6년이나 됐는데, 과학 분야 베스트셀러를 거쳐 스테디셀러로 끊임없이 사랑받고 있습니다. 언젠가부터 제 소개를 할 때면 자연스레 "미술관에 간 화학자, 전창림입니다"라고 하게 됐고, "전창림? 미술관에 간 화학자 아니세요?"라는 질문도 많이 받습니다. 어느덧 '미술관과 화학자'는 서로 조화를 이루면서 하나의 이름이 된 느낌입니다.

미술은 작가의 감정이나 의도를 시각적으로 나타내는 예술입니다. 화학은 물질의 본질과 변화를 연구하는 학문입니다. 미술은 개인적이고, 화학은 객관적입니다. 미술은 감정을 다루고, 화학은 물질을 다룹니다. 이 둘은 전혀 접점도 없어 보이고 내용도 서로 상반되는 것처럼 생각됩니다.

하지만 미술은 화학에서 태어나 화학을 먹고사는 예술입니다. 미술의 주재료인 물감이 화학물질이기 때문입니다. 또 캔버스 위 물감이 세월을 이기지 못해 퇴색하거나 발색하는 것도 모두 화학작용에서 비롯합니다. 그래서 작품을 가만히 살펴보면 화학적 우여곡절이 빼곡하게 담겨있기 마련이지요.

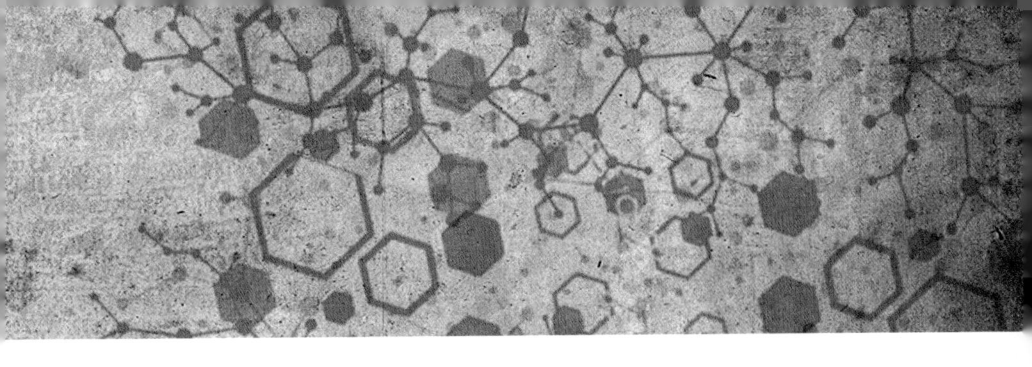

『미술관에 간 화학자 : 두 번째 이야기』는 전편(개정증보판)에 싣지 못한 화가와 그림 들을 다뤘습니다. 물론 이 책은 어려운 미술평론이 아닙니다. 이번 책도 미술평론가나 미술사가들의 글과는 다를 것입니다.

루벤스가 그린 풍만한 여체의 피부색으로부터 요즘 화장품에서 유행하는 퍼스널 컬러의 과학을 소개했고, 베르메르의 〈우유를 따르는 여인〉에 나타나는 파랑과 노랑의 현란한 대비 효과가 '색채인지 과정'에서 나타나는 색채학의 이론과 맞닿아 있음을 이야기 했습니다. 고야와 휘슬러가 사랑했던 검은색 안료 이야기를 하면서 빛을 모두 흡수하는 완전히 어두운 색이 왜 존재할 수 없는지를 살펴봤습니다.

터너는 〈비, 증기, 속도, 대서부열차〉라는 그림에서 증기의 힘과 속도를 그렸는데, 화학자 보일의 법칙에 따라 팽창하는 증기의 힘이 산업혁명을 이끄는 원동력이었다는 이야기도 들을 수 있습니다. 모딜리아니를 따라 젊은 생을 마감한 잔느 에뷰테른의 처절한 사랑이 어느 정도는 화학물질 호르몬의 영향을 받았을 것이라는 이야기를 들으면, 물질만을 다루는 화학에도 인간의 삶에 관한 이야기가 담겨 있음을 다시 깨닫게 됩니다.

미술과 화학의 접점은 이뿐만이 아닙니다. 최근 발달한 분석화학 기술로 미술작품을 연구하여 새로운 사실을 밝혀내기도 합니다. 2018년 영국 「가디언」에, 고흐가 그린 해바라기 그림들의 노란색이 갈색으로 변색되고 있다는 충격적인 보도가 나왔습니다. 사실 이런 이슈는 꽤 오래 전부터 제기되어 왔습니다. 2011년경 몇몇 화학자들이 고흐의 그림을 과학적으로 분석하여 미국화학회가 펴내는 「분석화학」이라는 논문지에 그 결과를 발표하기도 했습니다. 고흐가 그린 해바라기에 사용한 노란색은 크롬 옐로(chrome yellow)였고, 여기에 블랑 픽스(blanc fix)라는 흰색을 섞어서 칠했는데, 이 색은 납과 황을 포함하고 있어서 시간이 지나면 점차 갈색으로 변한다는 것을 확인한 논문이었습니다. 더구나 햇빛이나 열을 가하면 그 반응이 더 촉진된다는 것도 확인했습니다. 납은 황과 만나면 황화납(PbS)이 되는데, 이 침전은 검은색입니다. 크롬 옐로는 크롬산납이고 블랑 픽스는 황산바륨입니다.

그런데 고흐는 왜 크롬 옐로를 그렇게 많이 썼을까요? 고흐는 남프랑스의 아를로 이주하면서 해바라기 그림을 많이 그렸습니다. 아를은 한낮에 태양의 열기가 황금빛으로 이글거리는 곳입니다. 고흐는 그림 뿐 아니라 자기 집도 온통 노란색으로 칠할 정도로 노란색에 애정이 깊었던 화가였습니다. 해를 향해 환하게 피어나는 해바라기는 고흐의 내면에서 사물화한 태양의 표

현이었을 것입니다. 그런데 당시 화학적으로 개발된 크롬 옐로는 색이 아주 아름다우면서도 태양빛을 닮아 강렬합니다. 크롬 옐로는 노란색이지만 가볍지 않습니다. 약간 붉은색을 띠고 있어서 정열적이기도 하지요. 태양을 나타내는데 안성맞춤입니다. 고흐는 해바라기를 채색하는데 그 이상의 색을 찾기 어려웠을 것입니다.

위대한 화가와 명화는 참 많습니다. 하지만, 그런 화가와 명화를 모두 섭렵해야만 미술 감상에 눈을 뜨는 것은 아닙니다. 요즘말로 자기와 케미(!)가 맞는 그림이 있습니다. 그런 그림 몇 점을 더 깊이 보고, 화가에 대해서도 좀 더 관심을 기울이다 보면 훨씬 재미있게 그림을 감상할 수 있습니다. 또 작품을 통해 느끼고 배우는 것도 많아져 우리 인생이 풍요로워집니다. 전편과 더불어 이 책이 여러분의 이성과 감성이 조화와 균형을 이루는 데 작은 보탬이 되기를 희망합니다.

2019년 봄

전창림

C O N T E N T S

Chapter 2 선과 색에 관하여

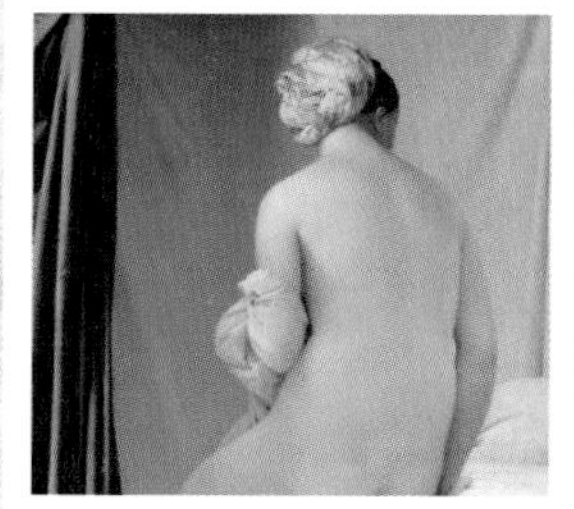

Chapter 3 이성과 감성에 관하여

Chapter 4 빛과 어둠에 관하여

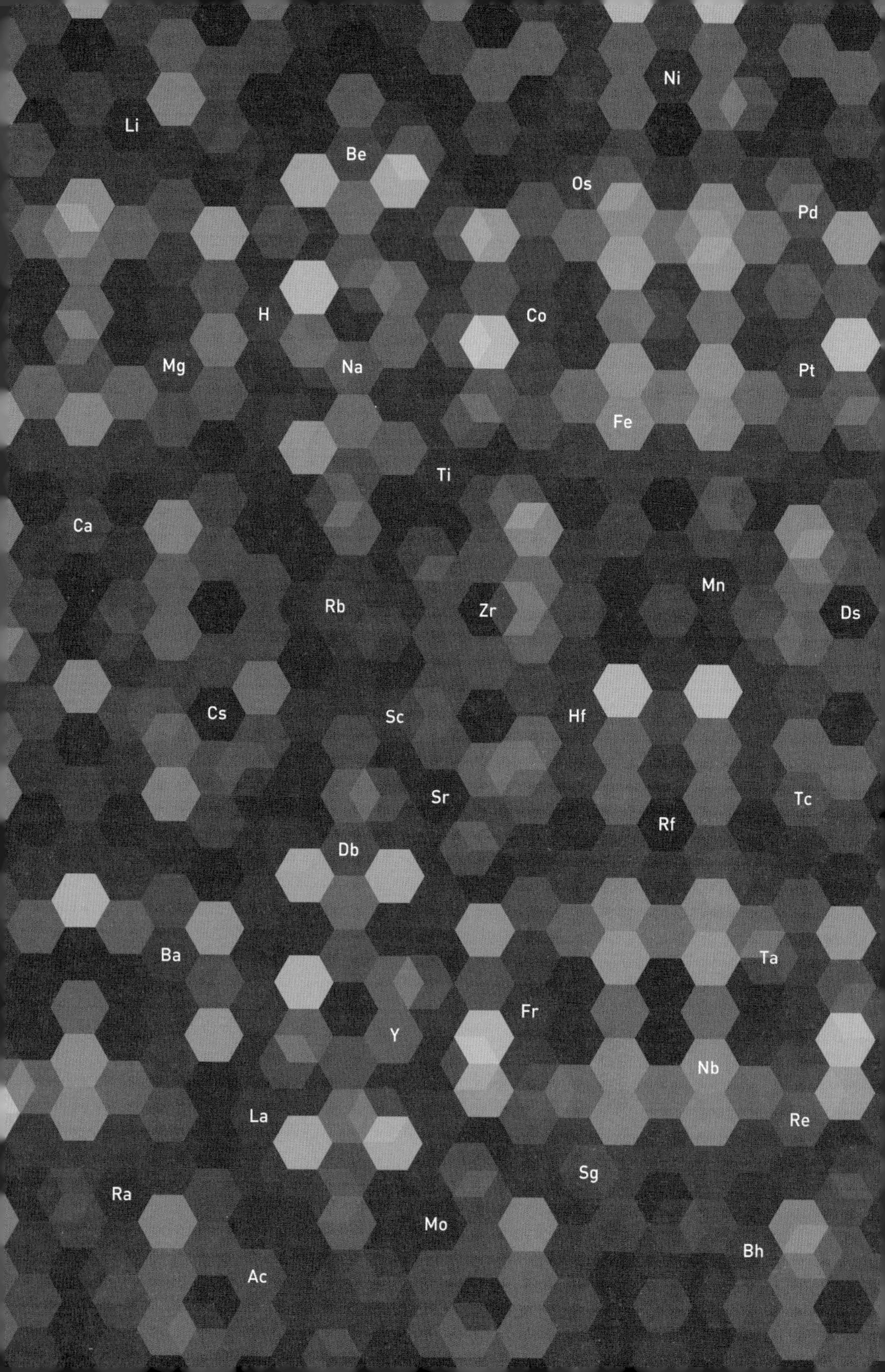
Ni
Li
Be
Os
Pd
H
Co
Mg
Na
Pt
Fe
Ti
Ca
Mn
Rb
Zr
Ds
Cs
Sc
Hf
Sr
Tc
Rf
Db
Ta
Ba
Fr
Y
Nb
Re
La
Sg
Ra
Mo
Bh
Ac

CHAPTER 01

신과 인간에 관하여

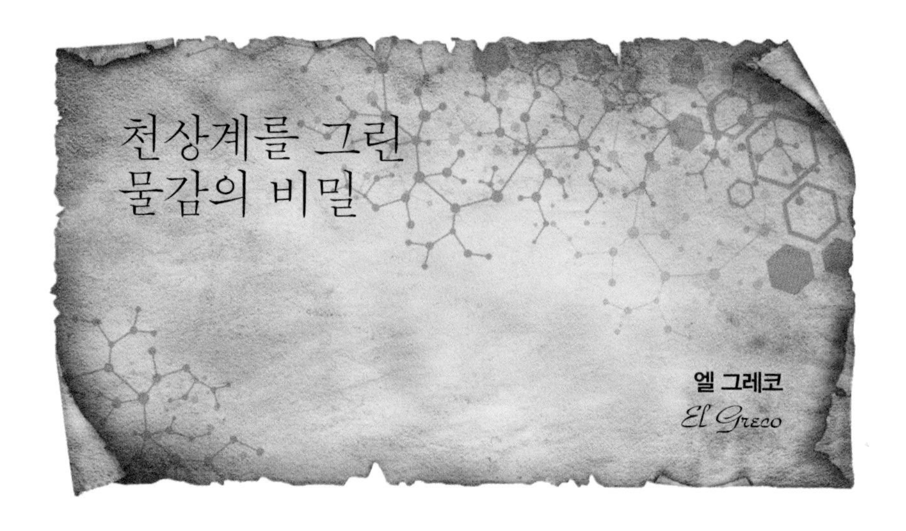

세계 3대 성화

그림 한 점을 보기 위해 스페인 마드리드 아토차역에서 기차를 타고 인근 '톨레도'라는 도시를 찾았던 기억이 난다. 톨레도(Toledo)는 로마제국이 스페인 중부를 점령할 때 이곳의 저항이 거세 '참고 견뎌 항복하지 않는다'라는 뜻의 '톨레툼(toletum)'으로 불렀던 것에서 유래한다. 그래서일까, 도시는 이름 그대로 우여곡절의 세파에 휘둘리지 않고 묵묵히 견뎌온 듯 중세의 모습 그대로를 간직하고 있다.

톨레도의 구도심 유대인지구로 들어서면 '산토 토메(Santo Tomé)'라는 이름의 작은 성당이 나오는데, 바로 이곳에 필자가 찾아 나선 그림 〈오르가스

엘 그레코, 〈오르가스 백작의 장례식〉, 1586~1588년, 캔버스에 유채, 480×360m, 산토 토메 성당, 스페인 톨레도

백작의 장례식〉이 있다.

톨레도에서 활동했던 화가 엘 그레코El Greco, 1541~1614의 대표작인 〈오르가스 백작의 장례식〉은 미술사적으로 매우 중요한 작품 가운데 하나다. 서양미술사에서는 미켈란젤로Michelangelo di Lodovico Buonarroti Simoni, 1475~1564의 〈천지창조〉, 레오나르도 다빈치Leonardo da Vinci, 1452~1519의 〈최후의 만찬〉과 함께 이 그림을 세계 3대 성화로 기록하고 있다.

어느 백작의 장례식 장면이 270년 만에 그려진 까닭

〈오르가스 백작의 장례식〉은 세계 3대 성화라는 미술사적 의미 말고도 매우 흥미로운 이야깃거리로 가득하다. 장례식 장면을 그린 그림이지만 사실 여기서 매장되는 오르가스 백작은 이 그림이 그려지기 270년 전인 1312년에 죽은 인물이다.

오르가스 백작의 본명은 돈 곤잘로 루이스 오르가스Don Gonzalo Ruiz Orgaz로, 평생 선행과 자비를 아끼지 않아 많은 사람들로부터 존경받았던 위인이다. 특히 그는 신앙심이 매우 깊었는데, 죽기 전에 산토 토메 성당에 자신의 재산을 기부할 것을 유언으로 남겼다. 즉, 후손들에게 자신의 재산 중 일부를 해마다 헌금으로 기부할 수 있도록 당부한 것이다.

그의 유언은 한동안 잘 지켜졌지만, 시대가 바뀌면서 여러 암초에 부딪치고 말았다. 16세기에 불어닥친 종교개혁의 광풍이 대표적이다. 신교를 지지하는 종교개혁 세력과 구교인 가톨릭을 지지하는 반종교개혁 세력 간의 갈등이 유럽 전역을 휩쓸고 있을 때, 당시 스페인을 통치했던 펠리페 2세Felipe II de España, 1527~1598는 가톨릭의 수호자임을 자처하면서 종교개혁에 극렬하게 맞섰다.

하지만 펠리페 2세의 강압적인 반종교개혁적 조처는 호응을 얻지 못했다. 오히려 부패한 가톨릭교회의 반감만 키우는 결과를 낳았다. 심지어 톨레도의 오르가스 백작 후손들도 해마다 교회에 헌금을 기부하라는 유언의 실행을 중단하기에 이르렀다.

교회로서는 당장 재정난에 봉착했지만 그보다 교회가 우려했던 건 이로 인해 다른 가톨릭 신도들까지 영향을 받아 교회를 떠나는 일이 생기는 불상사였다. 수백 년 동안 이어져 온 오르가스 가문의 헌금은 톨레도에서 상징하는 바가 컸기 때문이다.

결국 교회는 오르가스 가문의 마음을 돌리기 위해 톨레도에서 가장 유명한 화가인 엘 그레코에게 오르가스 백작을 기리는 그림을 (그가 세상을 떠난 지 무려 270년이 흐른 뒤에) 의뢰하게 된 것이다.

그림의 구도는 크게 위 아래로 구분되는데, 각각 하나님이 계시는 천상계와 인간이 사는 지상계를 상징한다. 천상계에서는 예수와 성모 마리아 등이 오르가스 백작의 영혼을 거두기 위해 기다리고 있다. 지상계에서는 아우구스티노 성인(오른쪽)과 스테파노 성인이 입관을 위해 오르가스 백작의 시신을 옮기고 있다.

이 그림에서 특히 인상적인 것은 작품의 구도에서 천상계와 지상계를 구분 짓는 조문객들이다. 조문객들의 모델로는 당시 톨레도의 세력가들이 총망라됐다. 당시 교회가 오르가스 가문으로부터 중단된 헌금을 다시 거둬들이는 것에 그치지 않고 톨레도의 유지들에게까지도 기부금을 유치하려 한 속내가 있었음을 짐작하게 한다.

화학자가 그림 한 점을 보기 위해 톨레도를 찾은 이유

필자는 물론 〈오르가스 백작의 장례식〉이 세계 3대 성화라는 이유만으로 혹은 이 작품의 예술적 가치만을 확인하기 위해 일부러 톨레도를 찾은 것은 아니다. 화학자로서 이 그림에서 살펴보고 싶은 부분이 있었기 때문이다.

앞에서 언급했듯이 〈오르가스 백작의 장례식〉은 구도가 상하로 나누어진다. 그림의 윗부분이 천상인데, 천상계는 지상과 달리 형태가 흐릿하고 색채도 창백하고 몽롱하다. 반면, 지상계에 있는 오르가스 백작의 갑옷을 보면 눈이 부실만큼 광택이 난다. 뿐만 아니다. 지상계에 위치한 모든 인물들은 그 묘사가 대단히 사실적이고 섬세하다.

필자는 천상계와 지상계의 이러한 특징을 구분하여 살펴본 뒤 다시 한 번 찬찬히 천상계를 올려다봤다. 천상계의 색채는 마치 물체가 탈 때 나타나는 불꽃 속에서 희끗희끗 창백하게 빛나는 재처럼 비현실적인 분위기를 자아낸다.

엘 그레코는 하나의 그림에 어떻게 이처럼 상반된 효과를 낼 수 있었을까? 그 열쇠는 바로 '납(Pb)'에 있었다. 물감 중 연백(鉛白, white lead)은 납을 주성분으로 하는 데, 그냥 단조로운 흰색이 아니라 창백한 느낌의 독특한 흰색을 띈다.

연백은 정식 화학용어로 '탄산수산화납[$2PbCO_3 \cdot Pb(OH)_2$]'으로 표기되며 오래 전부터 백색 안료로 사용되어 왔다. 연백은 물에는 녹지 않지만 산에 녹아 이산화탄소를 발생시킨다. 아울러 알칼리에도 녹는데, 황화수소를 만나면 검게 변하는 단점이 있다. 과거에는 여성들이 얼굴에 바르는 미백 화장품의 원료로 쓰기도 했는데, 이로 인해 납 중독을 일으키는 원흉으로 지목되기도 했다. 이런 까닭에 최근에는 다른 흰색 안료에 비해 연백의 사용 범위가 점차 줄어들고 있다.

초상화 속 엘리자베스 1세(Elizabeth I, 1533~1603)의 얼굴은 유난히 하얗게 묘사되었는데, 당시 그녀가 미백을 위해 납 성분의 화장품을 사용했음을 짐작케 한다.
작자 미상, 〈엘리자베스 1세의 초상화〉, 1559년, 캔버스에 유채, 127.3×99.7cm, 내셔널 포트레이트 갤러리, 영국 런던

아무튼 엘 그레코가 연백의 화학적 성분을 정확히 간파한 뒤 천상계의 몽환적인 분위기를 자아내기 위해 이 백색 안료를 사용했는지에 대해서는 어떤 문헌에도 기록된 게 없다. 다만, 화가들의 색에 대한 통찰력은 종종 그 어떤 색채 관련 화학실험의 결과보다도 섬세하고 정교하게 구현되곤 한다. 화학자인 필자가 실험실을 나와 미술관으로 향하는 이유가 여기에 있다.

화가가 그림에 감춘 여러 암시

자, 화학 이야기는 이 정도에서 멈춰야 할 듯 싶다. 이 그림에는 화학 이야기 말고도 소개해야 할 재미있는 이야기들이 차고 넘치기 때문에, 아무래도 지면 관계상 화학 이야기만 할 순 없다.

다시 고개를 내려 그림의 하단 지상계를 찬찬히 살펴보자. 지상계에는 모두 스물아홉 명의 인물들이 그려져 있는데, 그 중 두 사람은 하늘에서 내려온 성 스테파노와 성 아우구스티누스다. 성 스테파노는 돌에 맞아 순교한 성인인데, 그가 입은 예복에 순교 장면이 그려져 있다. 두 성인이 갑옷을 입은 오르가스 백작을 안장하고 있다.

성인 뒤로 조문객들이 한 줄로 늘어서 오르가스 백작의 입관 장면을 주시하고 있다. 오른쪽에 투명한 가운을 걸친 사람은 이 그림을 엘 그레코에게 의뢰한 산토 토메 성당의 교구사제인 안드레 누네즈 Andres Nunez다. 그는 조문객들에게 오르가스 백작처럼 선행과 자선을 베푸는 것이 중요하다고 설파하는 중이다.

조문객들 바로 위 천상계의 가운데 한 천사가 흐릿한 아기 모양인 오르가스 백작의 영혼을 하늘로 들어 올리고 있다.

조문객들 바로 위 천상계의 가운데 한 천사가 흐릿한 아기 모양인 백작의 영혼을 하늘로 들어 올리고 있다. 빨간 치마와 파란 가운을 입은 성모 마리아가 고개를 숙이고 그 영혼을 받을 준비를 하고 있다. 옆의 세례 요한은 백작의 선행과 자선을 예수에게 설명하고 있다.

성모 마리아 뒤에서 열쇠를 든 사람은 천국의 열쇠를 받았다고 성경에 기록된 베드로 사도다. 그리고 천상계 오른쪽에 있는 많은 사람들은 이미 천국에 들어가 있는 성인들이다. 엘 그레코는 그 가운데 아직 살아 있는 당시의 인물 하나를 그려 넣었는데, 바로 스페인 국왕 펠리페 2세다. 엘 그레코는 당시 개신교에 맞서 가톨릭의 결집과 부흥을 위해 고군분투하는 펠리페 2세를 성인들 중에 포함시켰다. 펠리페 2세의 궁정화가가 되기를 열망했던 엘 그레코의 속내를 엿 볼 수 있는 대목이다.

그림을 좀 더 자세히 살펴보면, 천상계와 지상계를 통틀어 단 두 사람만이 정면으로 관람객을 응시하고 있다. 그 둘은 놀랍게도 엘 그레코와 그의 아들 호르헤 마누엘Jorge Manuel이다. 엘 그레코는 자신을 성 스테파노 바로 위에 그려 넣었다. 그는 당시 세력가들을 모델로 삼았던 조문객들 사이에 본인을 끼어 넣음으로써 자신의 위상을 격상시켜 후대에까지 남기고 싶었던 모양이다. 한편, 그의 아들 마누엘은 평생 선행을 실천한 오르가스 백작을 성인들이 손수 입관하는 장면을 가리키고 있다. 엘 그레코는 어린 아들을 통해 오르가스 백작의 신앙심과 선행을 대중들에게 한 번 더 각인시키고 있다.

그리스 출신 스페인 화가

〈오르가스 백작의 장례식〉을 보고 있으면 그림 속에 다양한 이야깃거리를 내밀하게 담아낸 화가 엘 그레코라는 인물이 어떤 사람인지 궁금해진다. 서양미술사는 그를 어떻게 기억하고 있을까?

엘 그레코의 본명은 도메니코스 테오토코풀로스Domenikos Theotocpoulos 1541~1614로, 그리스 크레타섬에서 태어났지만 주로 스페인 톨레도에서 활동했다. 태생적인 이유로 스페인에서는 그를 '그리스인'을 의미하는 엘 그레코El Greco라 불렀다.

엘 그레코가 활동하던 16세기 말은 르네상스의 끝자락이었지만 여전히 이탈리아가 미술의 메카로 군림하던 시대였다. 당시 유럽의 수많은 화가들은 실력을 키워 예술가로서의 역량을 쌓기 위해 저마다 이탈리아로 향했다. 1567년경 이십대 중반을 막 넘긴 엘 그레코도 마찬가지였다. 그는 비잔틴 양식의 중세 미술에서 벗어나지 못한 고향 크레타섬을 떠나 이탈리아 베네치아에서 거장 티치아노Tiziano Vecellio, 1488~1576의 공방으로 들어가 르네상스 미술을 습득하는 데 열중했다. 그렇게 베네치아 미술을 이끈 대가에게 사사했으니 이 전도유망한 예술가는 과연 이탈리아에서 성공의 길에 들어섰을까?

이탈리아에서 엘 그레코의 화가로서의 삶은 녹록하지 않았다. 개성 넘치는 그만의 스타일은 조화와 균형미를 강조하는 이탈리아에서 호평을 끌어내기에 적합하지 않았다. 결국 엘 그레코는 서른여섯 살 되던 해에 이탈리아를 떠나 스페인으로 향했고 일흔셋으로 삶을 마감할 때까지 스페인에 머물렀다. 다행히 엘 그레코는 스페인에서 나름 인정받는 화가가 됐는데, 당시 스페인에서 이탈리아 미술을 익힌 몇 안 되는 화가라는 프리미엄이 그의 경력에 큰 도움이 됐다.

엘 그레코는 스페인에서 이탈리아 유학파라는 후광을 톡톡히 누렸지만,

엘 그레코, 〈성 제롬 추기경의 초상화〉, 1600~1614년경, 108×89cm, 캔버스에 유채, 메트로폴리탄 미술관, 미국 뉴욕

그의 그림은 여전히 르네상스 미술의 과학적 균형미하고는 거리가 멀었다. 엘 그레코만의 독특한 스타일은 당시 그가 즐겨 그렸던 초상화에서 확연히 드러난다.

엘 그레코는 인물을 사실적으로 그리지 않고 길게 늘려 길쭉하게 묘사했다. 그의 초상화에서는 이탈리아 르네상스 화가들이 강조했던 수학적이고 합리적인 인체 비례는 찾아볼 수 없다(25쪽 〈성 제롬 추기경의 초상화〉 참조). 하지만 그럼에도 불구하고 엘 그레코는 톨레도의 유명인사들로부터 초상화 의뢰를 많이 받았고, 이를 통해서 성직자 및 귀족 들과 폭넓은 교류를 이어갈 수 있었다.

스페인에서 엘 그레코의 초상화가 인기 있었던 이유는, 그의 그림이 우스꽝스럽거나 격이 떨어져 보이지 않았기 때문이다. 초상화 속 모델은 경건하고 위엄 있게 묘사됐으며, 심지어 인물의 개성이 도드라지면서 예술적 우아함까지 더해졌다.

하지만 엘 그레코의 예술적 호평은 그가 주로 활동했던 주변 지역에 국한했다. 세상을 떠난 뒤 그는 한동안 서양미술사에서 잊혀진 화가였다. 그의 작품이 다시 세상에 소환되기까지 많은 시간이 흘렀다. 19세기 말 초현실주의적 화풍이 인기를 끌면서 뜻밖에도 엘 그레코에 대한 새로운 평가가 이뤄진 것이다. 초현실주의는 원근법이나 해부학적 사실 묘사 등 르네상스 미술의 기본을 무시하고 오로지 빛과 색채만으로 예술가 자신의 감정과 주관적 관념에 집중한 예술 사조다.

그렇게 엘 그레코의 예술은 시대를 뛰어넘어 재해석됐다. 진화와 진보는 늘 미래에만 존재하지 않는다. 그런 의미에서 엘 그레코의 가치를 소환해낸 19세기 말 초현실주의 예술가들의 혜안은 시사하는 바가 크다. 과학기술의 진보만을 최선의 가치로 여기는 21세기를 사는 우리가 엘 그레코의 예술을 되새겨봐야 하는 이유가 여기에 있다. _ El Greco

'매너리즘에 빠진' 위대한 화가?

서양미술사는 그리스 크레타섬 출신 엘 그레코를 가리켜 '매너리즘'이라는 미술 사조를 연 화가로 분류한다. 매너리즘이라…… 어디서 들어보긴 한 것 같은데, 혹시 '매너리즘에 빠졌다'는 그 매너리즘과 같은 말일까? 그렇다면 엘 그레코는 매너리즘에 빠진 화가란 얘긴가?

매너리즘을 이해하기 위해서는 엘 그레코의 고향 그리스에서 비롯한 비잔틴 미술의 역사적 배경까지 거슬러 올라가야 한다. 화려하고 장엄한 비잔틴 미술은 동로마제국의 수도 비잔티움을 중심으로 한 양식으로, 예술성보다는 교화에 무게를 둔 중세 기독교적 메시지를 강조한다. 지금의 터키 보스포루스 해협에 있는 비잔티움은 지정학적으로 유럽과 아시아의 경계에 있는 고대 도시였다. 325년 콘스탄티누스 1세Constantinus I, 274~337가 이곳을 로마제국의 수도로 정하고 '콘스탄티노플'이라고 개칭하면서 십자군이 점령한 1203년까지 번영하였다. 그 뒤 십자군은 이곳을 중심으로 라틴제국을 건설했지만 끝내 세력을 넓히지 못하고 다시 동로마제국의 수도가 되었다. 그리고 1453년경 문화의 중심이 이탈리아로 옮겨가고 난 직후 오스만투르크에 점령되면서 이스탄불로 부르게 된 것이다.

이처럼 굴곡진 역사에서 비롯한 비잔틴 미술은 작품의 주제, 형태, 기법 등 모든 것들이 교회의 엄격한 검열을 받아야 했다. 당시 교회가 원한 것은 예술성보다는 작품의 내용과 분위기였다. 대중에게 가톨릭의 경건한 교리를 전파할 수만 있다면 예술성은 그다지 중요하지 않았다.

이에 반기를 든 엘 그레코 같은 화가들은, 주제와 분위기는 교회가 요구하는 경건한 틀 안에 두지만 그 밖의 고전적 미술의 기본 원칙들을 변형시키고 심지어 파괴하면서 자신들의 예술적 창의성을 구현하는 노력을 경주했고, 그 열매의 결실이 매너리즘 미술로 꽃피운 것이다.

그런데 매너리즘은 현대로 접어들면서 그 의미가 변용되고 만다. 즉, '매너리즘에 빠지다'라는 표현에서처럼 기교주의와 형식주의에 있어서 관례적인 현상을 고수하려는 구태의연함을 나타내는 말로 그 의미가 퇴색된 것이다.

결국 미술사가들은 매너리즘의 역사적 의미를 혼동하지 않기 위해 'mannered(틀에 박힌)'라는 단어와 'mannerism'이란 단어를 구분하여 사용했다. 매너리즘의 개념 자체는 '스타일(style)' 혹은 '양식(manner)'을 의미하는 이탈리아어 '마니에라(maniera)'에서 유래하는데, 전통에 대한 반항이라는 의미보다는 오히려 '영적이고 근원적인 우아함의 추구'라는 뜻으로 그 개념을 재정립한 것이다.

엘 그레코는 잃어버린 근원의 아름다움을 재현하기 위해 상상력을 최대한 발휘해 작품에 녹아냈는데, 말년으로 갈수록 도가 지나쳐 왜곡과 신비주의적 경향을 띠기도 했다. 그는 살아생전 최후의 작품으로 추정되는 〈목동들의 경배〉에서, 최소한의 빛과 색채만 남기고 모든 형태와 구도 등 회화의 기본을 무시한 채 과장된 부조화와 왜곡으로 이른바 '일탈의 미학'을 표출했다. 엘 그레코는 '구태의연한 틀에 박힌 예술가'가 아니라 진정한 의미에서의 '매너리즘을 구현한 화가'였던 것이다.

엘 그레코, 〈목동들의 경배〉, 1612~1614년경, 319×180cm, 캔버스에 유채, 프라도 미술관, 스페인 마드리드

이탈리아 피렌체의 작은 예배당을 찾아서

르네상스가 꽃 피웠던 이탈리아 피렌체에는 '우피치'라는 세계적인 미술관이 있다. 명성만큼 수많은 걸작들을 소장한 우피치에는 전 세계에서 몰려온 사람들로 연일 인산인해를 이룬다.

그런데 필자는 미술작품을 보기 위해 피렌체에 갔을 때 우피치보다 먼저 들른 곳이 성당이었다. 미술작품을 만나기 위해 미술관이 아니라 성당을 찾아나서야 하는 경우가 종종 있다. 중세나 르네상스 시대에 제작된 작품들 중에는 여전히 성당이 소장하고 있는 그림들이 적지 않다.

레오나르도 다빈치Leonardo da Vinci, 1452~1519의 〈최후의 만찬〉은 밀라노에 있는

마사초, 〈에덴동산에서의 추방〉, 1427년, 프레스코, 208×88cm, 산타 마리아 델 카르미네 성당의 브란카치 예배당, 이탈리아 피렌체

'산타 마리아 델레 그라치에 성당'이라는 곳에 전시돼 있다. 엘 그레코El Greco, 141~1614의 〈오르가스 백작의 장례식〉을 만나기 위해 찾은 곳도 스페인 톨레도에 있는 산타 토메 성당이었다(마드리드의 프라도 미술관에도 〈오르가스 백작의 장례식〉이 전시돼 있긴 하지만 그건 카피본이다).

어느 실크 무역상의 가족 예배당

필자가 피렌체에서 우피치 미술관보다도 먼저 찾아간 곳은 산타 마리아 델 카르미네 성당의 브란카치 예배당이다. 이곳은 15세기경 실크무역으로 큰 돈을 번 펠리체 브란카치Felice di Michele Brancacci, 1382~1450라는 상인이 소유했던 가족 예배당이다.

우피치 미술관에서 베키오 다리를 건너 피티 궁전을 지나 좁은 골목길을 헤매다 보면 작은 광장이 나오는 데, 그곳에 브란카치 예배당이 있다. 피렌체를 찾는 대부분의 관광객이 두오모(산타 마리아 델 피오레 성당) 앞으로 몰리는 것과는 달리 브란카치 예배당 앞의 광장은 적막감이 느껴질 만큼 인적이 드물다.

'브란카치 예배당(CAPPELLA Brancacci)'이란 현수막이 걸려 있는 작은 건물의 오래된 나무문을 열고 들어가니 필자가 찾던 그림이 나타났다. 마사초Masaccio, 1401~1428, 본명은 Tommaso di Giovanni di Simone Guidi라는 화가가 그린 〈에덴동산에서의 추방〉이다. 1424년경 브란카치 가문은 마사초를 비롯한 여러 화가들에게 예배당의 벽을 성화로 장식해 줄 것을 의뢰했다. 〈에덴동산에서의 추방〉은 예배당의 제단 주변에 그려진 연작 프레스코화 가운데 하나다.

피렌체에 있는 산타 마리아 델 카르미네 성당의 브란카치 예배당. 아르노 강 건너편에 있는 두오모(산타 마리아 피오레 성당)가 전 세계에서 몰려든 인파로 늘 북적거리는 것과 달리 브란카치 예배당 앞 광장은 인적이 드물어 고요하기까지 하다.

브란카치 예배당 문을 열고 들어가면 르네상스 회화의 선구자인 마사초의 프레스코화를 만날 수 있다. 제단을 장식한 프레스코화 좌측 상단에 〈에덴동산에서의 추방〉이 보인다.

〈에덴동산에서의 추방〉은 성경 창세기 3장을 소재로 삼고 있다. 뱀의 유혹에 넘어가 선악과를 먹고만 아담과 하와(이브)가 하나님으로부터 꾸중을 듣고 에덴동산에서 쫓겨나는 장면이다. 그림 속 하와의 슬픈 표정은 세상 모든 슬픔을 진 것처럼 매우 극적이다. 에덴동산의 입구 안쪽에서 하나님의 꾸중 소리가 여러 개의 선으로 묘사된 것도 퍽 인상적이다.

밝음과 어둠을 그리다

이 그림을 그린 마사초는 본명이 '토마소'이지만 세상 물정에 어두운 그를 가리켜 사람들이 '어리숙하다'를 뜻하는 마사초로 불렀다. 그의 이름과는 달리 서양미술사에서는 마사초를 근대회화의 창시자 가운데 한 명으로 기록하고 있다.

마사초가 〈에덴동산에서의 추방〉을 그리기 전에는 어느 누구도 이런 입체감을 표현하지 못했다. 아담과 하와의 육체에 밝음과 그늘을 지게 하여 원통형 물체의 입체감과 질량감을 표현하는 기법을 마사초가 처음으로 시도한 것이다. 이 그림에서 마사초가 구현한 명암법이 훗날 서양미술사에 획기적인 전기를 마련했음은 움직일 수 없는 사실이다.

미술에서는 명암법을 가리켜 이탈리아어로 '키아로스쿠로[chiaroscuro, 밝다(chiaro)와 어둡다(oscuro)의 합성어]'라고 부르는데, 회화에서 묘사되는 대상에 입체감과 거리감을 표현하기 위해 한 가지 색상만을 사용해 명암을 단계적으로 변화시킴으로써 원하는 효과를 얻는 기법을 말한다. 즉, 빛과 그림자의 대비를 통해 입체감과 원근감을 나타내는 것이다.

빛과 그림자의 대비에 탁월했던 이탈리아 초기 바로크 화가 카라바조가 그린 〈승리자 아모르〉
(1600년경, 캔버스에 유채, 110×154cm, 베를린 국립 회화관, 독일)

키아로스쿠로는 마사초에서 시작해 레오나르도 다빈치를 거쳐 카라바조Michelangelo Merisi da Caravaggio, 1573~1610와 렘브란트Rembrandt Harmenszoon Van Rijn, 1606~1669를 통해 완성되었는데, 몇몇 미술사가는 키아로스쿠로를 가리켜 르네상스 미술이 이룩한 최고의 혁신으로 꼽기도 한다.

마사초의 그림에 나타난 명암법에서 빛의 화학반응을 관찰하다

명암효과를 가져오는 빛은 화학에서 다루는 중요한 연구 분야이기도 하다. 이른바 '광화학(photochemistry)'은 빛과 화학반응의 관계를 규명하는 물리화학의 한 분야로서, 빛을 흡수한 물질의 화학반응, 혹은 화학반응에 따라 일어나는 발광현상 등을 연구한다.

빛에 의하여 물질이 변하거나 물체가 달리 보이는 현상은, 미술에서는 꽤 오래 전부터 관찰되어 왔다. 명암효과를 비롯해 오랜 시간 빛에 노출되어 안료가 퇴색되는 현상도 그 가운데 하나라 할 수 있다.

하지만 이러한 현상을 과학적으로 분석하여 이론으로 정립한 것은 근래에 들어서 가능했다. 실제로 광화학의 기초가 확립된 시기는 빛의 본질에 대한 인식이 명확해진 20세기 초라는 게 정설이다.

자, 다시 31쪽 그림을 살펴보자. 아담과 하와의 상체와 하체 앞과 뒤에서 밝음과 어둠이 도드라지게 구분된다. 이러한 키아로스쿠로를 통해 아담과 하와의 육체가 훨씬 입체적으로 보일 뿐 아니라 해부학적으로도 완벽에 가까운 아름다움으로 묘사되었음을 알 수 있다. 조화와 균형을 강조했던 고대 그리스 문화의 복원을 주창했던 르네상스 정신이 엿보인다.

특히 하와의 모습은 좀 더 인상적이다. 그녀는 몸을 약간 옆으로 비틀고 한 손으로는 가슴을, 다른 한 손으로는 음부를 가린 정숙한 자세를 취하고 있다. 이를 가리켜 '비너스 푸디카(Venus Pudica)'라고 하는데, 후대 많은 화가들은 이 그림에 영향받아 아름다운 여체를 표현할 때 비너스 푸디카를 응용했다. 이 그림보다 60여 년 뒤에 그려진 보티첼리Sandro Botticelli, 1444~1510의

〈비너스의 탄생〉 속 비너스의 모습에서도 비너스 푸디카를 볼 수 있다(46쪽).

마사초의 회화에 투영된 또 하나의 과학

마사초, 〈성삼위일체〉, 1424~1427년, 프레스코화, 667×317cm, 산타 마리아 노벨라 성당, 이탈리아 피렌체

마사초의 작품을 보기 위해 피렌체에 들렀다면 〈에덴동산에서의 추방〉과 함께 놓치지 말고 감상해야 할 작품이 하나 더 있다. 〈성삼위일체〉라는 작품으로, 이 역시 미술관이 아니라 성당에 전시되어 있다. 산타 마리아 노벨라 성당이란 곳인데, 1279년부터 1357년에 걸쳐 도미니크 수도회 사람들이 지었다. 이곳은 종교사와 미술사에서 중요한 유물들을 다수 소장하고 있을 뿐 아니라 로마네스크와 고딕 양식이 조화를 이룬 건물의 입면은 수학과 건축, 고전에 능통했던 르네상스의 지식인 레온 바티스타 알베르티Leon Battista Alberti, 1404~1472가 설계해 완벽에 가까운 비

〈성삼위일체〉의 단일소실점

례를 완성한 것으로도 유명하다.

여기 전시된 마사초의 〈성삼위일체〉가 서양미술사에서 매우 중요한 작품으로 기록된 이유는, 이 그림이 원근법을 도입한 최초의 회화이기 때문이다. 이 그림을 보면 한눈에도 입체감이 뛰어남을 느낄 수 있다. 아치 기둥 안쪽으로 움푹 파인 곳에 예수의 십자가가 있고 앞에 있는 속세의 두 사람은 아치 기둥 밖에 있는 것으로 느껴진다. 그림 아래쪽 석관 위에 글이 쓰여 있는 부분이 쑥 들어간 것이 마치 손으로 잡힐 듯하다. 당시 사람들이 이 그림 앞에서 느낀 충격은 아마 우리가 몇 년 전에 영화 〈아바타〉를 3D로 보고 놀랐던 것보다도 훨씬 컸을 것이다.

이런 입체감을 만든 건 빛과 그림자뿐 아니라 원근감을 나타내는 특별한 기법 덕택이다. 아치 안 지붕의 사각 격자무늬의 크기는 안쪽으로 들어갈수록 작아지고 그 격자의 선을 이으면 모두가 예수의 몸 아래 한 점으로 모인다. 소위 단일소실점의 원근법이다. 이 그림의 소실점은 우리의 눈높이인 제단 밑받침 뒤에 맞추어져 있어서 마치 건축의 실제 사진처럼 보인다.

마사초가 〈성삼위일체〉를 그려 세상에 내놓기 전까지 어느 화가도 이런 그림을 그린 적이 없었다. 멀리 있는 것은 작아 보이고 가까울수록 크게 보인다는 사실은 누구나 알고 또 그렇게 그려온 지도 오래 되었지만 수학적으로 정교한 원근법을 적용하여 정확한 소실점을 사용한 것은 이 그림이 처음이다. 마사초가 구현한 원근법은 후대 서양의 모든 회화에서 가장 중요하고 기본적인 원칙이 되었다.

그런데 이 그림은 과거 300년 동안 세간으로부터 잊혀져 있었다. 미술사가이자 화가이기도 했던 조르지오 바사리Giorgio Vasari, 1511~1574는 자신의 책에 마사초의 〈성삼위일체〉를 소개했으면서도, 어찌된 영문인지 바사리 자신의 작품으로 이 그림을 덮어놓았다고 한다. 1861년경 성당을 보수하는 도중 바사리의 그림을 치우자 이 역사적인 걸작이 세상에 드러난 것이다.

거장들이 숭배했던 거장

마사초는 서양미술사에 어마어마한 족적을 남긴 인물이지만 그의 삶은 평탄치 못했다. 1401년 피렌체 근교에서 태어난 마사초는 스물일곱이란 젊은 나이에 의문사 했다. 살해당했다는 기록도 전해지지만 확실하지는 않다.

마사초는 일찍이 이탈리아 르네상스 건축을 대표하는 브루넬레스키Filippo Brunelleschi, 1377~1446와 조각가 도나텔로Donato di Niccolò di Betto Bardi, 1386~1466로부터 많은 영향을 받았다. 브루넬레스키에게는 수학적 비례를 정밀하게 계산하는 과

미켈란젤로, 성시스티나 예배당 〈천정화〉 중 〈에덴동산에서의 타락과 추방〉, 1509~1510년, 프레스코화, 280×570cm, 바티칸 박물관

학적 원근법을, 도나텔로에게는 고딕미술에서 탈피하여 인체의 아름다움을 풍성하게 묘사하는 고전미술의 진수를 전수받아 이를 잘 융합하여 르네상스 미술의 지평을 넓힌 것으로 서양미술사는 평가한다.

미켈란젤로Michelangelo di Lodovico Buonarroti Simoni, 1475~1564를 비롯한 후대 거장들은 마사초에게 지대한 영향을 받았음을 숨기지 않았다. 후대 수많은 화가들은 〈에덴동산에서의 추방〉이 걸린 브란카치 예배당을 드나들며 자신만의 화풍

을 개발하는 데 마사초 그림을 모범으로 삼았다고 전해진다. 미켈란젤로가 바티칸에 있는 성 시스티나 예배당에 완성한 〈천정화〉에는 마사초의 〈에덴동산에서의 추방〉과 같은 구도의 그림이 있다. 지금도 브란카치 예배당은 관광객보다는 미술사학자나 미술학도들이 더 많이 찾는 곳으로 유명하다.

〈에덴동산에서의 추방〉 앞에 한동안 눈을 떼지 못하고 목석처럼 서 있었던 필자는 이제 예배당 문을 닫아야 한다는 관리인으로부터 마치 추방(!)당하듯 밖으로 떠밀려 나왔다. 그림을 좀 더 보고 싶었지만 도리가 없었다. 정신을 추스르려고 성당 앞 광장을 가로질러 작은 카페에 들러 에스프레소 한모금을 들이켰지만 여전히 그림 속 아담과 하와의 몸에 나타난 명암이 눈에 선했다. 그리고, 어느덧 석양이 테라스를 타고 카페 안으로 들어와 내 몸을 명과 암으로 가르고 있었다. _ *Masaccio*

르네상스의 발원지 피렌체에서
놓쳐선 안 될 한 점의 명화

보티첼리Sandro Botticelli, 1444~1510의 〈봄〉처럼 봄의 풍성한 꽃들과 봄바람의 따뜻함을 잘 나타낸 그림은 아마 없을 것이다. 보티첼리의 〈봄〉은 가로 3미터, 세로 2미터인 대작으로 그림 속 인물들은 등신대(等身大)에 가깝다. 원명은 〈비너스의 왕국〉인데, 화가이자 미술사가인 바사리Giorgio Vasari, 1511~1574가 자신의 저서 『미술가열전』에서 이 그림이 봄에 대한 것이라고 해석하면서 제목이 '봄'으로 알려지게 되었다.

바사리에 따르면 옷을 입은 비너스를 그린 이 그림과 누드의 비너스를 그린 〈비너스의 탄생〉(46쪽)이 메디치가의 별장에 나란히 걸려 있었다고 한다. '비너스의 탄생'과 '비너스의 왕국'이라면 비너스가 태어나서 세상을 다스리게 된다는 것을 의미하는 것일까?

당시의 피렌체는 메디치 가문이 지배하였는데, 이 그림은 메디치 가문 출신의 은행가이자 외교관인 피에르프란체스코Pierfrancesco di Lorenzo de' Medici, 1430~1476가 주문한 것으로 알려져 있다. 그는 학문과 예술에 조예가 깊었는데, 특히 고대 그리스 철학과 기독교 사상을 융합하려 했던 신플라톤주의자였다.

누드로 표현된 천상의 비너스는 영혼세계에서의 기독교적 사랑을 나타낸다. 옷을 입은 지상의 비너스는 육체와 물질세계에서의 사랑을 나타낸다. 두 그림은 이렇게 사랑을 상징하는 비너스가 탄생하여 사랑으로 다스리는 왕국을 나타낸 것이다. 이는 메디치 가문이 피렌체를 너그럽게 다스린다는 것을 웅변적으로 보여준다.

이 그림이 화학자의 시선을 끄는 이유

무엇보다도 보티첼리의 〈봄〉이 화학자의 시선을 끄는 가장 큰 이유는 '템페라(tempera)'라는 물감 때문이다. 템페라는 안료와 매체의 혼합을 뜻하는 라틴어 'temperare'에서 기원하며, 안료를 녹이는 용매제로 주로 계란이 이용되었다. 즉, 계란이나 벌꿀 등을 용매제로 활용하여 색채를 띤 안료가루와 혼합해 만든 물감이 템페라다.

템페라가 발명되기 전에는 석고 위에 수성물감을 스미게 하는 프레스코(fresco)를 주로 썼는데, 프레스코는 색감이 탁해 그림을 정교하게 그리는 데

보티첼리, 〈봄〉, 1482년, 패널에 템페라, 203×314cm, 우피치 미술관 , 이탈리아 피렌체

보티첼리, 〈비너스의 탄생〉, 1484~1486년경, 패널에 템페라, 172.5×278.9cm, 우피치 미술관, 이탈리아 피렌체

한계가 있었다. 또한 프레스코는 석회를 물에 개어 만들기 때문에 시간이 지나면 석회반죽이 말라서 사용이 곤란해지기도 했다.

템페라는 안료의 접착을 위하여 계란 노른자를 개어 사용하는데, 이 역시 오랜 시간이 지나면 벗겨지는 단점이 있었다. 하지만 프레스코에 비해 색상이 선명해 좀 더 정교한 묘사를 가능하게 했다. 물론 식물성 불포화지방산인 아마인유(linseed oil)로 만든 '유화'에 비하면 템페라는 광택이 많이 떨어지지만, 유화가 발명되기 전까지 템페라는 초기 르네상스 이탈리아 화가들에게 크게 환영받았다.

〈봄〉과 〈비너스의 탄생〉을 자세히 살펴보면, 보티첼리가 템페라를 가지고 유화 못지않은 정교한 색채와 묘사를 구현해냈음을 알 수 있다. 피렌체 우피치 미술관에 가면 그곳에 전시된 〈봄〉 앞에서 수많은 관람객들이 탄성을 내지르는 모습을 접할 수 있다. 그림 속 삼미신과 클로리스가 입고 있는 하늘거리는 시스루를 보고 있으면, 이걸 어떻게 물감으로 그려낼 수 있었을까 싶을 정도로 묘사가 정교하고 섬세하다. 클로리스 옆에 플로라가 입고 있는 꽃무늬로 장식한 드레스는 또 어떤가? 그림을 보는 순간 생동감 넘치는 드레스의 질감을 손으로 만져 확인해보고 싶은 충동마저 느낀다.

보티첼리의 〈봄〉은 유화의 창시자 얀 반 에이크Jan van Eyck, 1395~1441가 그린 최초의 유화(로 알려진) 〈아르놀피니의 결혼〉(1434년)보다 반세기 가까이 늦게 그려진 템페라화이지만, 그 어느 유화에 비해도 떨어지지 않을 만큼 붓질과 묘사가 탁월하다. 보티첼리의 예술이 당시 '유화'라는 혁신을 굴복시켰다고 해야 할까?

아무튼 이 그림에는 물감 이야기 말고도 과학과 인문학을 넘나들며 흥미를 끄는 대목들이 적지 않다. 지금부터 그 즐거움을 조목조목 꺼내어 만끽해 보자.

그림에 담긴 비유를 탐사하다

〈비너스의 탄생〉에 나오는 네 주인공 중 새벽의 여신 오로라(Aurora)를 제외한 셋이 〈봄〉에도 등장한다. 갓 태어난 사랑과 미의 여신 비너스, 봄의 여신 플로라(Flora), 서풍의 신 제피로스(Zephyrus)가 그들이다. 그리고 하늘에 떠 있는 큐피드(Cupid)와 화면 왼쪽의 세 여자와 한 남자, 그리고 제피로스가 잡으려 하는 반나의 여신이 더 등장한다.

화면 가장 왼쪽에 있는 구부러진 막대로 구름을 가리키는 남자는 머큐리(Mercury)다. 그 옆의 세 여신은 서로 손을 잡고 원을 그리고 있다. '삼미신(3 Graces)'이라고도 하는데, 각각 순결, 쾌락, 아름다움을 상징한다. 오른쪽의 제피로스에게 붙잡힌 여신은 대지의 님프인 클로리스(Cloris)다.

이렇게 아홉 신은 제피로스와 클로리스, 삼미신, 비너스와 큐피드, 홀로 있는 머큐리 등 네 그룹으로 나눠지는데, 각 그룹은 서로 아무 연관이 없어 보인다. 마치 다른 신들을 전혀 보지 못하는 것처럼 느껴진다. 오른쪽의 제피로스와 클로리스는 쫓고 쫓기는 다급한 순간인데 바로 옆에 있는 플로라는 표정과 자세로 보아 전혀 그 사실을 모르는 듯하다.

심지어 옷이 나부끼는 방향도 서로 맞지 않다. 제피로스에게 붙잡힌 클로리스의 옷을 보면 바람이 오른쪽에서 왼쪽으로 분다. 그러나 바로 옆의 플로라의 옷을 보면 바람의 방향이 반대다. 삼미신의 옷을 보면 바람은 화면 뒤에서 앞쪽으로 부는 것 같다. 어찌된 일인가? 보티첼리가 실수를 한 걸까?

이 그림은 한 그림에 시간과 공간이 복합적으로 등장하는 우의적(寓意的, allegorical)인 그림이다. '우의'란 다른 사물에 빗대어 비유적인 의미를 나타내거나 풍자한다는 뜻으로, 이 그림에는 다양한 비유가 숨어 있다. 또한 이 그림은 오른쪽에서 왼쪽으로 읽어야 하는 작품이다. 대부분의 그림들이 왼쪽에서 오른쪽으로 감상하는 것과 다르다.

우선, 제피로스와 클로리스와 플로라의 관계를 이해하기 위해서는 로마의 시인 오비디우스Publius Naso Ovidius, BC43~AD17의 〈변신 이야기〉를 알아야 한다.

클로리스가 제피로스에게 붙잡혀 둘이 결합하여 플로라로 변신하였다. 플로라의 다른 이름이 '프리마베라(봄)'이다. 대지가 봄바람(서풍)을 받아 꽃을 피우면 봄이 된다. 보티첼리의 〈봄〉에는 변하기 전의 클로리스와 변한 뒤의 플로라가 함께 그려져 있다. 플로라는 이제 쫓기는 님프가 아니라 꽃으로 장식한 호화로운 옷을 입은 당당한 모습이다. 그런데 클로리스와 플로라의 연결 고리는 클로리스의 잎에서 흘러나오는 꽃이다. 그 꽃은 그대로 플로라의 옷에서 꽃장식이 되었다. 기묘한 연결법이다.

그림 왼쪽의 세 여인은 삼미신인데, 그리스어로 '카리테스(Charites)', 라틴어로 '그라티에(Gratiae)', 영어로 '그레이시즈(Graces)'라고 한다. 고대 그리스 시인 헤시오도스Hesiodos, 생몰연도 미상는 『신통기』에서 제우스와 에우리노메(Eurynome)의 세 딸인 에우프로쉬네(Euphrosyne), 탈리아(Thalia), 아글라이아(Aglaia)라고 하였으나, 호메로스Homeros, 생몰연도 BC9세기 경 추정는 『일리아스』에서 이들 중 한 명을 헤라의 딸로 추정되는 파시테이아(Pasithea)라고 했다.

이 삼미신은 고대에서부터 그림이나 조각으로 구현되어 왔다. 기원전 331년에 제작된 것으로 알려진 오른쪽 조각품은 삼미신의 전형적인 자세를 보여준다. 두 여신은 정면이고 가운데 한 여신이 뒤로 서서 두 여신을 안고 있다.

한편, 이탈리아 화가 코레지오Antonio Allegri da Correggio, 1489~1534와 독일 화가 크라나흐Lucas Cranach the Elder, 1472~1553가 처음으로 세 여신의 자세를 변형시켜 그린 것에 영

작자 미상, 〈삼미신〉, BC331년경, 대리석, 8×38×40cm, 루브르 박물관, 프랑스 파리

코레지오, 〈삼미신〉, 1518~1519년경, 프레스코, 산 파올로 수녀원, 이탈리아 파르마

향받아 후대 많은 화가들이 그 뒤를 따랐다. 코레지오의 작품을 보면, 세 여신이 각각 정면과 뒷면, 옆면의 자세를 취하고 있다. 화가들은 코레지오처럼 여신의 다양한 모습을 묘사함으로써, 여체를 그리는 자신의 실력을 과시하는 방편으로 삼았다.

반증과 가설의 조화를 이끄는 과학 같은 그림

삼미신은 신플라톤주의의 변증법 논리를 나타낸다. 셋 중 가장 화려한 오른쪽 신은 쾌락을 뜻한다. 가운데 여신은 순결이다. 이 두 여신이 맞잡은 손에서 볼 수 있듯이 순결은 쾌락과 대립하지만 순결의 어깨도 반은 벗겨져 쾌락과 전혀 무관하지 않음을 알 수 있다. 세 번째 여신이 그 둘을 화해시켜서 아름다움이 완성된다. 정숙한 클로리스(대지)가 제피로스(봄바람)와 만나 화려한 플로라(꽃의 봄)가 되는 것과 겹쳐진다. 이 왕국을 다스리는 비너스의 명령에 따라 큐피드가 순결의 여신을 사랑의 화살로 겨냥하는 장면도 놓치지 말고 감상해야 할 대목이다.

머큐리는 천상과 지상을 오르내리며 신(Zeus)과 인간 사이를 중계하는 역할을 한다. 머큐리를 가리켜 신의 지식을 인간에게 전해 주는 학문과 의학의 신이라고 하는 이유가 여기에 있다. 머큐리는 메디치가의 수호신이기도 한데, 메디치(Medici)라는 가문의 이름과 의학을 나타내는 메디신(Medicine)은 어원이 같다. 머큐리는 악한 침입자를 막는 뱀이 꼬여 있는 지팡이 카두세우스(caduceus)를 들고 비너스가 다스리는 왕국을 수호하는데, 이것은 지금도 의학의 상징으로 쓰인다. 또한 백합 문양의 손잡이가 달린 칼을 차고 있는데, 이 백합은 메디치 가문의 문장이다.

메디치 가문이 지배했던 도시 피렌체는 영어명 플로렌스(Florence)에서 알 수 있듯이 '꽃(flower)'이란 의미가 담겨 있다. 꽃의 도시 피렌체를 다스리는 비너스는 하늘의 권위를 받아 머리 위의 오렌지 나무 모양이 성모 마리아의 장식에 쓰이는 아치 모양이 되었다.

이 그림은 수많은 변증법적 철학을 담고 있다. 순결이 대립되는 쾌락과 만나 아름다움이 되고, 대지가 바람을 맞아 꽃이 피는 봄이 되고, 신성과 인성이 만나 성스러운 성모 마리아처럼 성화한 비너스가 되고, 하늘과 대지가 만나 진리가 완성된다. 그 모습이 가설과 반증을 조화시켜 결론을 이끌어 내는 과학을 닮았다. _ *Botticelli*

누드야, 나체야?

누드(nude)와 나체(naked)는 개념이 다르다. 나체는 그냥 벗은 몸을 가리키지만 누드는 신체의 아름다움을 나타낸 예술을 뜻한다. 런던 내셔널 갤러리 관장을 역임했던 영국의 미술사가 케네스 클라크 경Sir. Kenneth Clark, 1903~1983은 "누드는 예술이라는 옷을 입은 나체다"라는 유명한 말을 남기기도 했다.

보티첼리Sandro Botticelli, 1444~1510의 〈비너스의 탄생〉(1485년)에 나오는 나신은 분명히 누드다(46쪽). 거의 400년 전 그림에서는 이미 여체가 다 벌거벗겨졌는데도 훨씬 후대에 그려진 마네Edouard Manet, 1832~1883의 〈올랭피아〉(58쪽)가 사회 문제로 대두한 이유는 이 그림이 누드가 아니라 나체였기 때문이다. 예술

티치아노, 〈우르비노의 비너스〉, 1537~1538년경, 캔버스에 유채, 119×165cm, 우피치 미술관, 이탈리아 피렌체

이라는 추상적 옷까지 벗긴 나체에 대중은 경악했다.

보티첼리의 누드로부터 마네의 나체로 변천해 가는 과정에 조르조네 Giorgione : 'Giorgio Barbarelli', 1477~1510의 〈잠자는 비너스〉와 티치아노Vecellio Tiziano, 1488~1576의 〈우르비노의 비너스〉가 등장한다.

미의 여신 비너스를 인간의 집으로 들인 남자

보티첼리는 최초의 누드화라 할 수 있는 〈비너스의 탄생〉에서 조각 같은 피부와 허공에 뜬 시선으로 다른 세상에 존재할 것 같은 신화적 비너스를 그렸다. 그 비너스를 보고 음욕을 느낄 사람은 아마 없을 것이다.

그러나 조르조네는 보티첼리의 신화 속 비너스를 현실적인 여인의 나체로 재탄생시켰다. 그림 속 비너스는 남자의 시선을 끌 만한 사실적이고 흐트러진 자세를 하고 있다. 그러나 조르조네가 그린 비너스에는 아직 신화적 분위기가 남아 있다. 멀리 사람들이 사는 집들이 보이기는 하지만 사람들의 세상이 아닌 신들의 정원 같은 산 속에서 누구의 시선도 아랑곳하지 않는 듯이 잠들어 있다. 조르조네는 아마도 비너스를 알몸으로 눕힌 최초의 화가였을 것이다. 그는 이 그림을 그리다가 완성하지 못한 채 1510년에 죽었고, 협력자였던 스무 살의 티치아노가 그림을 완성하였다.

티치아노는 조르조네의 〈잠자는 비너스〉를 완성하고 그로부터 28년 뒤에 같은 주제의 비너스를 다시 그렸다. 이번엔 신화의 정원에서 잠자는 비너스를 깨우고 집안으로 끌어들였다.

티치아노는 1490년 베네치아 근교의 시골 피에베 디 카도레에서 태어났

조르조네, 〈잠자는 비너스〉, 1508년, 캔버스에 유채, 108.5×175cm, 알테 마이스터 게멜데 갤러리, 독일 드레스덴

으며, 베네치아파의 창시자로 알려진 조반니 벨리니Giovanni Bellini, 1430~1516에게 그림을 배웠다. 티치아노는 조르조네와 친하게 지내며 종종 그의 작품 제작을 도와 함께 일하기도 했다. 스승 벨리니가 죽은 뒤 티치아노는 베네치아를 넘어 전 유럽에 명성을 떨칠 만큼 인정받는 화가가 되었다.

티치아노는 밑그림을 그리지 않고 직접 화면 위에서 그림을 완성했다. 이 때문에 미켈란젤로Michelangelo di Lodovico Buonarroti Simoni, 1475~1564는 그의 그림을 보고 "매우 훌륭한 화가이긴 하지만 데생이 더 좋았더라면 완벽했을 것이다"라고 평가하기도 했다.

비뚤어진 성적 욕망의 초상

자, 다시 문제의 그림 〈우르비노의 비너스〉를 살펴보자. 그림 속 모델이 누구인가 하는 것은 아직 확실하지 않다. 그림의 구입자인 귀도발도 델라 로베레 2세Guidobaldo Della Rovere II, 1514~1574의 어머니 엘레오노라Eleonora Gonzaga Della Rovere, 1493~1570라는 설도 있고, 그의 어린 정부 줄리아 다 바라노Giulia Da Varano를 그린 그림이라는 주장도 있다.

티치아노, 〈라 벨라〉, 1536년경, 캔버스에 유채, 89×76cm, 피티 궁전, 이탈리아 피렌체

베네치아 공국의 제82대 총독 로렌초 프리울리Lorenzo Priuli, 1489~1559라는 사람의 기록에 따르면, 1490~1500년 당시 로마에는 6,800명, 베네치아에는 11,000명의 매춘부가 있었다고 한다. 당시 인구는 로마가 약 4만 명, 베네치아가 약 12만 명이었는데 여성이 반을 차지한다고 치면 여성 수는 각각 2만 명, 6만 명이었을 것이다. 그렇다면 어린아이와 할머니를 다 포함하여 전체 여성 중의 34%, 18%가 매춘부였다는 얘기가 된다. 이 수치를 그대로 다 믿을 수는 없지만 매춘이 당시 사회의 주류 현상이었던 것만큼은 사실인 듯하다. 심지어 성직자인 메디치의 추기경도 공공연히 소녀를 데리고 살았는데 그에 대한 당시의 여론은 나쁘지 않았다고 한다.

귀도발도도 줄리아 다 바라노라는 열 살짜리 소녀와 결혼하였다. 그는 티치아노의 그림 〈라 벨라〉도 구입했는데 〈우르비노의 비너스〉와 얼굴이 똑같다. 제작 시기로 보아 〈라 벨라〉는 줄리아가 열두 살 때 그린 것이고, 〈우르비노의 비너스〉는 열네 살 때 그린 것으로 추측할 수 있다. 귀도발도가 〈라 벨라〉를 나체로 그려 달라고 주문한 것을 티치아노가 거절한 뒤 옷을 입혀 그렸다는 이야기가 전해진다.

음란과 예술, 천박함과 고귀함의 경계

당시까지 신화 속 여성을 그릴 때는 금발에 목은 가늘고 어깨는 좁고 미끈하게 표현하였다. 그러나 티치아노는 보통 이탈리아인처럼 머리를 갈색으로 하고 목도 특별히 길지 않고 어깨는 딱 벌어져 탄탄하게 표현하였다. 그래서 그의 비너스는 이제까지의 신화 속 여성의 모습과 달리 보인다.

티치아노의 비너스는 가슴은 덜 성숙한 듯이 좀 작고 단단해 보이며, 풍요와 출산의 상징인 복부는 고전 미학 전통을 유지하여 가슴보다도 오히려 크게 그려져 있다. 또 이마가 매우 높은데, 당시에 이마의 머리털을 뽑아서 높은 이마를 만드는 유행을 따른 것이다. 그의 그림 속 여성을 비너스라고 부를 수 있는 단 하나의 연결점은 오직 오른손에 쥔 붉은 장미꽃뿐이다.

도상학에 따라서는 〈우르비노의 비너스〉를 혼례화로도 본다. 이 그림에는 결혼을 상징하는 요소가 많이 들어 있다. 배경에 있는 엎드린 하녀가 무엇인가를 뒤지는 상자는 혼례함이다. 창가에 놓인 화분의 식물은 도금양(myrtle)으로 결혼의 불변성을 나타낸다. 침대 발치의 강아지도 결혼에 담긴 (남편을 향한) 충성과 욕망을 상징한다. 당시 부부의 침실에 누드화를 걸어 놓는 풍습도 빠트릴 순 없다.

그런데 뭔가 이상한 점이 있다. 많은 미술사가들이 화면을 가르는 분명하게 드러나는 수직선과 수평적 모체선의 교차점이 여성의 왼손이 얹혀 있는 국부와 일치한다는 사실을 지적한 바 있다. 방의 모양도 좀 이상하다. 비너스 상반신의 배경이 되는 검은 면도 무엇인지 알 수가 없다. 벽인지 커튼인지 태피스트리인지…… 뒷방과 비너스가 있는 방의 위치 관계도 모호하다. 또 엎드린 하녀는 무엇을 찾고 있는 걸까?

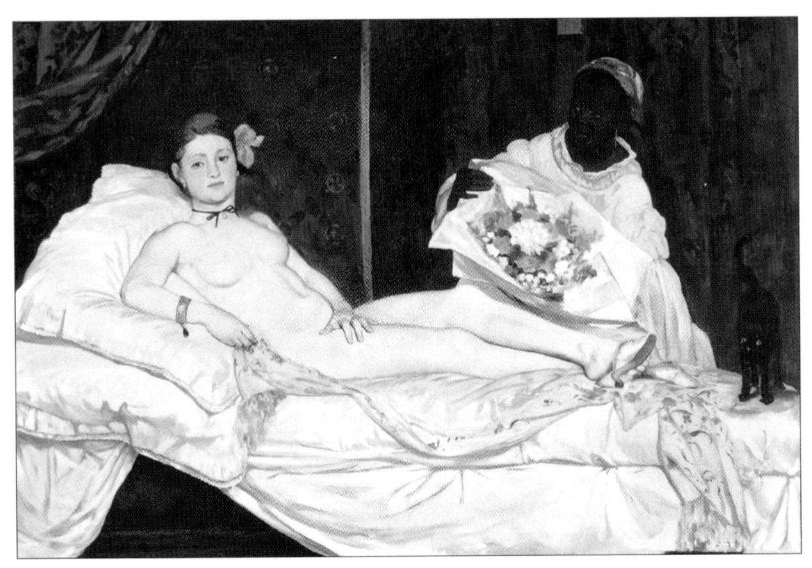

마네, 〈올랭피아〉, 1863년, 130.5×190cm, 캔버스에 유채, 오르세 미술관, 프랑스 파리

〈우르비노의 비너스〉는 300여 년 뒤에 마네가 누드가 아닌 완전한 나체를 그리도록 영감을 준 그림이다. 이 그림을 보고 그린 것이 틀림없는 마네의 〈올랭피아〉에서 무슨 힌트를 얻을 수 없을까? 여기에도 뭔지 알 수 없는 수직선이 있다. 아마 〈우르비노의 비너스〉의 수직선 때문에 관객의 시선이 여체의 중심으로 향하게 되는 장치만을 차용한 것으로 볼 수도 있다.

우르비노의 비너스가 들고 있던 꽃다발을 〈올랭피아〉에서는 하녀가 들고 있다. 이건 매춘부에게 손님이 보낸 꽃다발이다. 그렇다면 우르비노의 비너스도 매춘부일까? 결혼이나 매춘이 다를 바 없다는 당시 일부 권력층 남성들의 뒤틀린 가치관을 풍자하려는 것인가? 아니면 혹시 마네도 그렇게 생각하는 것인가? 그렇게 보니 비너스의 왼손 자세는 이상하다. 오히려 올랭피아의 손이 더 정숙하다. _ *Tiziano*

비뚤어진 성적 욕망을 향한 화학의 경고

ㄷ자 모양의 우피치 미술관 3층 10호 전시실에 들어가면 보티첼리의 걸작 〈봄(라 프리마베라)〉과 〈비너스의 탄생〉을 만날 수 있다. 필자는 두 작품을 바라보며 한동안 넋을 잃고 서 있다 이내 정신을 차려 같은 층 28호 전시실로 향했다. 티치아노의 〈우르비노의 비너스〉가 그곳에 있다.

비너스의 머릿결과 침대시트 위 흰색 커버의 구김들이 마치 사진처럼 생생함에 입을 다물지 못하다 마주친 비너스의 두눈에 필자는 순간 가슴을 쓰러 내렸다. 그림 속 얼굴의 모델이 귀도발도의 정부 줄리아라는 게 믿기지 않는다. 하지만, 서양미술사를 다룬 여러 문헌대로 줄리아가 맞다면 필자는 지금 한 소녀의 벗은 몸을 보며 감탄하고 있는 것이다.

옛날이건 지금이건 인간의 비뚤어진 성적 욕구는 동서양이 다르지 않았다. 〈우르비노의 비너스〉가 그려지던 이탈리아의 전체 여성 중 상당수가 매춘부였다는 기록은 참 씁쓸하다. 메디치의 추기경 같은 고위 성직자들이 공공연하게 어린 소녀를 데리고 살았다는 기록은 또 어떤가! 당시 대부분의 권력층 남성들이 성적으로 매우 문란했음에도 이에 대해 조금의 거리낌이 없었음은 움직일 수 없는 사실이다. 귀도발도 같은 세력가가 화가 티치아노에게 벌거벗은 비너스의 얼굴에 자신의 열네 살 정부를 그려 넣도록 의뢰했다는 기록이 이를 방증한다.

시대와 문명을 불문하고 성적인 타락을 주도했던 건 남성이지만, 그 피해는 고스란히 여성이 떠안아왔음을 부정할 수 없다. 더욱 심각한 건 피해 여성의 상당수가 미성년 어린 소녀란 사실이다. 물론 미성년의 기준이 시대와 문명에 따라 차이는 있겠지만, 수백 년 전 귀도발도를 비롯한 뭇 남성들의 소아성애적 편력이 결코 정당화될 순 없다.

얼마 전 미투 캠페인이 전 세계적으로 봇물처럼 퍼지면서 분노 어린 다양한 주장들이 쏟아져 나왔다. 그 가운데 눈길을 끄는 것이 '거세(去勢, castration)'다. "모든 성폭력범들의 성기를 잘라버려야 한다"는 댓글에 '좋아요'라는 공감 표시가 수만 개에 이르기도 했다.

댓글의 표현이 다소 과격해 보이는 것 같지만, 실제로 거세는 결코 비현실적인 처분이 아니다. 거세는 의학적으로 '물리적 거세(physical castration)'와 '화학적 거세(chemical castration)'로 나뉜다. 생각건대 위 댓글의 표현은 '물리적 거세'를 말하는 것 같다. 그런데 물리적 거세는 우리가 생각하는 것과 다소 차이가 있다. 물리적 거세는 의학적으로 고환을 제거하는 외과적 수술에 해당한다. 성범죄자에 대한 물리적 거세는 미국의 일부 주(州)나 유럽의 몇몇 국가에서 시행되고 있지만 위헌 논란 등이 끊이지 않아 점차 사라지는 추세다.

화학적 거세는 성욕이 일어나지 않도록 하는 일종의 약물치료적 처분이라 할 수 있다. 호르몬제를 투입해 성 충동의 원인이 되는 남성 호르몬 테스토스테론(testosterone)을 줄이는 방식이다. 테스토스테론은 생식기관 발육을 촉진해 정자를 생성하는 호르몬이다. 근육의 발달과 수염이 나도록 만드는 등 2차 성징으로 발현되는 남성의 신체적 특징은 모두 이 호르몬의 활동

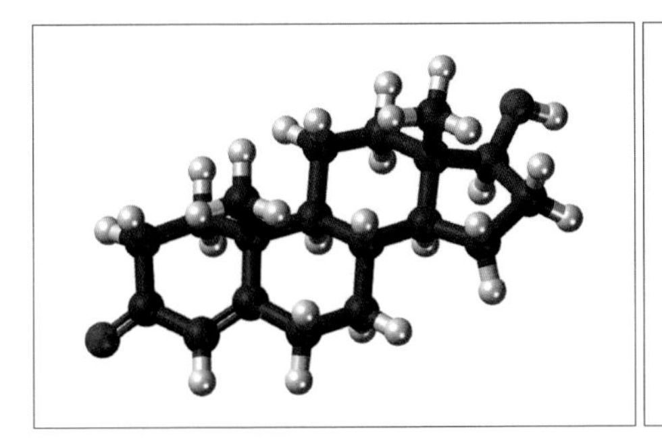

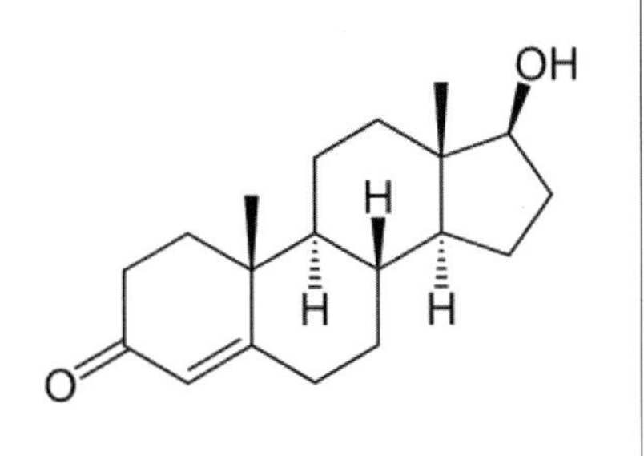

테스토스테론 분자구조

에 따른 것이다. 테스토스테론을 억제하면 성욕도 줄어들기에 화학적 거세의 방법으로 활용하는 것이다.

테스토스테론은 시상하부, 뇌하수체, 고환 등 세 기관을 거쳐 분비된다. 시상하부가 정소와 난소 같은 생식선을 자극하는 생식선자극호르몬-분비호르몬(GnRH)을 분비하면, 뇌하수체는 황체형성호르몬(LH)과 여포자극호르몬(FSH)을 만들고, 이 호르몬은 고환에서 더 많은 테스토스테론이 분비되도록 한다. 이 세 단계 중 하나만 막으면 혈중 테스토스테론 농도가 감소하는 것이다.

우리나라에서는 2011년 7월부터 열여섯 살 이하 아동을 대상으로 한 성범죄자에게 화학적 거세가 허용되는 '성폭력 범죄자의 성충동 약물치료에 관한 법률'을 시행하고 있다. 2013년경부터는 열여섯 살 이하로 한정된 피해자의 연령 제한을 폐지해, 피해자의 나이와 상관없이 모든 성폭력 범죄자를 대상으로 변경했다. 뿐 만 아니라 대부분의 나라에서 범죄자 본인의 동의에 따라 시행하는 것과 달리, 우리나라는 법원의 결정에 따라 화학적 거세를 강제 시행하고 있다.

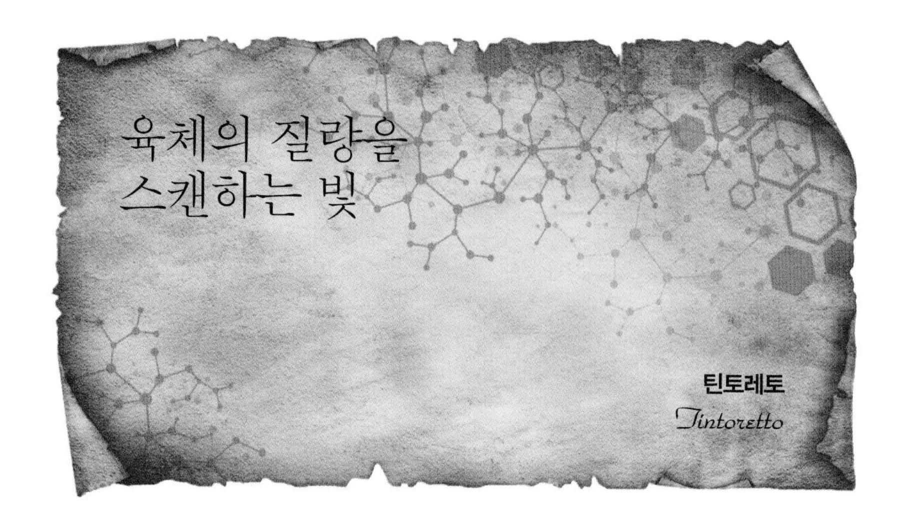

'루벤스구나'하는 착각

오른쪽 그림 속 여인을 보는 순간 '아, 루벤스구나'하는 생각이 들었다. 풍만한 여체, 질량감 넘치는 살집, 피부 위로 눈이 부시도록 빛나는 광채, 역동적인 자세에 이르기까지 루벤스의 화화 속 여인들과 참 많이 닮았기 때문이다. 물론 이 그림을 그린 화가는 루벤스가 아니라 틴토레토다. 그런데, 루벤스Peter Paul Rubens, 1577~1640는 틴토레토Tintoretto, 1519~1594보다 족히 두 세대 뒤의 사람이다. 바로크 미술의 대가 루벤스가 틴토레토의 영향을 받았음을 추측케 하는 대목이다.

틴토레토는 후기르네상스에서 바로크로 넘어가는 매너리즘 시대의 베네

틴토레토, 〈수잔나와 장로들〉, 1555~1556년, 캔버스에 유채, 146×194cm, 비엔나 미술사 박물관, 오스트리아

치아파 마지막 거장이라고 서양미술사는 기록하고 있다. 티치아노Vecellio Tiziano, 1488~1576의 제자로 알려져 있지만 인체를 그리는 능력에서는 스승을 뛰어넘어 미켈란젤로Michelangelo di Lodovico Buonarroti Simoni, 1475~1564의 필치마저 느껴진다. 색채에 빛을 활용하는 천재성은 후대 화가 카라바조Michelangelo Merisi da Caravaggio, 1573~1610에도 뒤지지 않을 만큼 탁월하다.

색채의 매력에 푹 빠지고만 '어린 염색공'

틴토레토의 색과 빛의 활용에 대한 재능은 그의 출신과 무관하지 않다. 본명이 자코포 로부스티Jacopo Robusti인 그는 염색공(tintore)의 아들로 태어났다. '어린 염색공'을 뜻하는 틴토레토라는 별명에는 그의 출신성분을 조롱하는 의미가 섞여있지만 정작 틴토레토 본인은 개의치 않았고, 오히려 그렇게 불리기를 좋아했다. 그만큼 그는 어려서부터 색을 다루는 일에 큰 매력을 느꼈다. 그가 화가로 성장한 것은 어찌 보면 당연한 것인지도 모르겠다.

염색(染色, dyeing)은 말 그대로 색(色)을 물들이는(染) 것이고, 염색공은 염료 또는 그 밖의 약품을 사용하여 천이나 종이 등에 색채를 입히는 일을 하는 사람이다. 틴토레토는 염색공인 아버지 일을 도우며 염료와 안료를 가까이하면서 색채에 대한 감각을 키웠을 것이다.

염색공인 아버지 밑에서 화가의 길로 들어선 틴토레토가 어린 시절 누구에게 그림을 배웠는지는 분명치 않다. 다만, 베네치아의 화가이자 전기 작가인 카를로 리돌피Carlo Ridolfi 1594~1698가 쓴 『틴토레토라 부르는 자코포 로부스티의 삶』(1642년)에 따르면, 틴토레토가 당시 베네치아파의 대가 티치아노로부터 색채미를 익혔고, 피렌체 출신인 미켈란젤로의 데생작품들을 통해 조형미를 공부했다고 한다.

당시 이탈리아 미술은 조형미와 형태미를 강조하는 피렌체파와 색채와 회화성을 중시하는 베네치아파로 나누어져 있었다. 아드리아해(海)와 맞닿아 있어 무역으로 돈을 번 부자들이 많이 살았던 베네치아에서는 화려한 도시의 분위기에 걸맞게 미술에서도 색채미 가득한 회화가 큰 인기를 끌었고, 이러한 환경이 자연스럽게 틴토레토의 화풍에 스며들었다.

단축법으로 원근감을 살리다

〈수잔나와 장로들〉(63쪽)은 조형미와 색채미가 조화를 이룬 틴토레토의 최고 걸작 중 하나다. 이 그림에서 나타난 틴토레토 회화의 특징을 짧게 정리하면 다음과 같다.

① 인체를 극적으로 묘사하는 대담한 단축법(foreshortening, scorcio)
② 대각선 구도를 절묘하게 이용한 역동성
③ 신비로운 효과를 극대화하는 절제된 빛의 사용

이 가운데 특히 인체를 묘사하는 대담한 단축법의 구현은, 미켈란젤로 못지않는 해부학적 지식 없이는 불가능하다. 그림의 전체적인 구도도 매우 역동적이고 드라마틱하다. 관람자의 시선을 압도하면서 감정을 지배할 만큼 화면 전체에 에너지가 충만하다.

단축법이란 그림 속 인물의 형태를 바라보는 각도에 따라 작거나 크게 보이는 원근감을 극대화하는 회화기법이다. 이를테면 인체를 화면에 경사지거나 수직으로 그려서 돌출과 후퇴, 부유(浮游)의 효과를 가져오게 함으로써 인체의 질량감과 운동감을 강조하는 것이다. 인체의 크기가 관람자로부터 멀어짐에 따라 줄어들기 때문에 가장 가까운 인물(수잔나와 비스듬히 누워서 엿보는 장로)은 크게 보이고 나머지 인물(뒤쪽에 서 있는 장로)은 작게 보이도록 하는 원근법의 일종이다.

빛에너지로 육체에 질량감을 불어넣다

서양미술사는 틴토레토의 누드를 가리켜 미켈란젤로에서 출발해 티치아노를 넘어 루벤스로 가는 길목에 있다고 서술한다. 〈수잔나와 장로들〉에서 여인의 몸을 타고 흐르는 빛을 유심히 따라가다 보면, 육체의 질량감이 느껴진다. 틴토레토가 빛을 얼마나 탁월하게 사용했는지 알 수 있다.

그림 속 여인의 누드가 에너지 넘치게 느껴지는 이유를 과학적으로 분석해 봐도 역시 그것이 빛 때문임을 알 수 있다. 지구상의 모든 생명체의 에너지원은 빛의 광원인 태양에서 비롯한다. 태양은 원래 가장 가벼운 원소인 수소 덩어리다. 수소들이 결합하여 중수소와 삼중수소*가 되고, 이들이 핵융합하여 헬륨이 되면서 엄청난 에너지를 방출한다. 그 에너지 가운데 극히 일부가 지구에까지 영향을 미쳐 지구상의 모든 생명체가 살아갈 수 있는 에너

* 중수소는 일반 수소보다 두 배 무겁고, 삼중수소는 세 배 무거운 수소 동위원소

지원으로 작용하는 것이다.

물론 틴토레토가 태양에너지와 질량과의 관계를 과학적으로 이해한 다음 그림 속 누드에 빛의 효과를 일으킨 건 아닐 것이다. 하지만 틴토레토는 사물과 현상의 관찰을 통해 생명력을 불어넣는 근원이 곧 빛이라는 사실을 깨달았다. 인간의 육체가 좀 더 역동적으로 보이려면 피부에 광채 효과를 내야 한다고 생각한 것이다. 틴토레토가 캔버스에 구현한 광채는 훗날 빛의 화가로 부르는 카라바조와 바로크의 거장 루벤스로 인도한다.

한편, 〈수잔나와 장로들〉을 감상하기에 앞서 작품에 담긴 이야기를 알고 그림을 보면 감상의 폭이 훨씬 깊어진다. 중세와 근대 미술은 단순히 느끼는 게 아니라 그림에 얽힌 제반지식을 바탕으로 작품을 읽어야 하기 때문이다. 이 그림은 성경 외경인 다니엘서에 수록된 이야기를 그린 것이다. 이스라엘 민족이 예루살렘이 망하자 바빌론에 포로로 잡혀 간 후에 벌어진 일화다.

요아힘이라는 부자의 아내 수잔나는 찌는 더위를 참지 못하고 옷을 벗고 목욕을 했다. 그런데 목욕하는 그녀의 몸을 숨어서 본 지체 높은 종교 지도자 장로들이 수잔나에게 다가가 자기들에게 몸을 허락하지 않으면 사람들에게 아무 앞에서나 옷을 벗는 방탕한 여자라고 알려서 돌에 맞아 죽게 하겠다고 협박했다. 바로 그때 다니엘 선지자가 나타나 수잔나의 결백을 증명하여 그녀를 구했다는 이야기다.

관람자들이 그림에서 눈을 떼지 못하는 이유

틴토레토가 구현한 빛과 색채의 효과는 〈수잔나와 장로들〉보다 십여 년 전

틴토레토, 〈성 마가의 기적〉, 1548년, 416×544cm, 캔버스에 유채, 아카데미아 미술관, 이탈리아 베네치아

에 그린 〈성 마가의 기적〉이란 작품에서도 엿볼 수 있다. 이 그림은 기독교가 아직 공인되지 않던 시기에 전설로 내려오는 이야기를 화폭에 담은 것이다. 사도 마가의 사후에 일어난 기적에 관한 이야기로 성경에 등장하진 않는다.

프로방스 지방에 한 노예가 있었는데 주인의 명을 어기고 성 마가 대성당으로 순례를 다녀왔다. 주인은 크게 화가 나서 돌아온 노예를 잡아 눈을 뽑고 다리를 부러뜨리려 했으나 갑자기 하늘에서 내려온 성 마가가 노예의 몸을 상하지 못하게 했다는 이야기다.

그림을 보면, 하늘에서 빛과 함께 거꾸로 내려온 성 마가 아래에 발가벗은 노예가 누워 있다. 노예와 성 마가를 수직 활처럼 연결시켜 주는 집행자가 부러진 망치를 화면 오른쪽 위 붉은 옷을 입은 주인에게 보여주고 있는데, 주인은 놀라서 곧 떨어질 것만 같다. 그림은 좌우가 거의 대칭을 이루지만 안정감은커녕 엄청난 긴장감이 느껴진다. 이것은 각 인물들의 자세가 미켈란젤로처럼 섬세하고 사실적으로 묘사되었기 때문이다.

각 인물들은 저마다 뒤틀린 자세를 취하고 있는데, 그 모습이 매우 역동적이다. 무엇보다 성 마가의 머리에서 발산하는 빛이 뒤틀린 인물들의 몸을 비추면서 뚜렷한 명암을 통해 입체 효과를 내고 있다. 아울러 각 인물들의 인체마다 다양한 방향의 단축법이 적용되어 그림 속 공간에 깊이를 더하고 있다.

틴토레토만의 구도는 귀족적이거나 우아하지는 않지만 드라마틱한 에너지를 발산한다. 관람자들이 그의 작품에서 눈을 떼지 못하는 이유다.

작품을 감상할 때 예술가의 삶도 함께 살펴봐야 하는 이유

틴토레토는 스물한 살 때부터 독립적인 공방을 열었지만 십여 년을 무명으로 지냈다. 스승인 티치아노는 주로 귀족들로부터 주문을 받아 그림을 그렸다. 반면 틴토레토는 '어린 염색공'이라는 자신의 별칭에서도 알 수 있듯이 주로 서민들에게서 주문을 받아 그들을 위한 그림을 그렸다.

티치아노는 자신의 뒤를 이을 베네치아 화단의 맥을 틴토레토가 아닌 베로네세Veronese, 1528~1588가 이어받기를 원했다. 하지만 1576년 티치아노가 세상을 떠나고 십여 년 뒤 틴토레토보다 어린 베로네세마저 숨을 거뒀다. 그러자 스승의 뒤를 이어 베네치아파를 대표하는 화가로 틴토레토 말고는 딱히 적임자가 없게 됐다.

서양미술사에는 틴토레토에 관한 여러 에피소드들이 있는데, 그 가운데 틴토레토가 그림을 매우 빨리 그렸다는 기록이 이채롭다. 1564년경 대규모 종교 단체인 '스쿠올라 그란데 디 산 로코'의 집행부에서 회관을 장식할 화가를 선정하기 위해 회의를 하고 있었다. 그런데 회의가 끝나기도 전에 틴토레토가 밑그림을 마치고 채색을 하고 있다는 소식이 들려왔다. 그림을 본 집행부는 틴토레토에게 주문을 할 수 밖에 없었다. 집행부로서는 작업을 제 때 마무리하는 게 작품의 완성도만큼 중요했기 때문이다.

틴토레토는 그림을 그리는 속도만 빠른 게 아니라 화풍도 자유자재로 구사했다. 이를테면 당시 베네치아파의 대표화가는 티치아노였기 때문에 그에게로 주문이 몰렸다. 티치아노는 주문받은 그림을 제 때에 끝내지 못하는 경우가 종종 있었다. 이 사실을 안 틴토레토는 티치아노에게 주문한 사람들에게 티치아노의 화풍으로 더 빨리 더 싸게 그려주겠다고 주문을 가로채기까지 했다. 심지어 자기보다 열 살이나 어린 베로네세가 더 인정받자 베로네세 화풍으로도 그려 주문자의 요구에 부응하기도 했다.

어찌 보면 뻔뻔스럽기까지 했던 그의 돌출 행동은 스승 티치아노를 포함한 미술계 지인들을 불편하게 했다. 이런 틴토레토를 평단에서도 좋게 얘기할 리 없었다. 그가 발표하는 작품 중 상당수가 혹평에 시달려야 했고, 여기에 염색공의 아들이라는 출신성분까지 주홍글씨처럼 따라다녔다.

틴토레토에 대한 재평가가 이뤄진 것은 19세기 초 존 러스킨John Ruskin,

틴토레토,
〈은하수의 기원〉,
1575~1580년,
캔버스에 유채,
148×165cm,
내셔널 갤러리,
영국 런던

1819~1900이란 평론가를 통해서다. 당시 낭만주의 사조를 옹호하는 평론가들은 르네상스 미술과 바로크 미술을 잇는 가교로 틴토레토를 지목했다.

틴토레토의 대표작 중 가장 많이 알려진 〈은하수의 기원〉은 그의 창작활동에 대한 가치관을 다시 돌아보게 하는 계기가 된 작품이다. 틴토레토는 이 그림을 그리기에 앞서 화면 속 인물들의 모형을 일일이 만들어서 공중에 매달아 그림 속 소재의 형태미를 연구했다. 또 완벽한 구도를 기하기 위해 채색에 앞서 펜으로 수많은 밑그림을 그렸다.

그는 남의 화풍을 베껴서 그림을 빨리 그려 돈을 버는 기행을 일삼아 오랜 세월 자신의 예술성을 의심받기까지 했다. 하지만 그렇게 그린 그림들은 스스로 진정한 작품이라고 여기지 않았다.

예술가가 평생 남긴 모든 작품이 다 명작이 될 순 없다. 예술가도 인간이기에 그의 삶엔 늘 우여곡절이 있게 마련이고 그게 작품에 투영된다. 우리가 작품을 감상하면서 예술가의 삶도 함께 살펴봐야 하는 이유가 여기에 있다.

_ Tintoretto

미술관에서 섬뜩했던 추억

미술관에 가면 순간순간 관람객들을 놀라게 하거나 당황시키는 화가들이 있다. 대표적인 화가가 카라바조Michelangelo Merisi da Caravaggio, 1573~1610다. 책에 실린 도판으로만 봤던 〈메두사의 머리〉를 이탈리아 피렌체 우피치 미술관에서 보고 입을 다물지 못했다. 로마 보르게세 미술관에서 〈골리앗의 머리를 든 다윗〉(82쪽)을 봤을 때도 마찬가지였다. 다윗의 손에 들린 골리앗의 흉측한 머리가 카라바조 자신을 그린 것이라는 사실 또한 충격적이었다.

그 뒤 런던 내셔널 갤러리에서 어떤 전시실에 들어가기 전에 심호흡까지 했던 기억이 난다. 그 방 안에 카라바조의 그림들이 있었기 때문이다. 미리

카라바조, 〈엠마오에서의 식사〉, 1601년, 캔버스에 유채, 141×196.2cm, 내셔널 갤러리, 영국 런던

마음의 준비(!)를 해두었던지라 〈골리앗의 머리를 든 다윗〉만큼 파격적인 〈성 세례 요한의 머리를 받는 살로메〉를 비교적 담담하게 감상할 수 있었다. 그리고 카라바조의 또 다른 작품 앞에 멈춰 서서 한동안 멍하니 있었다.

연극 무대 같은 장면

필자의 시선을 고정시켰던 작품은 〈엠마오에서의 식사〉다. 카라바조가 성경의 마가복음 24절에 나오는 이야기를 그린 것이다. 이천 년 전 예루살렘에서 예수가 천국이 가까이 왔다고 설교도 하고 병도 고치고 죽은 자도 살리는 등 이적을 행하며 다니다가 체포되어 십자가에서 처형당했는데 사흘 만에 부활한 사건이 일어났다. 예수를 따라다니던 두 제자가 엠마오라는 동네로 가는 길에 어떤 사람을 만났는데 그 사람은 지금 예루살렘을 온통 떠들썩하게 한 바로 그 사건을 전혀 모르는 듯했다. 함께 길을 가다 날이 어두워져 여인숙에 들러 식사를 하는 자리에서 그 사람이 기도를 했는데, 그제야 그가 부활한 예수라는 것을 알게 되었다.

카라바조는 예수 주변에 있던 사람들의 놀라는 표정과 상황을 마치 연극 무대의 한 장면처럼 드라마틱하게 묘사했다. 놀라서 의자를 잡고 일어나려는 사람은 글로바라는 제자인데, 얼굴의 반만 보이는데도 깜짝 놀라는 표정이 아주 잘 나타나 있다. 오른쪽 또 한 명의 제자는 놀라서 팔을 벌리고 있는데, 대머리와 가슴에 단 조개껍질이 그가 사도 바울임을 암시한다. 당시 조개껍질은 순례자를 상징했다. 반면, 혼자 서 있는 여인숙 주인의 표정은 무덤덤하다. 예수가 기도하는 것이 무슨 뜻인지 모르는 것 같다. 그는 믿음이 없는 사람을 나타내며 오히려 그의 무표정과 대비되어 두 제자의 놀라는 모습이 더 부각되었다.

그런데, 오른손을 들고 식사기도를 하는 예수의 얼굴이 기존의 다른 화가들이 그린 예수의 그림과 너무도 다르다. 십자가에서 죽었을 때에는 턱수염도 있고 육체의 피와 체액이 다 흘러버려서 바짝 말랐을 텐데, 여기 부활한 예수는 포동포동하고 심지어 앳된 모습이다. 성경을 꼼꼼하게 분석하고 연구한 카라바조만의 독창적인 해석이다. 카라바조는, 부활한 예수는 십자가에 못 박히기 전의 육체가 아니라 변화된 육체를 가지고 있었다는 성경의 내용을 충실하게 표현한 것이다.

스포트라이트를 그리다

필자는 미술관에서 카라바조의 그림을 볼 때마다 습관적으로 전시실 천정의 조명을 올려다보게 된다. 전시실 천정 어딘가에서 카라바조의 그림에 집중해서 조명을 비추고 있는 게 아닐까 해서다. 물론 그런 일은 어떤 미술관에서도 발생하지 않는다. 그만큼 카라바조만의 명암법[明暗法, 키아로스쿠로(chiaroscuro)]이 탁월하다는 얘기다.

15세기 초에 이탈리아의 화가 마사초Masaccio, 1401~1428가 자신의 작품 〈에덴동산에서의 추방〉(31쪽)에서 선보였던 명암법은 후대 화가인 레오나르도 다빈치Leonardo da Vinci, 1452~1519가 스푸마토(sfumato) 기법으로 진일보시켰고, 그보다 더 후대 화가인 카라바조는 테네브리즘(tenebrism)이라는 기법으로 발전시켰다.

스푸마토는 '연기처럼 사라지다'라는 뜻의 이탈리아어 'sfumare'에서 유래했다. 즉, 안개와 같이 색을 미묘하게 변화시켜 색깔 사이의 윤곽을 명확히 구분 지을 수 없도록 자연스럽게 옮아가는 명암법이다.

카라바조가 이끈 테네브리즘은 다빈치의 스푸마토하고는 차이가 있다. 스푸마토는 다빈치가 안개라는 자연 현상에 착안해서 고안한 명암법이다. 반면, 카라바조의 테네브리즘은 이탈리아어로 어둠을 뜻하는 'tenebra'에서 유래한 것으로, 어둠을 밝히는 빛을 연구·분석한 결과를 회화에 적용한 것이다.

이를테면 테네브리즘은 그림의 중심이 되는 인물(혹은 사물)에만 빛을 비춰 강조하고 그 밖의 부분은 어둡게 그리는 것이다. 그리고 여기서 한발 더 나아가 밝고 어두움을 통해 그림 속 인물의 심리 상태까지 나타내기도 한다.

테네브리즘은 마치 연극 무대에서의 조명 효과와 비슷하다. 연극 무대의 어떤 장면에서 격정적인 대사를 하는 배우에게 스포트라이트가 집중되는 것과 마찬가지다. 이때 관객은 스포트라이트를 받는 배우에게 시선이 고정되기 마련이다.

카라바조의 그림 〈엠마오에서의 식사〉를 연극 무대의 한 장면이라고 가정하자. 그림 속 무대의 주인공은 식사기도를 하는 예수다. 예수의 모습이 가장 밝게 빛나고 있다. 이 그림을 보는 관람자의 시선은 자연스럽게 예수에게로 모아진다. 아울러 그림 속 예수의 두 제자에게도 부분적으로 조명이 비춘다. 이때 조명은 두 제자가 자기들 앞에 있는 사람이 부활한 예수라는 사실을 알고 놀라워하는 모습을 극대화시킨다. 반면, 예수 옆에 서 있는 여인숙 주인의 표정은 무덤덤한데, 그를 비추는 조명도 두 제자에 비하면 다소 어둡다.

결국 관람자의 시선은 빛의 밝기에 따라 그 집중도가 달라진다. 예수를 가장 몰입해서 보고, 이어서 두 제자를 바라보며 여인숙의 주인은 상대적으로 주목도가 떨어진다. 〈엠마오에서의 식사〉에서 빛의 밝기와 관람자의 주목도를 다음과 같이 나타낼 수 있다. 결국 빛의 밝기와 관람자의 주목도는 비례하는데, 이는 카라바조의 의도와 일치한다.

빛의 밝기 : 예수 〉 두 제자 〉 여인숙 주인

관람자의 주목도 : 예수 〉 두 제자 〉 여인숙 주인

카라바조의 명암법은 후대 화가들에게 엄청난 영향을 끼쳤다. 루벤스, 벨라스케스, 렘브란트 등 시대를 대표하는 거장들은 저마다 자신들의 작품에 카라바조의 명암법을 투영시켰다. 조르주 드 라 투르Georges de La Tour, 1593~1652와 호세 데 리베라José de Ribera, 1591~1652 같은 화가들은 좀 더 적극적으로 카라바조의 명암법을 활용했는데, 서양미술사에서는 이들을 가리켜 테네브로시(tenebrosi)라고 명명한다.

사물의 재발견, 정물화의 탄생

〈엠마오에서의 식사〉를 다시 유심히 살펴보자. 이 그림에서 인물들 다음으로 시선이 가는 소재는 음식이다. 음식의 묘사가 대단히 섬세하고 사실적이다. 다빈치의 〈최후의 만찬〉처럼 음식이 배경을 장식하는 소재에 그치지 않고 중요한 의미를 담고 있다. 음식만 따로 떼 내어 보면 정물화라 해도 손색이 없을 정도다. 카라바조보다 한 세대 빠른 독일 출신 화가 한스 홀바인Hans Holbein der Ältere, 1465~1524의 경우 저 유명한 걸작 〈대사들〉에서 다양한 사물들을 섬세하게 그렸지만, 물건 하나하나가 정물화 수준은 아니었다.

카라바조는 이탈리아에서 정물을 본격적으로 그린 최초의 화가로 알려져 있다. 카라바조가 활동하기 이전에는 사물의 묘사가 인물화나 종교화에서 배경을 장식하기 위한 소품 정도에 지나지 않았다. 하지만 카라바조에게는 사소한 물건 하나하나가 모두 관찰의 대상이었다. 물건들 모두 나름의 의미를 지니고 있다고 생각한 것이다.

그는 사물의 묘사에 특별한 노력을 기울였고, 그 자체만으로 훌륭한 화면이 될 수 있음을 깨달았다. 종전에 누구도 하지 않았던 이른바 '사물의 재발견'을 한 것이다. 이러한 사물의 정밀한 묘사는 정물화라는 장르로 발전했

〈엠마오에서의 식사〉 중 음식 부분도

다. 카라바조로 인해 그림 속 정물이 그 자체로서 하나의 독립된 의미를 갖게 된 것이다.

〈엠마오에서의 식사〉에서 과일이 담긴 바구니가 바닥에 떨어질듯 식탁 끝에 간신히 걸쳐 있다. 영적인 예수를 만나는 자리에 놓인 세속적인 음식들은 얼마나 덧없는 것인가? 그러고 보니 그림 속 음식들은 성한 것이 없다. 썩고 벌레 먹고 상했다. 이는 탐욕으로 오염된 인간의 삶을 나타낸다.

불경한 그림?
시대를 앞선 예술!

서양미술사에서 카라바조가 남긴 족적은 대단하지만, 살아생전에 그는 후학을 양성하는 예술가이기는커녕 자기 자신조차 제대로 건사하지 못하는 폭풍 같은 삶을 살았다. 그의 인생에는 가학과 폭력이 끊이질 않았다.

그의 본명은 미켈란젤로 메리시이지만 이탈리아에서 이미 동명의 거장이 있었기에 사람들은 그가 살던 동네 명칭에서 따온 카라바조로 불렀다. 그가 네 살 때 창궐하던 흑사병으로 할아버지와 아버지를 동시에 잃으면서 가시밭길 삶을 살게 되었다.

카라바조는 열한 살 때 밀라노에서 활동하던 시모네 페테르차노Simone Peterzano, 1535~1599라는 화가의 공방에 도제로 들어가면서 정식으로 그림을 배우기 시작했다. 어렸을 때는 신앙이 독실한 스승과 엄격한 가톨릭교회의 영향으로 경건한 종교화를 그리는 데 매진했다. 열일곱 살 되던 해에 어머니마저 세상을 떠나면서 힘겹고 외로운 시간이 그를 더욱 옥죄었다.

카라바조, 〈막달라 마리아〉, 1594~1595년, 캔버스에 유채, 122.5×98.5cm, 도리아 팜필리 미술관, 이탈리아 로마

갓 스물이 됐을 무렵 그는 좀 더 큰 세상으로 나아가고자 로마로 향했다. 어려서부터 연마한 종교화로 프란체스코 마리아 델 몬테Francesco Maria del Monte, 1549~1627 추기경의 눈에 띄어 그의 저택에 머물면서 정식으로 화가의 길을 걷게 된다. 이때 카라바조는 어린 나이지만 수준 높은 회화를 그려 주변 사람들을 놀라게 했다. 그의 초기 걸작 〈바쿠스〉도 이때 그려졌는데, 프란체스코 델 몬테 추기경이 지인에게 선물할 목적으로 주문한 작품으로 알려져 있다.

어렸을 때 가족을 잃고 외롭고 고달픈 나날을 보내온 그였기에, 이제부터라도 화가로서 인정받으며 안정된 삶을 향유하면 좋았으련만, 카라바조의 운명은 그렇지 못했다. 그의 내면에 똬리를 틀고 있었던 반항적인 기질이 문제였다. 그의 재능을 인정한 추기경의 소개로 교회의 주문을 받게 되면서 화가로서 명성을 키웠나가는 듯 했지만 오래가지 못했다. 시대를 앞서 갔던 그의 그림은 탁월했지만 사사건건 교회를 불편하게 했다.

카라바조는 카르멜 수도원이 주문한 〈성모의 죽음〉에서 성모 마리아의 성스러운 이미지 대신 평범한 여인의 모습을 그렸다. 그림이 전체적으로 붉은 톤인 것도 수도원으로서는 매우 못마땅했을 것이다. 이 뿐만이 아니다. 카라바조는 교회가 존경하는 성인 막달라 마리아를 지극히 평범한 여인이 앉아서 꾸벅꾸벅 조는 모습으로 그렸다(80쪽).

카라바조는 자주 교회와 충돌했지만 그의 천재성을 높게 평가한 귀족이나 부자 들에게는 인기가 높았다. 다들 카라바조의 그림을 한 점이라도 더 갖기를 원했고, 그럴수록 카라바조는 더욱 거만해지고 괴팍해져 갔다.

황망함의 끝을 본다

삼십대가 되면서 그의 반항적인 기질은 폭력적이고 충동적으로 악화되었다. 심지어 싸움을 일삼아 감옥을 들락거리기까지 했다. 카라바조의 기행은 갈수록 심해졌지만, 한편으로는 꽤 훌륭한 작품들을 완성해냈다.

하지만 결국 외줄 타 듯 아슬아슬했던 카라바조의 인생이 나락으로 떨어지는 큰 사건이 발생하고 말았다. 돈내기 운동경기를 하다 시비가 붙어 살인

카라바조, 〈골리앗의 머리를 든 다윗〉, 1610년경, 캔버스에 유채, 125×101cm, 보르게제 미술관, 이탈리아 로마

을 저지르고 만 것이다. 그는 사법당국에 체포되었다가 3일 만에 탈옥을 단행했고, 그 뒤로 목숨을 잃을 때까지 4년 동안 도망자 신세로 떠돌아 다녔다.

그런데 카라바조는 그런 와중에서도 주옥 같은 작품들을 다수 제작했다. 느닷없이 그에게 묻고 싶어진다. 당신에게 미술은 도대체 무엇이냐고. 극단의 예술가적 기질 때문에 폭풍 같은 인생을 살 수 밖에 없었던 건지, 아니면 그런 인생을 살았기에 그처럼 파격적인 작품들이 나올 수 있었는지 도무지 알 길이 없다. 결국 그는 1610년 헬라클리움이라는 곳에서 누군가의 칼에 찔려 불꽃 같은 삶을 마감했다. 그의 사인에 대해서는 견해가 엇갈린다. 아무튼 그의 나이 고작 서른아홉이었다.

필자를 섬뜩하게 했던 그의 그림 한 점을 다시 떠올려본다. 로마 보르게제 미술관에서 봤던 〈골리앗의 머리를 든 다윗〉이다. 목이 잘린 골리앗은 죽기 직전 카라바조의 자화상이다. 더욱 충격적인 건 골리앗의 머리를 자른 다윗은 젊은 카라바조의 자화상이다. 젊은 카라바조가 살인까지 저지른 막장의 카라바조의 목을 친 것이다. 이 그림은 카라바조가 죽기 얼마 전에 그렸다. 자신의 삶이 얼마 남지 않았음을 직감한 걸까? 목이 잘린 골리앗, 아니 카라바조의 표정에서 황망함의 끝을 본다. _ *Caravaggio*

살을 그린 화가

루벤스

Peter Paul Rubens

'살'을 사랑한 화가?

역사상 인체의 살(flesh)을 이처럼 돋보이게 그린 화가가 루벤스Peter Paul Rubens, 1577~1640 말고 또 있었을까? 루벤스의 작품에는 유독 속살을 드러낸 사람들이 많이 등장하는데, 유심히 살펴보면 삐쩍 마른 사람을 거의 찾아볼 수 없다. 루벤스가 그린 아기는 유난히 포동포동하고, 여인들의 몸매는 셀룰라이트가 아닐까 싶을 정도로 살이 넘친다. 심지어 십자가에서 내려지는 예수의 체형도 울퉁불퉁한 근육질이다.

바로크 미술의 거장으로 알려진 그는 왜 그토록 인간의 살에 심취(!)했던 걸까? 살에 심취했다고 하니 이상하게 여기는 사람도 있겠지만, 살은 뼈와

루벤스, 〈레우키포스 딸들의 납치〉, 1618년, 캔버스에 유채, 224×210.5cm, 알테 피나코테크, 독일 뮌헨

함께 인체의 본질을 이룬다. 루벤스의 살에 대한 애정은 결코 이상한 게 아니다. 그런 의미에서 이번 항목의 주제는 '루벤스 작품들에 나타난 살에 관한 탐구'가 될 듯하다.

신화 속 긴박한 이야기마저 잊게 만들다

살을 과학적으로 정의하면, 동물의 몸을 이루는 근육 조직으로 피부에 덮여 뼈를 싸는 골격근으로 이뤄진 부분이 된다. 인간의 살은 과학보다 종교에서 먼저 개념이 정립됐다. 구약성경에서는 살을 사람의 육신(창 2:23), 즉 몸을 가리키는 관용적 표현으로 사용했고(왕하 5:10; 단 1:15), 신약성경에서는 영혼에 상대되는 개념으로 이해했다(눅 24:39).

살은 인류 역사적으로도 남다른 의미를 지닌다. 살의 외부조직인 피부색에 따라 사람을 나누거나 차별하는 인종주의가 잉태했고, 살의 많고 적음에 따라 외모의 아름다움을 판단하는 기준이 되기도 했다. 그런 이유로 미술사가들은 살을 돋보이게 그린 루벤스의 작품들을 통해서 그가 살았던 17세기 유럽에서의 미인의 기준이 어떠했는지 추측하기도 한다.

루벤스의 그림은 크게 두 장르로 나뉘는 데, 하나는 그의 독실한 신앙관에 입각한 기독교적 종교화이고, 다른 하나는 이교도적인 신화화이다. 루벤스만의 역동적인 화풍은 종교화에서 관람자를 압도하는 경건함으로 다가온다. 반면 그의 신화 그림에서는 관능미를 강하게 발산시킨다.

루벤스는 경건함과 관능미를 최고 절정의 수준까지 끌어올렸지만, 그 둘은 서로 충돌하지 않고 적절하게 조화를 이뤄냈다. 그 대표적인 작품이 〈레우키포스 딸들의 납치〉(85쪽)다. 그리스신화에 나오는 이야기를 그린 것이다.

아르고스의 왕 레우키포스에게는 아름다운 딸 힐라이라(기쁨)와 포이베(화려함)가 있었다. 딸들은 륀케우스, 이다스 쌍둥이와 약혼을 했다. 그런데, 제우스가 백조로 변장하여 레아를 겁탈해서 낳은 다른 쌍둥이 카스토르와 폴룩스가 레우키포스의 딸들을 사랑하게 되었다. 카스토르와 폴룩스는 힐라이라와 포이베의 결혼식에 참석해 두 신부를 납치해 도망쳤다. 약혼자들이 납치자들을 쫓아가 결투를 벌인 끝에 카스토르가 사망했다. 형의 죽음을 슬퍼한 폴룩스는 제우스에게 형 대신 죽게 해 달라고 간청했다. 그들은 죽어서 하늘의 쌍둥이 별자리가 되었다.

그림을 보면, 검은 말 위에 앉아 있는 사람이 형 카스토르다. 화면 오른쪽 폴룩스는 흰말에서 내려와 레우키포스의 딸들을 잡고 있다. 맨 아래에 있는 여인이 포이베로, 금빛의 결혼예복이 벗겨진 채 저항하고 있다. 카스토르가 들어 올리고 있는 힐라이라의 벗겨진 붉은색 옷은 카스토르가 입은 붉은 가운과 일치하는 데, 힐라이라의 짝임을 암시한다. 화면 왼쪽에 검은 날개를 달고 있는 작은 아이는 큐피드다. 그림 속 상황이 사랑에 얽힌 사건임을 암시하고 있다.

이 그림에는 두 명의 여성과 두 명의 남성이 복잡하게 얽혀있다. 풍만한 여성들의 뽀얀 피부와 단단한 남성들의 구릿빛 근육이 강한 대비를 이룬다. 여기에 두 마리 말까지 가세하며 그림 전체에 역동성을 배가시킨다.

더욱 인상적인 건 딸들의 범상치 않은 자태다. 매우 관능적이지만 천박하지 않다. 그녀들의 역동적인 포즈는 근육을 만들어 살갗을 더욱 돋보이게 한다. 루벤스의 섬세함이 여체의 이곳저곳에서 드러난다. 금발의 머릿결에 홍조를 띤 얼굴, 풍만한 가슴, 근육질 등, 깊게 패인 겨드랑이, 탄력 넘치는 허벅지와 엉덩이까지 관람자는 잠시도 눈을 떼지 못한다. 그렇게 루벤스의 여체는 신화 속 긴박한 이야기마저 잊게 만든다.

울퉁불퉁한 진주 같은 몸매

루벤스가 활동하던 17세기 유럽만 해도 여성의 정조관념에 대해 꽤 보수적이었다. 화가가 일반 여성을 모델로 누드를 그리면 음란하다는 구설수에 오르기 일쑤였다. 누드화가 미술의 한 장르로 인정받기가 당시로서는 쉽지 않았다. 그래서 화가들은 신화에 등장하는 여신의 누드를 그렸다. 벗은 모습이 여인과 다를 게 없지만 화가 스스로 나는 사람이 아닌 신을 그렸다고 하면 그만이었다. 신은 관능의 대상이 아니라 여겼기 때문이었다. 예술가들은 저마다 누드의 비너스를 그리고 조각했다.

루벤스도 누드의 여신을 대상으로 여체 탐구를 이어갔다. 많은 화가들이 그렸던 삼미신을 루벤스도 여러 번 그렸다. 흥미로운 점은 루벤스가 그린 삼미신에서 가장 눈에 띄는 부분은 바로 여신들의 울퉁불퉁한 살이다. 영어로 '그레이시즈(Graces)'인 삼미신은 말 그대로 아름다움과 우아함 등을 상징한다. 그런데 루벤스가 그린 삼미신이 아름답고 우아하다고 하기에는 무리가 있어 보인다. 루벤스 이전 시대 화가인 보티첼리Sandro Botticelli, 1444~1510나 (44쪽) 라파엘로Raffaello Sanzio, 1483~1520(90쪽)가 그린 삼미신하고 많이 다르다.

보티첼리나 라파엘로가 활동하던 르네상스 시대에는 고대 그리스 문화의 복원을 주창하면서 조화와 균형이 매우 중요한 덕목이었다. 다빈치Leonardo da

루벤스, 〈삼미신〉, 1630~1635년, 캔버스에 유채, 221×181cm, 프라도 미술관, 스페인 마드리드

라파엘로, 〈삼미신〉, 1504~1505년, 패널에 유채, 17.1×17.1cm, 콩데 미술관, 프랑스 샹티이

Vinci, 1452~1519는 인간의 몸에서 완벽한 아름다움을 발견하고자 했지만, 이는 현실이 아닌 예술에서나 가능한 이상(理想)이었다.

사람이 변하듯 시대도 변하기 마련이다. 사람들은 르네상스의 완벽한 아름다움에 회의를 품었다. 현실적으로 도달할 수 없는 경지라 깨달은 것이다. 이를테면 반들거리는 진주보다는 다소 거칠고 울퉁불퉁한 진주에서 더 인간적인 친근감을 느끼기 시작했다. 포르투갈어로 '일그러진 진주'라는 의미가 담긴 '바로크(baroque)'라는 예술사조가 도래한 것이다. 사과를 들고 있는 라파엘로의 삼미신이 매끈한 진주 같다면 루벤스의 삼미신은 울퉁불퉁한 진주 같다. 포동포동한 살들이 여신들의 근육을 감싼다. 아름다움에 대한 사람들의 생각이 변했고, 루벤스는 그러한 변화를 포착해 예술로 구현한 것이다.

휘황찬란한 드레스보다도 화려한 속살

1621년 프랑스 앙리 4세Henri IV, 1553~1603의 미망인 마리 드 메디치Marie de Medici, 1573~1642 왕비는 루벤스를 파리로 초청하여 새로 보수한 뤽상부르 궁전의 대회랑에 남편과 자신의 일대기를 담은 그림으로 장식해 줄 것을 부탁했다. 고대 신화와 인문학에 박식한 루벤스의 머릿속에는 이야깃거리가 풍부했다. 그는 루이 4세 부부의 일대기를 장엄한 서사시처럼 구성해 24점에 달하는 거대한 연작을 3년에 걸쳐 완성했다.

연작 가운데 하나인 〈마리 드 메디치의 마르세유 입항〉(92쪽)은 루벤스의 진가를 재확인할 수 있는 수준 높은 걸작이다. 화면의 중앙에 마리 왕비가 있다. 한눈에 봐도 호화롭고 우아하며 기품이 넘친다. 이 그림의 의뢰인이자 주인공이다.

그런데 관람자의 시선은, 그림의 주제와는 별 상관없어 보이는 화면 하단에 있는 물의 요정들에게도 향한다. 풍만한 몸매를 한 물의 요정들의 역동적인 자태는 마리 왕비 주변에 있는 귀족 여인들의 정적인 모습을 압도한다.

루벤스, 〈마리 드 메디치의 마리세유 입항〉, 1622~1625년, 캔버스에 유채, 394×295cm, 루브르 박물관, 프랑스 파리

왕비를 포함한 귀족 여인들은 휘황찬란한 드레스로 한껏 치장했지만, 실오라기 하나 걸치지 않은 물의 요정보다 눈에 띄지 않는다.

이 그림은 당시 최고 권력가였던 마리 왕비를 상찬하기 위한 목적으로 그려졌다. 자칫 그녀의 비위를 건드렸다간 화를 면하지 못할 것임을 루벤스가 모르지 않았을 터이다. 그럼에도 불구하고 벌거벗은 물의 요정들이 주인공인 왕비보다 더 부각되어 보인다? 관람자의 눈에는 그렇게 보이겠지만 마리 왕비에게는 다르게 받아들여졌던 모양이다.

루벤스는 마르세유에 입성하는 마리 왕비를 요정들까지 나서서 환영하는 모습을 그렸다. 공중엔 나팔을 부는 요정이 날아다니고 배 아래에는 물의 요정들이 마리 왕비를 환호한다. 루벤스는 마리 왕비를 상찬하기 위해 신화 속에 등장하는 요정까지 동원한 것이다. 요정이 화려하게 부각될수록 이 그림의 주제인 마리 왕비의 마르세유에서의 환영식이 더 성대해지는 셈이다.

이 그림에서도 루벤스는 여체의 풍만하고 포동포동한 살의 미학을 아낌없이 발휘하고 있다. 〈삼미신〉에서와 같이 정면, 옆면, 뒷면의 여체를 생동감 넘치게 묘사했다. 루벤스 회화의 특징인 대비의 긴장감에서 오는 역동성 또한 예외 없이 빛난다. 귀족과 노예, 정장과 누드, 조신함과 관능미, 부드러운 섬유와 금속의 광택 등 그림 속 다양한 소재들이 묘한 대비를 이룬다.

그가 가장 사랑했던 여인의 살은 어떤 모습일까?

루벤스의 대표작을 꼽으라면 머뭇거리는 사람이 많다. 대부분 화가들의 경우 대표작을 들라면 딱 떠오르는 그림이 하나 둘 있다. 하지만 루벤스의 경

루벤스, 〈모피를 두른 엘렌 푸르망〉, 1636~1638년, 캔버스에 유채, 176×83cm, 비엔나 미술사 박물관, 오스트리아

우 딱히 떠오르는 그림이 없다.

화가의 대표작이라고 하면 걸작이나 명작의 반열에 오른 것들인데, 그럼 루벤스는 걸작이나 명작을 그리지 못한 화가란 말인가? 그 반대다. 루벤스는 걸작이나 명작이라 부를만한 작품들이 너무 많아 대표작이 금방 떠오르지 않는 것이다.

서양미술사는 루벤스에 대해서 완성도 높은 걸작을 많이 남긴 화가로 기록하고 있다. 또한 그는 유화만 3000점 이상 남겼을 정도로 다작(多作) 화가로도 유명하다. 그가 평생 그림을 그린 기간이 약 30년 정도이니까 일주일에 평균 두 작품을 완성했다는 얘기다. 그 중에서도 그림의 크기가 2~3미터가 넘는 대작(大作)들이 즐비하다.

이처럼 초인적인 다작이 가능했던 이유는 루벤스만의 독특한 공방 운영 방식에 있다. 실력 뿐 아니라 인품도 빼어났던 루벤스는 따르는 제자가 참 많았다. 얀 브뢰헬Jan the Elder Brueghel, 1568~1625, 피터 브뢰헬의 둘째 아들, 반 다이크 경Sir. Anthony Van Dyck, 1599~1641 등 서양미술사에 자주 등장하는 유명화가들 중에 루벤스의 공방에서 배출한 이들이 적지 않았다. 루벤스는 자신의 공방으로 주문 들어오는 수많은 그림들을 제자들과 협업으로 완성하곤 했다. 이를테면 인문학적 소양이 깊었던 루벤스가 그림에 콘셉트를 잡아 이야기를 짜고 스케치를 하면 제자들이 채색을 한다. 이어 루벤스가 전체적인 마무리를 하는 방식이다.

이처럼 셀 수 없을 만큼 수많은 대표작 가운데 루벤스가 가장 아꼈던 그림은 뭘까? 〈모피를 두른 엘렌 푸르망〉이란 그림이다. 이 그림 역시 여체의 속살이 돋보이는 작품인데, 여신이 아닌 여인을 그렸다.

그림 속 여인은 다름 아닌 그의 두 번째 아내다. 루벤스는 일생 동안 두 번 결혼했다. 첫 번째 아내 이사벨라 브란트Isabella Brant, 1591~1626가 지병으로 젊은 나이에 세상을 등지자, 그로부터 3년 뒤 열여섯 살 밖에 되지 않은 어린 신부 엘렌 푸르망Helene Fourment, 1614~1673과 결혼했다. 루벤스는 어린 아내를 극진히 아꼈고, 여러 작품에 그녀의 모습을 담았다. 실제로 재혼 후 루벤스의 작품에 등장하는 성모 마리아와 비너스는 엘렌의 얼굴을 많이 닮았다.

〈모피를 두른 엘렌 푸르망〉은 주문을 받고 그린 게 아니라 루벤스가 그 자신과 아내를 위해 그린 것이다. 그는 이 그림을 아무에게도 팔지 않고 평생 곁에 두었다. 그가 가장 사랑했던 여인의 살이 그의 곁에서 수줍은 듯 모피 속에 숨어 빛나고 있다. _Rubens

퍼스널 컬러와 색채과학

루벤스나 틴토레토의 누드를 보면 마치 살아 있는 듯한 살갗의 표현에 놀라게 된다. 인간의 피부색은 몇 가지나 될까? 속이 비치는 듯한 상아색부터 빛이 침투하지 못할 것 같은 검은색까지 정말 다양하다. 거기에 화장까지 하면 그야말로 팔레트가 따로 없다.

외모가 강조되는 시대가 도래하면서 개개인의 피부색에 맞는 화장을 하고 옷을 받쳐 입는 것은 이제 기본이 되었다. 화장이나 패션 코디네이팅을 위해 피부색을 연구하는 분야를 가리켜 '퍼스널 컬러(personal color)'라고 한다.

스위스의 화가이자 색채학자인 요하네스 이텐Johannes Itten, 1888~1967은 1928년 독일 바이마르에 있는 조형학교인 바우하우스의 교수로 재직하던 중에 사람들 개개인의 피부 · 머리카락 · 눈동자 색과 그 사람이 선호하는 색채에 깊은 연관이 있음을 밝혀냈다. 이텐은 피부색에 관한 연구 결과를 초상화를 그릴 때 활용함으로써 그림이 좀 더 실물에 가깝고 모델의 특성을 잘 반영될 수 있도록 했다. 그는 이를 바탕으로 개인적인 색채 구성을 사계절 유형으로 분류했다. 그 뒤 미국의 패션 디자이너이자 색채학자 수잔 케이길Suzanne Caygill, 1911~1994은 저마다 다른 사람들의 피부 · 머리카락 · 눈동자 색이 자연의 색상과 관련이 있음을 밝혀냈다.

한편, 퍼스널 컬러에 관한 연구는 심리학으로까지 확장되었다. 심리학자 캐롤 잭슨Carole Jackson은 『Color Me Beautiful』이라는 책에서 여성들이 자기에게 어울리는 화장품과 옷을 구입할 때 개인적인 색상을 참조하면 훨씬 조화로운 선택을 할 수 있다는 사실을 체계적으로 분석 · 정리하여 이른바 '사계절 퍼스널 컬러 시스템'을 확립했다.

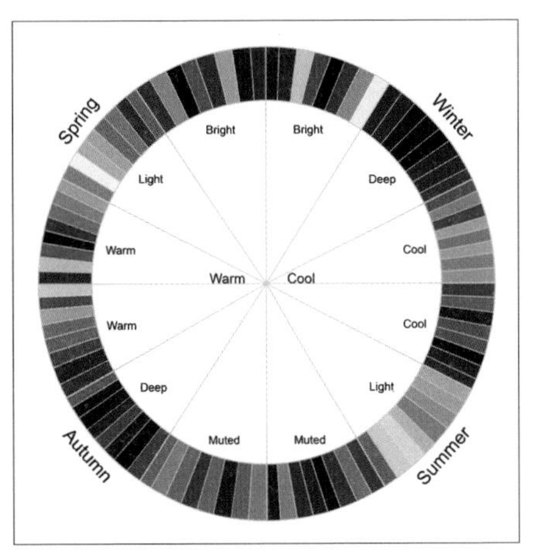

사계절 퍼스널 컬러

피부색은 헤모글로빈(붉은색), 케라틴(황색), 멜라닌(갈색)이 합쳐져 결정된다. 머리카락 색은 유멜라닌(흑갈색)과 페오멜라닌(황적색)에 따라 정해진다. 그리고 눈동자 색은 홍채에 있는 멜라닌 색소의 빛깔과 혈관 분포에 따라 결정된다. 자신이 어떤 퍼스널 컬러에 속하는지를 진단하는 것은 간단하게 이뤄지기도 하지만, 때로는 색의 경계에 놓여 모호한 경우도 있다.

퍼스널 컬러를 구분하는 것은 색의 세 가지 속성에 의하여 체계화되었다. 색상은 따뜻한(warm) 색인지 차가운(cool) 색인지로, 명도는 밝은지(light) 어두운지(dark), 그리고 채도는 선명한지(vivid) 부드러운지(soft)에 따라 구분된다.

퍼스널 컬러는 패션과 화장품 산업의 발전에 엄청난 영향을 끼쳤다. 과거 미술 분야의 연구 대상에 지나지 않았던 '색'이, 어마어마한 규모의 시장과 부가가치를 창출하는 산업의 근간을 이루면서 과학적으로도 중요한 전문 분야로 각광받고 있는 것이다.

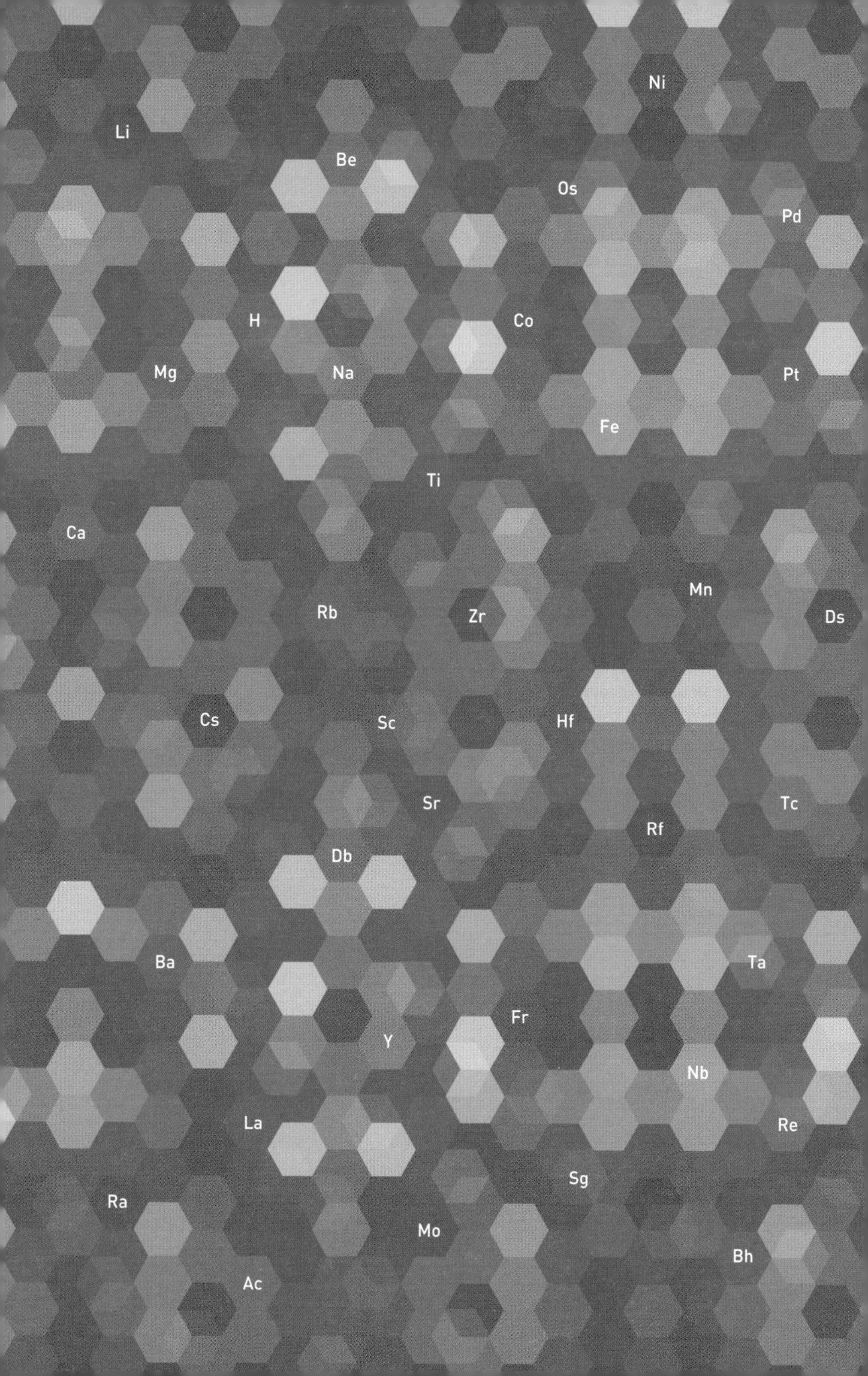
Ni
Li
Be
Os
Pd
H
Co
Mg
Na
Pt
Fe
Ti
Ca
Mn
Rb
Zr
Ds
Cs
Sc
Hf
Sr
Tc
Rf
Db
Ba
Ta
Fr
Y
Nb
La
Re
Sg
Ra
Mo
Bh
Ac

CHAPTER 02
선과 색에
관하여
Rg
Cu
Ag
Au
F
Al
Hg
Cd
B
Cl
Br
C
I
Si
Ge
At
Po
Sn
Te
Se
P
N
As
Sb
N
Si
S
ge
Pb
Bi
Sn
O

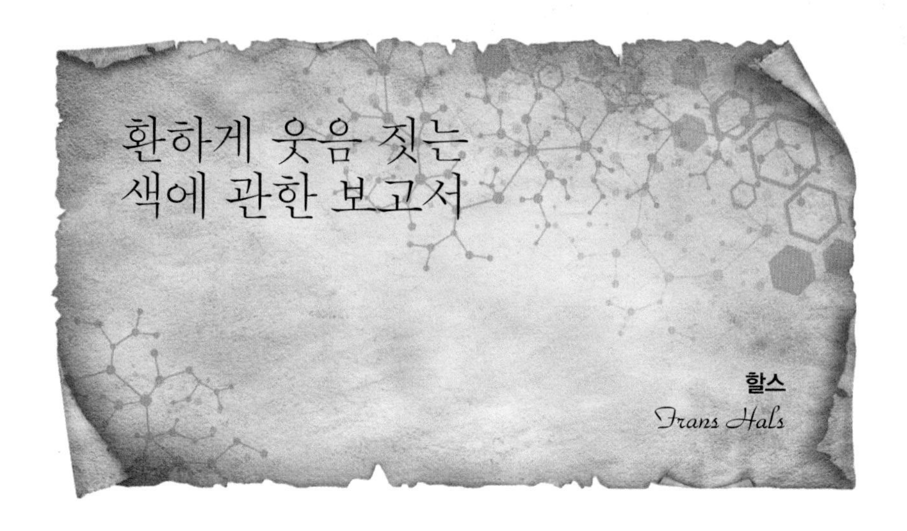

화가들이 웃는 모습을 그리지 않았던 이유

초상화에서 웃는 표정을 그린 화가는 매우 드물다. 초상화를 그리는 목적이 과시와 기록이기 때문에 대부분 근엄하고 고귀한 자태를 그리기 마련이다. 오래 전 유럽에서 웃음은 무절제와 어리석음, 경박함의 징표였다. 세상에서 가장 유명한 초상화 가운데 하나인 〈모나리자〉도 모호한 미소를 짓는데 그칠 뿐 환하게 웃는 모습은 아니다.

17세기에 네덜란드에서 활동했던 프란스 할스Frans Hals, 1580~1666라는 화가는 뜻밖에도 웃는 모습의 초상화를 여럿 남겼다. 할스는 당시 스페인이 지배하던 플랑드르 지방에서 태어났으나 곧 네덜란드의 하를럼(Haarlem)이란 도

할스, 〈웃고 있는 기사〉, 1624년, 캔버스에 유채, 86×69cm, 월리스 컬렉션, 영국 런던

시로 이주하여 여기서 평생을 보냈다.

웃음은 가장 인간적인 감정 표현일 뿐

네덜란드 출신 화가로 비슷한 시기에 활동했던 렘브란트Rembrandt Harmenszoon Van Rijn, 1606~1669나 베르메르Johannes Vermeer, 1632~1675에 비해 거의 무명에 가까웠던 프란스 할스를 서양미술사가 소환해 낸 계기는 그의 초기 작품에 해당하는 '웃는 초상화' 때문이다. 사후 200여 년 동안 그는 세상에서 거의 잊혀진 화가였는데, 그가 그린 '웃는 초상화'가 다시 재조명받으면서 대중적으로 알려지기 시작한 것이다. 그 가운데 특히 〈웃고 있는 기사〉를 할스의 최고 걸작으로 꼽는다.

〈웃고 있는 기사〉는 모델이 누구인지 알려져 있지 않다. 다만 그림의 상단 오른쪽에 새겨져 있는 글을 통해 초상화 속 모델이 스물여섯 살이던 1624년에 할스가 그렸다는 것을 알 수 있다. 모델이 입고 있는 옷이 화려한 것으로 보아 귀족이나 부자 출신 기사가 아니었을까 짐작해 볼 수 있다. 특히 레이스가 정교하게 그려져 있는데, 당시 이런 레이스 단 옷은 주로 귀족들이 입었다. 그림 속 모델이 기사라고 추측하는 이유는 왼쪽 팔 안쪽으로 조그맣게 칼의 손잡이가 보이기 때문이다. 왼쪽 소매에 보이는 것은 헤르메스의 지팡이인데, 헤르메스는 천상의 지식을 인간에게 전해준 신으로 그림 속 모델이 지식인임을 암시한다.

사실 이 그림은 원래 제목이 없었다. 단지 여느 초상화와 달리 그림 속 모델이 환하게 웃고 있는 모습이 독특해서 '웃고 있는 기사(The Laughing

Cavalier)'라는 제목이 붙은 것이다. 그런데 제목처럼 이 남자는 정말 웃고 있는 것일까? 그림을 찬찬히 살펴보면 모델의 치켜 올라간 수염이 웃고 있는 것처럼 느껴지게 한다. 만일 수염의 방향이 아래로 처져 있어도 웃고 있는 것으로 보일까? 사실 모델은 웃고 있다기보다 엄숙한 입매를 하고 있다. 단지 모델의 부드럽고 선한 눈매가 치켜 올라간 수염과 조화를 이루면서 마치 웃고 있는 것처럼 착시를 일으킨 것이다.

화가가 초상화에서 가장 그리기 힘든 부분은 모델의 속마음이다. 모델의 내면을 꿰뚫어 보고 이를 예술적으로 승화해 한 폭의 그림으로 완성했을 때 비로소 명작의 반열에 오르는 것이다. 그런데 초상화는 화가가 느끼는 대로 자유롭게 그릴 수만은 없다.

무엇보다도 초상화를 의뢰한 사람의 마음에 들어야 한다. 아무리 훌륭한 그림이라도 의뢰인의 마음에 들지 않는다면, 화가는 그림을 다시 그려야 하거나 보수를 지급받지 못하는 곤혹스러운 상황에 놓이고 만다. 〈웃고 있는 기사〉 속 고위 신분의 모델 역시 실없이 웃는 모습으로 자신의 초상화를 그려달라고 의뢰하진 않았을 것이다.

할스의 '웃는 초상화'를 제대로 감상하기 위해서는 〈집시 여인〉이라는 작품을 봐야 한다(104쪽). 〈집시 여인〉의 모델은 매춘부로 알려져 있지만 확실하지 않다. 다만, 매춘부가 아니더라도 옷차림새를 보면 평범한 서민 계층임이 분명하다. 그녀는 초상화에서까지 굳이 권위적이고 엄숙한 인상을 지을 필요가 없었다. 비록 돈과 권력은 없어 보이지만 거리낌 없이 웃는 모습이 매우 자연스럽고 행복해 보인다.

사실 웃음이 경박함과 어리석음의 아이콘은 아니다. 웃음은 즐거움을 표

할스, 〈집시 여인〉, 1628년, 캔버스에 유채, 57.8×52.1cm, 루브르 박물관, 프랑스 파리

출하는 가장 인간적인 감정 표현이다. 할스는 희노애락(喜怒哀樂)에서 기쁨과 즐거움을 한 여인의 웃는 모습을 통해 구현한 것이다. 결국 할스의 '웃는 초상화' 중 진면모는 〈웃고 있는 기사〉가 아니라 〈집시 여인〉이 아닐까?

인물 하나하나의 개성을 살린 단체초상화

할스는 물론 '웃는 초상화'만 그리진 않았다. 할스 역시 당시에 유행했던 단체초상화를 여러 점 남겼는데, 그 가운데 〈성 조지 민병대 장교들의 연회〉는 그가 집단 속 각 개인들의 묘사에 얼마나 탁월했는지를 보여준다(106쪽).

17세기경 네덜란드에서는 상업과 무역이 발달하면서 돈 많은 상인들이 모여 그들의 재산을 직접 지키기 위해 민병대를 조직했다. 그림 속 성 조지 민병대도 그 중 하나로, 당시 할스도 민병대의 일원이었다. 민병대는 임기가 끝날 때 서로의 노고를 격려하기 위해 연회를 열고 아울러 단체초상화를 남기는 게 유행이었다.

그 당시 그려진 대부분의 단체초상화는 단체의 권위와 명예를 강조하는 그림의 성격 탓에 구성원들의 표정과 자세가 의례적이고 딱딱해질 수밖에 없었다. 하지만 할스가 그린 단체초상화는 달랐다. 그는 단체초상화 속 구성원들의 개성이 저마다 드러나도록 표정과 자세를 모두 다르게 묘사함으로써 그림에 생기 넘치는 현실감을 불어넣었다.

〈성 조지 민병대 장교들의 연회〉에는 할스 특유의 섬세한 상황 묘사가 돋보인다. 민병대 장교들이 임기를 마치고 연회를 즐기는 모습이 매우 사실적이다. 개개인의 특성이 드러나는 순간을 포착해 자연스러움을 더했다. 그림을 보고 있으면 민병대원들과 섞여 그들과 함께 대화를 나누고 있는 착각에 빠진다.

할스는 그림 속 등장인물 중 가장 낮은 지위의 대원까지도 개성을 살려내 단체의 모든 구성원을 만족시켰다는 기록이 전해진다. 할스가 그린 단체초상화는 구성원 명단의 기록이라는 역사적 가치까지 지님으로써 단체 사무

할스, 〈성 조지 민병대 장교들의 연회〉, 1616년, 캔버스에 유채, 175×324cm, 프란스 할스 미술관, 네덜란드 하를럼

실에서 눈에 잘 띄는 곳에 오랜 기간 전시되는 경우가 많았다고 한다.

힘겹고 고독한 삶을 버티게 했던 예술가로서의 열정

할스의 천재성이 돋보이는 초상화를 하나 더 감상해 보자. 1630년에 완성한 〈바이올린 켜는 소년〉이다. 이 그림은 특히 시대를 앞서가는 화풍으로 평가받는데, 훗날 할스가 사실주의 및 인상주의 화가들에게 많은 영향을 끼친 작품이기도 하다. 쿠르베Gustave Courbet, 1819~1877의 거칠면서도 대담한 붓 터치가 느껴지는가 하면, 마름모형 화면이라는 파격적인 시도에서 마네Edouard Manet, 1832~1883의 실험성도 겹쳐진다. 실제로 고흐Vincent van Gogh, 1853~1890는 동생 테오에게 보낸 편지에서 할스의 작품에서 적지 않은 영감을 받고 있음을 고백하기도 했다.

〈바이올린 켜는 소년〉에서 알 수 있듯이 할스의 초상화들을 연도별로 훑어보면 그가 마흔이 된 1620년 전후로 초상화 속 모델의 표정이 진지해지면서 때로는 슬픈 표정으로 바뀌기도 한다. 이러한 변화는 녹록치 않았던 그의 삶의 영향 때문일 게다.

서른에 결혼한 할스는 아내가 두 아이를 낳고 세상을 등지는 슬픔에 직면한다. 그렇게 첫 아내와 사별하고 2년 뒤 다시 결혼하여 모두 열 명의 자식을 두었는데, 대가족을 부양하기에 경제적으로 정신적으로 매우 힘겨워 했다. 〈성 조지 민병대 장교들의 연회〉가 호평을 받으며 소득이 나아지기도 했지만 오래가지 못했다. 그는 일흔이 넘어서도 늘 재정적으로 힘겨워 했는데, 그나마 가지고 있던 모든 재산이 경매로 넘어가면서 노후를 양로원에서 쓸쓸하게 보내야 하는 신세에 놓이고 말았다.

할스, 〈바이올린 켜는 소년〉, 1625~1630년, 캔버스에 유채, 184×188cm, 개인 소장

할스는 빈털터리로 양로원에 들어가 여든여섯에

할스, 〈하를럼 양로원의 여성 이사들〉, 1664년, 캔버스에 유채, 170.5×249.5cm,
프란스 할스 미술관, 네덜란드 하를럼

영면하기까지 붓을 놓지 않았다. 세상을 떠나기 불과 2년 전에 그린 〈하를럼 양로원의 여성 이사들〉은 그의 후기 대표작으로 꼽힌다. 오히려 젊었을 때보다도 단체초상화 속 인물들에 대한 묘사가 섬세하다. 구도상 인물 배치는 한결 조화로워졌고, 인물들의 표정과 자세는 그들이 서로 어떤 이야기를 나누는지 그림 앞에 선 관람자가 귀를 기울이게 할 정도로 작품에 빠져들게 한다.

할스는 시대와 타협하지 않는 자신만의 필치로 힘겹고 고독한 삶을 살았지만, 그것이 곧 인생이고 예술임을 캔버스 앞에서 늘 되새겼는지도 모른다. 삶의 질곡이 그의 작품들에 새겨져 있다.

그들이 유독 주황색을 사랑한 이유

할스의 초상화에서 유독 눈길을 끄는 색감은 주황이다. 주황(朱黃)은 이름 그대로 빨강과 노랑을 혼합한 색이다. 주황의 영어 이름은 오렌지(orange)다. 영어를 사용하는 나라에서는 오렌지라는 열매가 알려지기 전에 주황을 일컬어 '옐로-레드'라고 불렀다.

할스의 초상화 〈웃고 있는 기사〉를 다시 보자. 그림 속 모델이 입은 의상의 장식에 군데군데 오렌지색이 채색되어 있다. 오렌지색 장식은 그림 전체를 밝고 화려하게 만든다. 또한 오렌지색은 모델이 웃고 있는 듯한 경쾌한 이미지도 자아낸다. 그렇게 오렌지색은 모델이 웃고 있지 않지만 웃는 것과 같은 착시를 일으킨다. 오렌지색 안에 합성된 옐로가 밝은 채도 효과를 발휘했기 때문이다.

이어 〈집시 여인〉을 보자. 그림 속 모델은 흰 브라우스에 오렌지색 계열의 어깨끈이 있는 치마를 입고 있다. 웃고 있는 모델의 표정 다음으로 시선이 끌리는 부분은 풍만하게 모아진 가슴이다. 하지만 그러한 노출이 관능적이거나 퇴폐적으로 보이지 않는다. 오히려 모델의 이미지가 푸근하고 따뜻해 보이는 이유는 그녀의 가슴을 받치고 있는 오렌지색 어깨끈 치마 때문이다. 주황은 따뜻함과 친근감을 주는 난색(暖色)으로, 실제로 산업현장에서 안전

아드리언 토마스 키(Adriaen Thomasz Key, 1544~1599), 〈오라녜공의 초상화〉, 1579년, 패널에 유채, 48×35cm, 레이크스 미술관, 네덜란드 암스테르담

색채로 활용되기도 한다.

단체초상화 〈성 조지 민병대의 연회〉에서도 오렌지색이 도드라지게 보인다. 그림 속 모델들은 저마다 짙은 오렌지색과 흰색의 띠를 허리와 가슴에 두르고 있다. 화면 중앙과 오른쪽에 오렌지색과 흰색의 깃발을 들고 있는 이들도 보인다. 그림은 전체적으로 어둡지만 모델들의 표정은 그렇지 않다. 힘든 일을 잘 마무리하고 저마다 여유롭게 연회를 즐기고 있는 모습이다. 그들의 밝은 표정이 오렌지색과 조화를 이루면서 그림을 한층 더 긍정적이고 활력 넘치게 한다.

오렌지색은 할스의 고국인 네덜란드를 상징하는 고유색이다. 네덜란드인들의 오렌지색에 대한 애정은, 16세기경 네덜란드를 스페인에게서 독립시키는 데 일생을 바친 오라녜공을 기리기 위한 데서 비롯됐다. 정식 이름이 '나사우 백작 오라녜공 빌럼Prins van Oranje Willem, Graaf van Nassau'으로, 영어로는 '오렌지공 윌리엄William I, Prince of Orange'으로 유명하다.

그는 스페인에 맞서 1578년 위트레흐트동맹을 결성해 네덜란드 독립에 앞장섰고, 1579년 네덜란드연방공화국의 초대 총독이 되었다. 하지만 1584년 한 가톨릭 광신자에게 암살당하면서 삶을 불행하게 마감했다.

네덜란드인들은 17세기 들어 활발한 무역업으로 경제적 부흥을 누리며 황금기를 맞이했는데 그 초석을 일군 영웅으로 오라녜공을 지목했고, 그의 업적을 기리기 위해 오렌지색을 나라의 상징으로 삼은 것이다.

네덜란드의 국기는 원래 주황과 흰색 그리고 파랑으로 되었다가 훗날 주황이 빨간색으로 변했다. 주황색 염료의 특성상 햇볕을 받으면 빨간색으로 바뀌면서 17세기 이후 아예 빨간색으로 교체된 것이다. 주황은 빨강과 노랑의 혼합이기에, 노랑이 밝은 빛에 장시간 노출되어 바래지면 결국 빨강만 남게 된다. 주황이 붉어지는 것이다.

오렌지색은 지금도 네덜란드를 상징하는 여러 분야에서 찾아볼 수 있다. 네덜란드 국가대표 축구팀의 유니폼은 전통적으로 오렌지색이다. 네덜란드에서 설립된 세계적인 보험사 ING생명의 바뀐 사명은 오렌지라이프이다. 네덜란드 국왕의 생일을 축하하는 킹스데이에는 수많은 네덜란드인들이 오렌지색 옷을 입고 축제를 즐긴다. _ Hals

킹스데이에 오렌지색 옷을 입고 축제를 즐기는 네덜란드인들

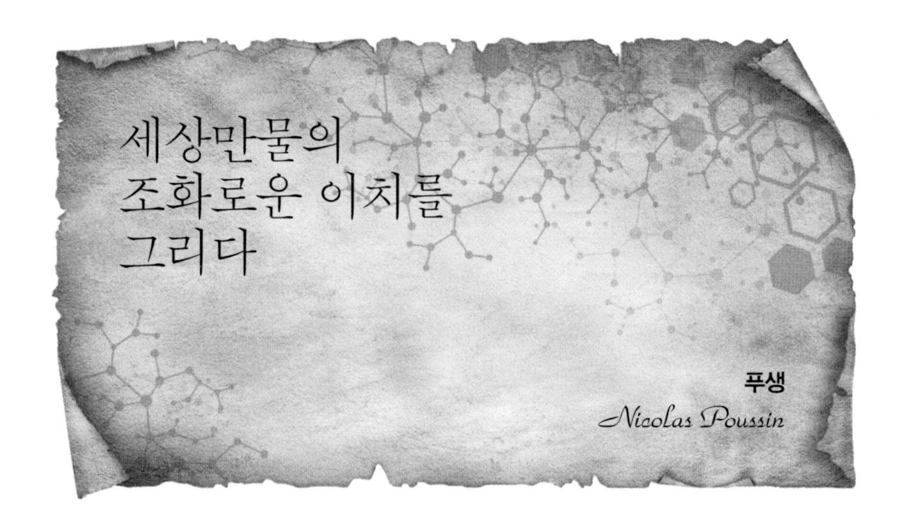

세상만물의 조화로운 이치를 그리다

푸생

Nicolas Poussin

끝과 시작

로물루스Romulus가 로마를 개국하고 그 뒤를 이은 왕 누마 폼필리우스Numa Pompilius, 생몰연도 미상가 로마 수호신인 야누스(Janus)의 신전을 지었다. 야누스는 얼굴이 둘이라서 하나는 앞을 보지만 다른 하나는 뒤를 본다. 야누스는 라틴어의 야누아(janua : '문')이라는 뜻에서 유래했다. 야누스 신전의 문은 전쟁 중에만 열리고 평화시에는 닫힌다. 누마의 통치 기간 중에는 한 번도 이 문이 열리지 않았다고 한다. 1월을 뜻하는 재뉴어리(January)라는 말은 야누스에서 유래했다. 문은 한 쪽에서 열고 나가면 다른 쪽에서는 들어오는 것이 된다. 한 해의 끝은 곧 다음해의 시작이다. 그래서 1월은 이 해의 끝임과 동

푸생, 〈세월이라는 음악의 춤〉, 1635~1640년경, 캔버스에 유채, 82.5×104cm, 월리스 컬렉션, 영국 런던

시에 새해의 시작이다. 니콜라 푸생Nicolas Poussin, 1594~1665의 〈세월이라는 음악의 춤〉에서 야누스의 석상은 의미 있는 소품으로 나온다.

이탈리아의 인문주의를 숭상했던 프랑스 화가

프랑스 고전주의 최고의 대가인 푸생은 프랑스 파리 근교에서 태어났으나 대부분의 생애를 이탈리아에서 보냈다. 푸생은 조용하고 지성적이며 화가 중에서는 보기 드물 만큼 학구적이고 생활 태도도 매우 절제되고 규칙적이었다고 한다. 그리스·로마 신화 관련 서적을 탐독하였고 철학과 시, 음악, 심지어 과학에까지 조예가 깊었다. 문학가들과 많은 교류를 하였으며 철학자 데카르트René Descartes, 1596~1650와도 깊은 친분을 유지하였다.

푸생은 이탈리아 르네상스 거장들의 그림에서 큰 영향을 받고 당시 전 유럽을 휩쓸던 바로크 양식에서 벗어나기 위해 많은 노력을 기울였다. 그의 그림은 엄밀하게 계산하고 연구한 결과이다. 그는 그림의 등장인물과 소품 들을 양초로 깎아서 세워 놓고 빛을 비추며 구도와 그림자 명암을 연구했다고 한다.

〈세월이라는 음악의 춤〉 속 야누스 석상

푸생은 항상 "미술가는 감각적인 것보다 정신적인 것에 근본을 두어야 한다"는 예술론을 설파했으며, "세속적인 주제와 장식적인 색채보다는 인간과 자연의 교훈적이고 영웅적인 주제를 장엄한 질서의 구도로 완성해야 한다"고 주장했다. 후대의 인상파 대표

화가 세잔Paul Cézanne, 1839~1906도 자연에 대한 푸생의 정신적 가치를 재현하고자 노력하였다.

과거와 미래가 공존하는 철학적 상징들

푸생의 대표작 〈세월이라는 음악의 춤〉을 자세히 음미하다 보면, 무엇보다 제목처럼 음악이나 시 같다는 느낌이 들며 밝고 경쾌하기까지 하다. 푸생의 그림이 대부분 그렇지만 이 그림도 대칭의 안정된 아름다움이 잘 나타난다. 가운데에 네 명의 인물이 춤추며 돌고 있다. 가운데 위에 하늘마차가 있고 좌우 양끝에 작은 아기 천사가 낮게 앉아 안정된 삼각형의 구도를 만든다. 비대칭인 황금분할이 아름답다고 하지만 이 같은 대칭 구도도 얼마나 아름다울 수 있는지 잘 보여준다.

이 그림에는 철학적 상징이 많이 있다. 가운데에 있는 네 명의 춤추는 사람은 옷차림, 머리에 쓴 것, 표정이 각기 다르다. 파란색 옷을 입어 가장 눈에 띄는 왼쪽 여인은 꽃으로 만든 관을 쓰고, 표정이 아주 유혹적이며 눈웃음을 친다. 이 여인은 쾌락을 뜻한다. 정면의 여인은 진주로 엮은 관을 쓰고 있으며, 부를 상징한다. 쾌락의 여인이 손을 꽉 잡아 당겨서인지 정면의 여인 손이 오른쪽 여인의 손에 잘 닿지 않는데, 이 오른쪽 여인은 가난을 상징한다. 머리에는 천을 동여매고 표정도 어두우며 앞의 두 여인과 달리 신발도 신고 있지 않다. 뒷모습을 보이는 유일한 남성은 승리의 표시인 월계관을 쓰고 작업복을 입고 고개를 돌려 부의 여인을 쳐다보고 있다. 이 남성은 근면을 상징한다.

그림 왼쪽에 야누스의 석상이 있다. 젊은 얼굴과 늙은 얼굴이 있어 과거를 보는 동시에 미래도 본다. 야누스의 두 얼굴은 인생의 양면을 상징한다. 즐거움이 있으면 괴로움이 있고, 부가 있으면 가난도 있다. 그 앞의 아기는 비눗방울을 부는데 인생이 거품처럼 덧없음을 나타낸다. 오른쪽 할아버지는 하프를 타고 있다. 노인은 곧 날개를 펴서 하늘로 돌아갈 것이다. 즐거운 음악을 연주하지만 곧 끝날 허무한 인생을 상징한다. 그 앞의 아기는 모래시계를 들고 있다. 모래가 다 내려오면 즐거운 춤과 음악도 죽음으로 끝날 것이다.

이렇게 우리의 인생이 죽음으로 끝난 뒤에도 세월이라는 음악은 끊임없이 연주될 것이다. 하늘마차 주위에서 계절의 여신들이 춤을 춘다. 우리의 덧없고 짧은 인생과는 관계없이 계절은 영원히 돌고 또 돌 것이다. 아폴로가 든 큰 원반은 영원을 상징한다. 아폴로의 동생인 오로라가 마차 앞에서 장미를 흩뿌린다. 우리는 거품처럼 죽음으로 끝이 나더라도 세상에는 끊임없이 꽃이 피며 춤과 음악은 이어질 것이다. 그렇게 시간이라는 이름의 축제는 계속될 것이다.

황토색에서 황금빛이!

이 그림에는 전체적으로 황토색 계열의 토성(土性)안료를 많이 쓴 것으로 관찰된다. 그림에 등장하는 모델들이 입고 있는 의상의 색감이 갈색을 띄는 황토색(黃土色, yellow ochre)이다. 황토색은 황색을 내는 천연 안료인 황금석(石黃)의 가장자리를 가열한 뒤 곱게 갈아서 만든다. 말 그대로 누런 땅의 빛을 대표하는 상징적 색채다. 우리나라에서는 과거에 토황색으로 부르다 현대에 와서 어순이 바뀌어 황토색이 됐다.

황토색 계통의 토성안료의 역사를 되짚어 보면, 가장 오래된 합성 안료 중 하나로 '네이플스 옐로(Naples yellow)'라는 게 등장한다. 붉은빛을 띤 노란색에서 밝은 노란색까지의 범위에 걸쳐져 있는 안료로, '안티모니 옐로(antimony yellow)'라고도 한다. 네이플스 옐로는 우리말로 하면 '나폴리 노랑'이 되는데, 이탈리아 나폴리 부근 베수비오 화산에서 채집했기 때문에 붙여진 이름이다. 서기 79년경 화산 폭발로 고대 로마 도시 폼페이를 화산재로 덮은 그 산이다.

그림에서 황토색으로 채색된 부분들을 가만히 살펴보면 황토색이 황금색(gold)으로 보이는 부분이 눈이 띈다. 흥미롭게도 그림 가운데에 있는 부의 여인이 입은 의상의 일부다. 그림의 배경에는 어두운 구름이 짙게 깔려 있는데, 왼쪽 상단을 보면 파란 하늘이 고개를 내밀고 있다. 구름 사이로 햇빛이 나면서 부의 여인의 오른쪽 다리를 비추자 그녀가 입고 있는 황토색 의상이 황금빛 색채를 발하고 있는 것이다.

울트라마린과 옐로 오커의 조화

이 그림에서 황토색 못지않게 인상적인 색상은 우리가 군청(群靑)으로 부르는 울트라마린(ultramarine)이다. 울트라마린은 『미술관에 간 화학자』 1권(29쪽)에서 소개했듯이 청금석(靑金石, Lapis Lazuli)이란 매우 값비싼 보석을 원료로 했던 안료다. 울트라마린은 미켈란젤로Michelangelo di Lodovico Buonarroti Simoni,

1475~1564가 〈최후의 심판〉에서 성모 마리아의 치마에 채색한 안료였는데, 당시만 해도 청금석은 '아주 먼 (ultra)' '바다(marine)' 건너 동방의 아프가니스탄에 가야 구할 수 있는 희귀 광물이었다. 따라서 많은 사람들이 울트라마린과 비슷한 색을 다른 광석에서 찾거나 다른 방법으로 얻으려고 애를 썼다.

다시 그림 속 색상을 들여다보자. 쾌락의 여인이 입은 상의가 바로 울트라마린으로 채색되어 있다. 하프를 타고 있는 할아버지가 한쪽 어깨에 걸치고 있는 천도 울트라마린 색상이다. 하늘 위로 오르는 여신들 중에도 울트라마린 의상을 입은 이들이 황토색 의상을 입은 여신들과 조화롭게 배치되어 있음을 볼 수 있다. 뿐 만 아니라 짙은 구름 너머 보이는 '파란' 하늘의 모습도 인상적이다.

색채과학자들은 울트라마린과 노랑 계통에 해당하는 옐로 오커의 대비가 매우 강렬한 이유를 밝혔다. 우리 눈이 색채를 응시하면 망막에 있는 간상세포와 추상세포가 빛을 감지한다. 간상세포는 명암을 지각한다. 추상세포는 세 가지가 있는데, 각각 빨강, 파랑, 초록을 감지한다. 이렇게 받은 빛 정보는 시신경세포를 지나면서 Lab 좌표로 바뀌는데, L(명암), a(빨강-초록), b(노랑-파랑)의 대립 척도로 되어 있다. 그래서 색맹도 대개 적록색맹이거나 황청색맹이 되는 것이다.

울트라마린 상의를 입은 쾌락의 여인과 황금빛이 나는 옐로 오커 하의를 입은 부의 여인

서양미술사에는 울트라마린과 옐로 오커의 조화를 엿볼 수 있는 작품들이 적지 않다. 푸생의 〈세월이라는 음악의 춤〉과 비슷한 시기에 제작된 회화 가운데 베르메르Johannes Vermeer, 1632~1675의 〈우유를 따르는 여인〉이 있다.

베르메르, 〈우유를 따르는 여인〉, 1658~1660년경, 캔버스에 유채, 45.4×40.6cm, 레이크스 미술관, 네덜란드 암스테르담

그림 속 여인은 황토로 빚은 듯한 주전자를 들어 우유를 따르고 있다. 우유가 담기는 냄비 또한 황토로 빚은 용기 같다. 그 주변에는 노릇노릇 잘 구워진 바게트가 놓여 있는 데, 역시 황토색 계열이다. 무엇보다도 여인은 노란색 상의에 울트라마린 색상의 겉치마를 두르고 있다. 매우 흥미로운 점은, 여인이 노란색 상의의 팔을 걷고 있는데 그 안감이 파란색이다.

울트라마린과 옐로 오커는 비교적 내구성이 좋은 안료들이다. 푸생이나 베르메르처럼 학구적인 화가들은 색의 미적 요소를 넘어 안료에 담긴 과학적 성질까지 따져가며 사용했음을 느낄 수 있다. 그 덕분에 현대를 사는 우리가 수백 년 전 그들의 걸작을 (심각한 색감의 변질 없이) 감상할 수 있는 호사를 누리는 지도 모르겠다. _Poussin

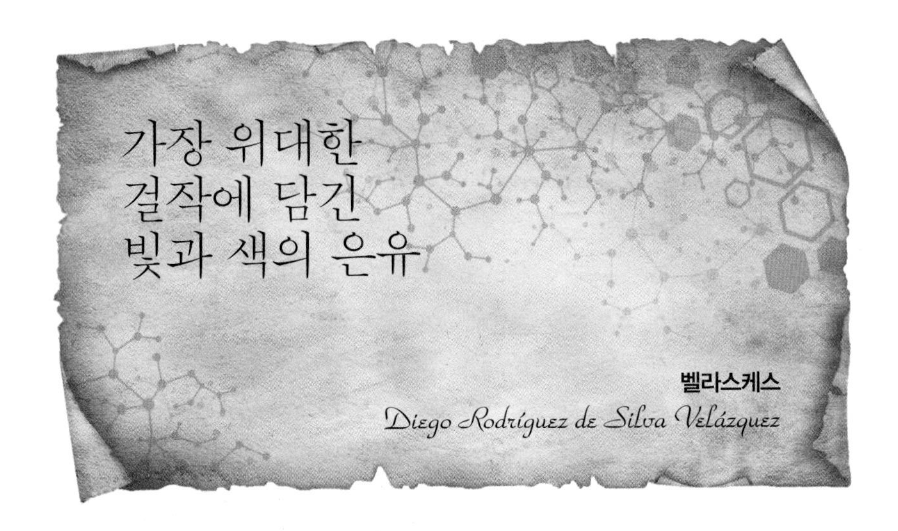

미술계의 변방이 배출한 최고의 천재 화가

인간이 그린 그림 중에 가장 위대한 걸작은 무엇일까? 〈모나리자〉? 〈모나리자〉는 가장 유명한 그림이라고 할 수는 있지만 가장 위대한 그림으로는 꼽지 않는다. 언젠가 전 세계 미술전문가(화가와 미술평론가)들을 대상으로 실시한 조사 결과에 따르면 가장 위대한 그림과 화가로 스페인 바로크 시대의 화가 벨라스케스Diego Rodríguez de Silva Velázquez, 1599~1660와 그의 대표작 〈시녀들〉이 선정됐다.

스페인은 유럽 미술계에서는 변방이었기 때문에 벨라스케스가 주목을 받은 것은 한참 뒤의 일이다. 일반인은 주목하지 않았지만 화가들은 곧 벨라

벨라스케스, 〈시녀들〉, 1656년경, 캔버스에 유채, 316×276cm, 프라도 미술관, 스페인 마드리드

〈시녀들〉에서 거울 부분도

스케스 예술의 위대함을 이해하게 되었다. 고야Francisco José de Goya y Lucientes, 1746~1828는 벨라스케스의 〈시녀들〉을 바탕으로 판화를 제작하였으며, 입체파를 연 피카소Pablo Ruiz Picasso, 1881~1973는 이 그림의 모방작을 44점이나 그렸다. 이 밖에도 근대 인상파 화가 마네Edouard Manet, 1832~1883는 물론 20세기를 대표하는 영국의 표현주의 화가 프랜시스 베이컨Francis Bacon, 1909~1992에 이르기까지 시대와 사조를 불문하고 벨라스케스의 대표작 〈시녀들〉을 오마주한 화가가 적지 않다.

〈시녀들〉이 그토록 위대한 까닭은 무엇인가? 베르메르Johannes Vermeer, 1632~1675의 〈진주 귀고리 소녀〉보다 10년이나 앞서 그려진 그림인데도 표현 양식과 붓의 사용 기법은 훨씬 근대적이다. 그래서 벨라스케스는 200년이나 뒤에 나타난 인상파의 선구자로 칭송되기도 한다. 이 그림을 보면 화가의 훈련과 노력, 그 밖의 여건에 의해 탄생한 걸작이라기보다는 어떤 상황에서 어떤 주제를 그려도 걸작이 될 수밖에 없는 화가의 천재성에 의한 걸작이라는 것을 알 수 있다.

벨라스케스는 이미 열 살 때부터 거의 완벽한 기교를 나타낸 미술 신동이었다. 열여덟 살의 나이에 존경받는 궁정화가가 되었고, 스물네 살에 스페인의 국왕 펠리페 4세Felipe IV, 1605~1665의 수석궁정화가가 되었다. 국왕의 초상화는 벨라스케스만이 그릴 수 있다고 할 정도로 국왕의 신임을 받았다. 그는 천민 출신이라 기사가 될 수 없는 신분이었으나 1658년 십자훈장을 받았다. 그림 속의 화가 가슴에 십자훈장이 그려졌는데, 그림이 완성되었을 당시에는 훈장이 없었다고 한다. 그림이 그려진 2년 후 펠리페 4세로부터 십자훈장을 받고 나서 덧그린 것으로 알려져 있다.

그림 밖 세상을 관람하는 그림 속 화가와 모델들

이 그림은 실제 궁정 생활의 한 순간을 찍은 사진 같다. 화면 가운데에 마가리타 공주가 있으며 왼쪽 시녀는 공주에게 무언가를 주면서 달래고 있고 오른쪽 시녀는 누군가를 향해 인사를 하는 중이다. 그 옆에 난쟁이와 어린 광대 니콜라시토와 개가 있다. 모두 공주를 즐겁게 하기 위하여 데리고 온 것 같다.

그 뒤에서 수녀와 신부가 이야기를 나누고 있다. 화면 뒤의 문가에 서 있는 사람은 왕비의 시종관인 호세 니에토이다. 환한 문과 대칭인, 또 시종관이 가리키고 있어서 눈에 띄는 거울에는 펠리페 4세 국왕 부처가 들어 있다. 가장 중요한 것은 화면 앞쪽을 응시하고 있는 화가 자신인 벨라스케스다. 그의 가슴엔 성 이아고 십자훈장이 달려 있다. 의아한 것은 이 그림을 보는 사람은 우리인데, 화면 안에 거만하게 서 있는 벨라스케스가 우리를 관람하는 것처럼 보인다는 것이다.

사실 벨라스케스가 그리고 있는 대상은 공주도 시녀들도 아니다. 화면에는 분명히 나타나지 않지만 국왕 부처다. 국왕 부처는 화면 앞, 즉 관람자의 자리에 있기 때문에 그림에서는 가운데 작은 거울 안에 비쳐 보인다. 벨라스케스가 그려 넣은 거울 그림은 그림 속의 그림으로서 그대로 국왕 부처의 부부 초상화이다. 놀라우면서도 자연스럽게 이야기를 완성하는 장치다. 이런 수법은 화가들이 자주 쓰는 기교다. 프랑드르 출신 화가 얀 반 에이크Jan van Eyck, 1395~1441의 〈아르놀피니의 결혼〉에도 거울을 교묘하게 이용하였다. 그 볼록거울에서는 방안의 광경을 다른 각도에서 미니어처로 재현하였다.

벨라스케스의 거울에는 또 다른 교묘함이 숨어 있다. 자기 자신을 가장 큰 인물로 그리고 싶은 욕망을 실현하기 위해 신분은 높지만 어리고 작은 공주를 주인공처럼 가운데 세우고 주위를 그의 부속 인물들로 채웠다. 그러나 국왕 부처가 나타나면 자신은 낮춰야 하는데 국왕 부처를 그림 한가운데에 독립된 초상화처럼 거울화로 처리함으로써 절묘하게 타협한 것이다.

벨라스케스는 거울이라는 소재를 〈시녀들〉에 앞서 〈거울을 보는 비너스〉라는 누드화에서도 사용했다. 비너스는 거울을 통해 스스로를 보는 동시에 자신의 벗은 몸을 응시하는 그림 밖 사람들도 바라본다. 여기서 거울은 그림 속 세상과 그림 밖 세상을 연결해주는 장치가 되기도 한다.

〈시녀들〉에 나타난 또 하나의 구성상 특징은 화면의 거의 반 이상을 차지하는 어두운 공간이다. 인물들이 차지한 면적은 하단의 반밖에 안 된다. 원래 바로크 화풍에서는 여백 두기를 두려워하여 화면 전체를 화려하게 장식했는데, 벨라스케스는 대담한 시도를 하였다.

이는 스케일을 크게 표현하고, 특히 공간 중에서 자신을 크게 부각시키려는 의도 때문이었다. 상단에는 거의 검은 공간을 그리고, 그 공간의 깊이를

벨라스케스, 〈거울을 보는 비너스〉, 1647~1651년경, 캔버스에 유채, 177×122.5cm, 내셔널 갤러리, 영국 런던

더욱 더 깊게 느끼도록 오른쪽에는 원근법을 분명히 나타내는 벽면을 구성하였다. 깊이가 있는 공간에 생기를 주는 것은 환한 문인데, 만일 바깥으로 통하는 이 문이 없다면 그림은 답답한 느낌을 주었을 것이다. 그러나 이 문을 그대로 열어두면 그림은 안정감을 잃을 터인데 시종관이 서서 자연스럽게 막아 주고 있다.

치밀하게 계산된 색채와 빛의 조화

〈시녀들〉에서 공주 부분도

벨라스케스가 위대한 화가로 평가받는 가장 큰 이유는 색채와 빛을 해석하고 표현하는 기법이 근대적이기 때문이다. 1600년대라고는 믿을 수 없을 만큼 표현 기법이 대담하고 혁신적이다. 색채와 빛의 표현과 붓의 터치도 종래 어느 누구에게서도 시도된 적이 없는 일을 이루어 냈다. 다른 화가들이 치밀한 계산을 통해 준비를 하고 이론적인 무장을 하고 난 뒤에야 할 수 있는 일을 벨라스케스는 천부적인 재능으로 완벽하게 해치웠다. 그의 그림은 가까이서 보면 분명한 형태가 보이지 않는다. 예를 들면, 주인공 마가리타 공주의 금발머리는 한 올 한 올 비단실 같이 사실적으로 보인다. 그러나 가까이서 보면 사실은 물감을 그저 적당히 뭉개 놓은 흔적에 지나지 않는다.

그림 속 화가가 들고 있는 붓도 사실은 그저 찌익 그어 놓은 한 선에 지나지 않는다. 그러나 화면에서는 마치 마술처럼 곧 물감을 흘릴 것 같은 사실적인 붓으로 보인다. 공주와 시녀들의 화려하기 그지없는 레이스도 가까이서 보면 흰색 물감을 어지럽게 칠해 놓은 것이다. 필자가 이 그림을 직접 눈으로 확인하러 스페인 마드리드 프라도 미술관에 갔을 때 받았던 충격을 아직도 잊을 수가 없다. 섬세함의 극치를 이룰 것 같았던 붓 터치들이 투박하기 그지없었기 때문이었다.

벨라스케스의 붓 터치는 가까이서 보면 형태가 보이지 않지만 조금 떨어져 보면 드디어 형태가 살아난다. 그는 그릴 때도 이 그림 속에서처럼 긴 붓을 사용하여 멀리서 보며 그렸을 것이다.

이런 표현을 구사하려면 천재적인 감각과 기술이 필요하다. 색채와 붓질이 조금만 달라도 물감 흔적이 될 뿐 머리카락이나 레이스가 되지 못할 것이다. 그는 천부적으로 그런 정밀한 조화점을 저절로 그려내는, 그것도 단 한 번의 붓질로 그려내는 사람이었다.

프라도 미술관에 전시된 그의 또 다른 걸작 〈술주정뱅이 바쿠스〉를 보면 빛, 색채, 명암 처리와 색면 구성이 가히 혁명적이라고 할 수 있다(128쪽). 당시 중요한 회화 주제였던 신화의 주인공 바쿠스 신이 인간 농부들과 어울려 술을 마시며 떠들썩하게 즐거워하고 있다. 200년 뒤의 인상주의 그림 같은 착각이 일어나는 걸작으로 대담한 색채 사용, 놀라운 명암 처리, 역동적인 구성, 뛰어난 빛의 해석 등 벨라스케스의 천재성이 여실히 나타난다.

프라도 미술관 밖에 있는 벨라스케스 조각상

벨라스케스, 〈술주정뱅이 바쿠스〉, 1629년, 165×227cm, 캔버스에 유채, 프라도 미술관, 스페인 마드리드

벨라스케스는 위대한 스페인 화가의 계보를 시작하는 발원점이 된다. 색채와 빛의 표현에 관하여 그의 영향을 받았다고 할 수 있는 고야는 19세기 스페인 미술의 전성기를 이루었고, 천재 건축가 가우디Antoni Gaudi, 1852~1926는 아르 누보(Arts Nouveau)의 영원한 작품을 강렬한 햇빛이 내리쬐는 바르셀로나의 노란색 땅 위에 건설하였다. 스페인 미술의 독특한 색깔과 힘은 달리Salvador Dali, 1904~1989와 피카소라는 걸출한 거장들로 연결된다.

오전부터 프라도 미술관에 소장된 3000점이 넘는 명화의 숲을 헤매다보면 어느덧 미술관이 문 닫을 시간이다. 프라도 미술관에서의 하루는 늘 부족하다. 미술관 밖으로 나오니 고야와 함께 벨라스케스의 조각상이 보인다(127쪽). 미술관 마당에 화가의 조각상이 세워져 있는 모습이 퍽 이채롭다. 프라도 미술관은 내부에서의 사진 촬영을 금지해서 많이 아쉬웠는데, 벨라스케스의 조각상을 보자마자 카메라 앵글을 조준했다. 그런데 붓과 팔레트를 들고 있는 벨라스케스의 모습이 마치 칼을 든 기사와 같다. 순간 〈시녀들〉 속에서 붓과 팔레트를 들고 관람객을 응시했던 벨라스케스의 모습이 겹쳐졌다. _ *Velázqueez*

〈시녀들〉에서 벨라스케스가 바라본 왕의 위치는 왼쪽일까, 오른쪽일까?

1656년에 그려진 〈시녀들〉의 제작연도를 고려해보건대, 그림 속 펠리페 4세와 왕비를 비춘 거울은 은이나 알루미늄을 도금해 만든 현대의 거울과 달리 무색 투명한 유리판에 얇은 주석과 수은 합금을 붙인 것으로 추측해 볼 수 있다. 거울의 역사를 들여다보면, 고대에 흑요석과 청동을 매끈하게 갈아서 사용하다 중세를 거쳐 유리 제조 기술이 보급되면서 16세기 들어 주석과 수은 합금을 붙인 거울로 진화했기 때문이다. 당시의 거울은 제조 공정이 까다로워 대량으로 생산되지 못했고 왕실과 일부 귀족층에서만 사용됐다.

거울에는 빛의 반사의 법칙이란 과학 원리가 숨어 있는데, 이는 시대를 불문하고 적용되어 왔기 때문에 〈시녀들〉 속 거울도 예외가 아니다. 빛의 반사란 진행하던 빛이 벽에 부딪힌 공이 튕겨 나오듯 매질의 경계면에서 튕겨 나오는 현상이다. 거울의 표면인 경계면을 향해 입사한 광선과 경계면에서 반사된 광선이 대칭을 이루며 하나의 상(像)을 이루는 원리다.

거울을 마주보고 있으면 거울 속의 내 모습과 실제의 나는 좌우가 바뀐 것처럼 보인다. 따라서 내가 오른손을 들면 거울 속의 나는 왼손을 든 것처럼 보이는데, 이는 거울 경계면을 기준으로 실제 나와 거울 속에 비친 내가 마주보기 때문에 생기는 일종의 착시다. 내가 오른손을 들면 왼손이 들리는 것처럼 보이지만 내 오른쪽의 물건 위치는 여전히 오른쪽에 그대로 있다. 결국 거울에 생기는 상은 좌우대칭이라기보다는 거울 경계면을 기준으로 앞뒤가 대칭임을 알 수 있다.

이러한 거울의 원리를 통해 〈시녀들〉 속 거울에 적용해 보면 매우 흥미로운 현상이 관찰된다. 자, 먼저 그림 속 거울 안에 비쳐진 펠리페 4세와 왕비를 보자. 각각 오른쪽과 왼쪽에 위치하고 있음을 알 수 있다.

그런데, 그림 속에서 왕과 왕비를 그리는 벨라스케스의 시선에서는 왕은 왼쪽에 왕비는 오른쪽에 있게 된다. 왜 그럴까?

〈시녀들〉에서는 벨라스케스의 시선이 두 가지로 존재한다. 첫 번째는 〈시녀들〉 밖에서 〈시녀들〉을 그리는 벨라스케스의 시선이다. 이는 〈시녀들〉을 보는 우리의 시선과 같다. 〈시녀들〉 밖에서 이 그림을 그리는 벨라스케스의 시선에서는 왕은 오른쪽에 왕비는 왼쪽에 있다.

또 다른 벨라스케스의 시선은 〈시녀들〉 속에서 왕과 왕비를 그리는 벨라스케스의 시선이다. 〈시녀들〉 속에서 벨라스케스는 붓과 팔레트를 들고 왕과 왕비의 초상화를 그리고 있는데, 〈시녀들〉 속 벨라스케스 시선으로는 왕은 왼쪽에 왕비는 오른쪽에 위치하게 된다. 당신이 〈시녀들〉 속으로 들어가 벨라스케스 옆에 서서 그와 같은 시선으로 왕과 왕비를 바라본다고 상상해 보면 금방 고개가 끄덕여 질 것이다.

벨라스케스는 같은 사람이지만, 〈시녀들〉을 그린 벨라스케스의 시선과 왕과 왕비의 초상화를 그린 벨라스케스의 시선은 서로 같지 않고 이에 따라 왕과 왕비의 위치가 다르게 보이는 것이다. 그림의 안과 밖을 넘나들며 다양한 해석과 시선을 가능하게 한 벨라스케스의 천재성이 다시 한번 돋보인다.

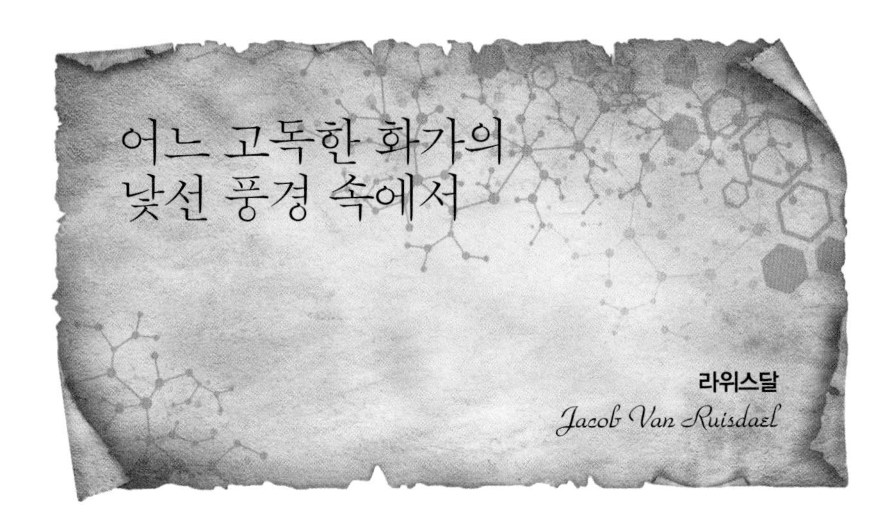

하를럼의 고독한 거장들

암스테르담에서 기차를 타고 서북쪽으로 20분 남짓 가면 하를럼(Haarlem)이란 해안도시가 나온다. 하를럼은 네덜란드가 스페인과 독립전쟁을 치를 당시 처절한 항전을 벌였던 곳으로, 지금은 노르트홀란트주(州)의 주도(州都)이기도 하다. 17세기경 맥주 제조와 섬유공업으로 번창했고, 튤립 투기 열풍이 휘몰아쳤을 때 가격 폭락이 시작된 곳으로도 유명하다.

경제적으로 풍요로웠던 하를럼은 문화예술에 대한 관심도 높았다. 돈 많은 상인들 사이에서는 집안에 좋은 그림을 걸어 두거나 화가에게 의뢰해 자신의 초상화나 멋진 풍경화를 그리게 하는 게 유행이었다. 이전까지 초상화

J.V. 라위스달, 〈유대인 묘지〉, 1655~1660년, 캔버스에 유채, 84×95cm, 드레스덴 국립미술관, 독일

의 모델이 교황이나 왕족, 귀족 등 권세가들이었다면 하를럼과 같은 신흥도시를 중심으로 상인과 평민으로까지 확장된 것이다. 또 신화나 성경을 소재로 한 종교화가 주류를 이뤘던 유럽 미술계에 풍경화의 등장을 알린 곳도 바로 하를럼이었다.

그런 이유로 하를럼에는 유독 초상화와 풍경화를 전문으로 그리는 화가들이 많았다. 프란스 할스Frans Hals, 1580~1666라는 네덜란드 최고의 초상화가도 하를럼 출신이다(100쪽). 하를럼은 프란스 할스 미술관을 지어 할스의 예술적 업적을 기리고 있는데, 실제로 고흐Vincent Van Gogh, 1853~1890나 렘브란트Rembrandt Harmenszoon Van Rijn, 1606~1669의 인기가 이곳에서만큼은 할스에 미치지 못할 정도로 그는 현재의 하를럼을 대표하는 화가가 되었다. 하지만 할스가 활동했던 300여 년 전만 해도 상상할 수 없는 일이었다. 당시 그는 하를럼을 대표하기는커녕 평생 가난과 싸워야 했던 고독한 예술가였다.

하를럼 출신으로 할스만큼 유명한 화가가 한 명 더 있는데, 야코프 반 라위스달Jacob Van Ruisdael, 1629~1682이라는 풍경화가다(문헌에 따라 그의 성 철자를 Ruysdael이라고 표기하고 루이스달이라 읽기도 한다). 우리에게는 다소 생소한 이름이지만, 서양미술사는 라위스달이 풍경화라는 장르를 새로운 경지로 올려놓았다고 기록하고 있다. 독일의 대문호 괴테Johann Wolfgang von Goethe, 1749~1832는, 라위스달을 가리켜 풍경화를 통해 미술사적 전환점을 마련한 거장으로 평가하기도 했다.

라위스달은 그의 사후 200여 년 뒤에 활동했던 컨스터블John Constable, 1776~1837이나 터너Joseph Mallord William Turner, 1775~1851 같은 풍경화의 대가들에게도 깊은 영향을 끼쳤다고 하니, 그가 어떤 사람인지 자못 궁금해진다.

확인되지 않은 풍문에 감춰진 삶

라위스달은 액자 제조업자인 아버지가 그림 그리기를 즐겼고 그의 삼촌 살로몬 반 라위스달 Salomon Van Ruysdael, 1600~1670 도 화가였던 덕분에 어려서부터 자연스럽게 미술과 친해지면서 남다른 재능을 발휘했다. 십대에 이미 화가로서 상당한 명성을 얻었고, 스무 살에는 화가 조합인 성 누가 길드(The Guild of Saint Luke)에도 가입했다.

하지만 당시만 해도 풍경화라는 장르가 미술계의 주류가 아니었던 탓에 라위스달의 생애에 관한 정확한 기록이 많지 않다. 그가 독신이었다는 기록은 확실한 것 같지만, 노년에 의사가 되었다거나 무일푼 거지로 빈민구호소에서 죽었다거나 우울증을 심하게 앓았다는 이야기들은 아마도 사실이 아닐 것이다.

라위스달은 마흔을 갓 넘기고 생을 마감했기에 실제로 살아생전에 그림을 그렸던 시간은 불과 20여 년에 불과했다. 그런데 그가 남긴 작품만 800점이 넘을 정도로 어마어마하다.

또 지금도 유럽 곳곳에서 그의 작품으로 추정되는 그림들이 계속 발견되고 있다. 평생 그림만 그리기에도 짧은 삶을 살았기에 그에 관한 여러 이야기들은 사실이 아니었을 가능성이 높다.

아무튼 라위스달에 관한 근거 없는 풍문에 대해서는 그만 접고 그의 작품들을 살펴보도록 하자. 예술가에게는 작품이 곧 그의 인생이기 때문이다. 먼저 소개할 작품은 〈유대인 묘지〉라는 풍경화다(133쪽). 그런데, 아름다운 산천초목(山川草木)이 아니라 하필 묘지라…… 풍경화의 소재라고 하기에는 왠지 고개가 갸우뚱해진다.

있는 그대로의 풍경? 느낀 대로의 풍경!

〈유대인 묘지〉라는 제목에서 느껴지듯이 그림이 전체적으로 어둡고 음침하다. 울창한 나무숲 위에 죽은 나무를 강조하여 그려 넣었고, 나뭇가지 중 두 개가 마치 사람 손처럼 묘지를 가리키고 있다.

라위스달은 이 그림에서 인간의 허무함을 나타내고자 했다. 인간이 부귀영화를 누리며 살던 큰 성도 폐허가 되고 인간 자신도 죽으면 묘지에 묻혀 결국 흙으로 돌아가는 이치를 그린 것이다. 화면 왼쪽에 아직 채우지 않은 석관이 놓여 있고 그 묘비석이 떨어져 뒹굴고 있는데 그 위에 새겨진 이름도 놀랍다. 다름 아닌 화가 자신 'Ruisdael'이다! 라위스달은 133쪽 그림과 거의 같은 시기에 〈유대인 묘지〉를 한 점 더 그렸다. 폐허, 묘지, 무지개, 화면 오른쪽의 큰 나무와 왼쪽의 빈 석관까지 구도와 소재가 133쪽 그림과 거의 동일하다.

화면 중앙에 강조되어 그려진 세 개의 묘가 그림 전체의 분위기를 압도한다. 이런 모양의 묘는 암스테르담 부근 암스텔강가에 있는 묘의 실제 모습이다. 하지만 그 주변의 모습은 전혀 실제와 다르다. 화면 위에 웅장하게 서 있는 폐허는 실제 모델이 된 장소 근처에는 존재하지 않는다. 거기서 40km 이상 떨어진 '알크마'라는 곳에 있는 에그몬트 수도원 폐허를 조금 닮은 듯하지만, 역시 그와 많이 다르다. 묘지 사이를 흐르는 개천도 실제와 다르다. 무덤을 손상시킬 수 있는 물가 근처에 묘지가 조성되었을 리 없다.

라위스달은 기존 풍경화와는 완전히 다른 관점에서 풍경화를 그렸다. 화가는 초상화를 그릴 때 모델로 하여금 손은 이렇게 하고 표정은 어떻게 지으라고 연출한다. 라위스달은 풍경도 화가의 예술적 의도와 메시지에 맞춰

J.V. 라위스달, 〈유대인 묘지〉, 1657년경, 캔버스에 유채, 142.2×189.2cm, 디트로이트 미술관, 미국

연출할 수 있다고 생각한 것이다. 그래서 자신의 머릿속에 그렸던 데로 풍경을 바꾸고 구도도 재구성한 것이다.

라위스달의 풍경화는 '있는 그대로의' 풍경화가 아니다. 풍광을 사용하여 메시지를 전하고 있는 것이다. 그의 메시지는 자연의 무한광대함에 비해 한없이 작고 초라한 인간사의 허무함이다.

하지만 라위스달이 그린 묘지가 반드시 허무와 절망만을 이야기하지는 않는다. 폭풍전야 같이 무겁게 짓누르는 구름 사이로 햇빛이 비친다. 어두운 하늘에 어울리지 않지만 화면 왼쪽 중간에 무지개도 떠 있다. 그것도 쌍무지개다. 주변의 나무들은 나뭇잎이 푸르고 울창하다. 개천물이 정적 속에서도 소리를 내며 힘차게 흐른다. 인간의 삶이란 비루하기 그지없지만, 자만하지 말고 겸허함을 잃지 않으며 자연 속에서 더불어 살아간다면 그 자체만으로도 얼마나 큰 축복인가를 라위스달은 에둘러 이야기하고 있다.

다빈치의 공기원근법을 뒤엎다

라위스달의 풍경화를 보면 그만의 독특한 기법을 읽을 수 있다. 일반적으로 가까운 풍경은 자세히 그리고 먼 경치는 공기원근법(aerial perspective)에 의하여 세부적인 묘사를 자제하고 대략적으로 그린다. 공기원근법은 대기 중에 습도와 먼지의 작용으로 물체가 멀어질수록 푸르스름해지고 채도가 낮아지며, 물체의 윤곽이 흐릿해지는 현상이다. 공기는 아무 것도 없는 것이 아니라 무게와 밀도가 있어서 멀리 있는 것일수록 공기에 의하여 흐릿해지는 원리다.

그런데 라위스달은 먼 풍경을 매우 정밀하게 그렸다. 레오나르도 다빈치 Leonardo da Vinci, 1452~1519가 〈모나리자〉에서 그림의 배경 묘사에 적용했던 공기원근법의 원리를 정면으로 뒤엎은 것이다. 라위스달은 멀리 있는 나뭇가지의 위치와 형태까지 세밀하게 그렸는데, 실제로 나무의 수종까지 알 수 있을 만큼 묘사가 정확하다. 그런 방식으로 풍경화를 그리면 그림이 난잡해지고 구도가 산만해지기 마련이다. 하지만 라위스달의 풍경화는 통일감 및 구도의 조화가 깨지지 않았다. 오히려 〈유대인 묘지〉처럼 묘한 긴장감과 신비감을 자아내는 매력을 발산한다.

라위스달이 나뭇잎을 그리는 기법도 매우 독특하다. 그는 소소한 나뭇잎

컨스터블, 〈곡물밭〉, 1826년, 캔버스에 유채, 143×122cm, 내셔널 갤러리, 영국 런던

하나하나에도 입체감을 주고 있다. 그가 그린 나뭇잎과 가지들은 바람에 흔들리는 것처럼 역동적이다. 쉽게 죽지 않는 나무들의 영겁의 생명력을 묘사한 것이다. 그에 비하면 인간의 삶은 허무할 정도로 짧다. 죽은 뒤에는 그저 한줌의 흙이 되어 소멸해 버린다.

이처럼 나뭇잎 하나하나를 입체적으로 그려 정적인 풍경에 역동적인 효과를 내는 기법은 라위스달이 활동하던 시대로부터 200여 년이 지나 계승된다. '풍경화의 완성자'라 일컫는 컨스터블을 통해서다. 컨스터블의 작품 〈곡물밭〉을 보면 라위스달의 기법이 재현된 듯하다. 서양미술사에서 라위스달을 매우 중요한 자리의 반열에 올려놓는 이유가 여기에 있다.

색깔 본연의 채도로 원근을 살리다

라위스달의 또 다른 대표작인 〈벤트하임(Bentheim)성〉을 보자. 높은 산꼭대기에 웅장한 성이 있다. 그런데 실제로 벤트하임성은 그리 높지 않은 평지에 계곡도 없는 시내에 위치해 있다. 여기서도 라위스달의 연출 효과가 드러난다.

〈벤트하임성〉에서 눈여겨봐야 할 효과는 색채원근법이다. 색채원근법이란 쉽게 말해서 가까운 곳의 색은 더 진하고 선명하게 그리고, 먼 곳의 색은 엷고 흐리게 그리는 것이다. 다빈치는 공기원근법과 색채원근법을 같은 개념으로 설명했다. 공기의 밀도가 다르면 공기가 색채를 흡수하는 정도도 다르다는 게 다빈치의 생각이었다.

J.V. 라위스달, 〈벤트하임성〉, 1653년, 캔버스에 유채, 110×114cm, 아일랜드 내셔널 갤러리, 더블린

라위스달은 〈유대인 묘지〉에서 다빈치의 공기원근법 원리를 정면으로 뒤엎은 것과 달리 〈벤트하임성〉에서는 공기원근법을 한 단계 더 발전시켜 그만의 방식으로 적절하게 활용했다. 〈벤트하임성〉을 자세히 살펴보면, 라위스달은 가까운 나뭇잎은 갈색으로 그리고 먼 나뭇잎은 녹색으로 각각 색깔을 달리 하여 그렸다. 즉, 색깔 본연이 지니는 채도의 차이를 좀 더 섬세하게 관찰하여 응용한 것이다. 풍경화라는 장르에서 색채를 가지고 원근을 나타내고자 하는 그의 오랜 연구 결과이다. 라위스달의 색채원근법은 후대 거의 모든 풍경화가들에게 하나의 전범(典範)이 되었다.

작은 캔버스 안에 넓은 대지를 그려야 한다면?

라위스달이 활동했던 17세기 네덜란드에는 부유한 상공업자들이 많았는데, 이들은 큰돈을 벌어 토지를 사들이면서 이른바 부르주아 계급의 면모를 갖춰나갔다. 예나 지금이나 부자들은 소유욕만큼 과시욕도 크다. 그들이 소유한 대지를 그림에 담아 거실에 걸어놓고, 방문하는 사람들에게 이게 다 내 땅이라며 자랑하길 즐겼다. 부자가 화가에게 그림을 의뢰할 때 중요하게 여겼던 것은 자신이 소유한 땅을 최대한 넓어 보이게 그려달라는 것이다. 캔버스의 크기를 최대한 키워봐야 물리적으로 한계가 있기 때문에 화가로서는 곤혹스러운 요구 사항이었다.

라위스달도 종종 같은 요구 조건의 풍경화를 의뢰받았다. 그는 의뢰인이 소유한 대지가 있는 곳으로 나가봤다. 라위스달은 의뢰인의 대지로부터 멀찍이 물러서서 그곳을 바라봤다. 멀리 떨어져 바라볼수록 의뢰인의 대지가

J.V. 라위스달, 〈하를럼 풍경〉, 1670~1675년, 캔버스에 유채, 62.2×55.2cm, 쿤스트하우스, 스위스 취리히

넓어 보였다. 흥미로운 건 라위스달의 시야에는 멀리 떨어져 있는 대지보다 그 위의 하늘이 훨씬 넓게 들어왔다. 하늘이 넓게 시야에 들어올수록 그 아래 대지도 넓어 보인다는 사실을 깨달은 것이다. 라위스달의 풍경화에 유독 하늘이 대지에 비해 넓은 비율을 차지하는 이유가 여기에 있다.

그의 작품 〈하를럼 풍경〉을 보면 바로 확인할 수 있다. 이전 풍경화와 달리 화면의 3분의 2가 하늘과 구름으로 채워져 있다. 그럼에도 불구하고 그림 속 대지는 광활한 하늘만큼 매우 넓어 보인다.

라위스달의 원근법은 하늘에 떠 있는 구름을 그리는 데도 탁월하게 적용됐다. 사실 화가들에게 있어서 하늘을 그린다는 것은 대단히 막연한 작업이 아닐 수 없다. 하늘엔 구름 말고 그릴 것이 없기 때문이다.

〈하를럼 풍경〉을 다시 보면, 시야에서 가까운 구름일수록 형체가 선명하고 높다. 반면, 멀리 떠 있는 구름은 대지의 경계면과 맞닿아 보일만큼 낮고 흐릿하다. 구름과 맞닿은 대지가 멀리 보일수록 대지도 광활해 보인다. 라위스달은 구름에 원근법을 적용해 대지를 더욱 넓어 보이게 하는 효과를 터득한 것이다.

라위스달은 새로운 것에 대한 실험정신이 탁월했던 화가였다. 색과 구도에 대한 과학적인 접근으로 풍경화라는 장르를 한 단계 올려놓는 예술적 성취를 거뒀다. 하지만 그에 대한 평가는 그가 죽은 뒤 수백 년이 지나서야 제대로 이뤄졌다. 우직함과 성실함, 앞서가는 실험정신 같은 덕목은 늘 고독하고 배고픈 삶을 동반한다. 라위스달의 삶도 다르지 않았다. 그가 그린 풍경이 유독 고귀하게 느껴지는 이유가 여기에 있는지도 모르겠다. _ *Ruisdael*

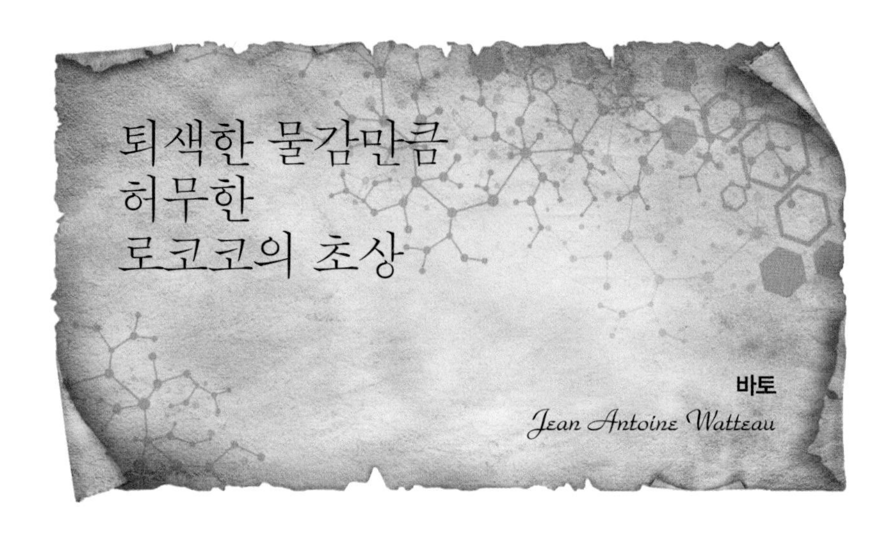

시대에 맞춰 물감의 색도 변했다!

프랑스 절대왕정에서 태양왕으로 군림하던 루이 14세Louis XIV, 1638~1715가 사망한 해인 1715년부터 1800년까지는 근대로 넘어가는 혁명의 시기였다. 영국의 산업혁명, 프랑스의 대혁명, 미국의 독립, 영국의 개신교부흥운동과 청교도 출현, 독일 및 네덜란드 등 개신교 국가의 발흥 등 18세기 유럽은 정치·종교적으로 격변의 시대였다.

반면, 예술은 태평성대에나 어울릴만한 화려하고 낙천적인 로코코 사조와 다시 고전으로 돌아가자는 신고전주의가 유행한 아이러니컬한 시대였다. 특히 미술과 건축 분야에서는 웅장하고 화려한 바로크에 이어 로코코라는 화

바토, 〈키테라섬으로의 출항〉, 1717년, 캔버스에 유채, 129×194cm, 루브르 박물관, 프랑스 파리

려하면서 다소 경박한 풍조가 크게 인기를 끌었다.

18세기 유럽에서는 산업과 기술의 급격한 발전으로 새롭게 떠오른 부르주아 상인 계급이 막대한 재산을 축적해나가고 있었다. 이들은 화려한 실내장식과 가구, 값비싼 도자기류의 구입에 관심이 컸다. 곡선 위주의 우아한 가구장식과 거울 및 유리재질을 많이 쓰는 실내건축, 경쾌하고 때로는 에로틱한 태피스트리와 보석공예에 돈 많은 귀족과 부자 들은 경쟁하듯 지갑을 열었다. 이처럼 사치스럽고 화려한 취향이 미술에도 큰 영향을 미치면서 '로코코(Rococo)'라는 사조를 탄생시킨 것이다.

로코코란 말은 프랑스어로 조약돌을 뜻하는 로카이유(rocaille)와 바로크(Baroque)의 합성어이다. 섬세하고 여성적인 로코코가 웅장하고 남성적인 바로크의 반발로 생겼다고 하지만, 사실 로코코는 바로크의 발전된 형태라고 할 수 있다. 바로크에서 주로 종교와 신화를 다뤘다면, 로코코는 연애와 같은 일상적인 개인사까지 더하면서 주제가 훨씬 다채로워진 것이다. 회화에서는 이러한 주제에 어울리는 안료가 더욱 과감해지기 시작했다. 색조가 훨씬 밝아진 것이다. 기존에 사용을 기피해왔던 핑크색, 파란색, 녹색, 흰색 등을 다채롭게 사용하면서 물감의 역사에 있어서도 큰 변화를 가져왔다.

로코코 미술 맨 앞에 나오는 이름

로코코 미술을 이야기할 때 가장 먼저 언급하는 화가와 작품으로 바토Jean Antoine Watteau, 1684~1721, Watteau의 영어 발음은 '와토'의 〈키테라섬으로의 출항〉이 있다. 이 그림의 제목은 바토가 붙인 게 아니다. 이 그림보다 2년 뒤에 그린 같은 구도의 그림에 붙인 제목은 〈키테라섬으로의 순례 : L'embarquement pour L'ile de Cythere〉인데, 아마 이 그림도 처음에는 '출항' 대신 '순례'가 붙지 않았을까 생각된다. 그런데 유명한 조각가 로댕Auguste Rodin, 1840~1917이 이 그림을 평하는 과정에서 제목에 '순례' 대신 '출항'이란 말을 붙이면서 그림 제목이 아예 〈키테라섬으로의 출항〉으로 굳어진 것이다. 로댕이 붙인 '출항'이라는 단어에는 사랑의 연회를 벌이기 위해 배를 타러 나가는 들뜬 남녀의 분위기가 묻어난다.

그림에 나오는 키테라(Cythere)는 지중해 그리스 부근에 있는 작은 섬이다. 신화에 따르면 바다 거품에서 태어난 비너스가 파도에 떠밀려와 처음 닿은 섬으로, '비너스의 섬' 또는 '사랑의 섬'이라고도 부른다. 그런 연유로 '키테라섬으로의 여행'이란 말은 그 당시 젊은이들 사이에서 유흥파티를 뜻했다. 엄숙함에서 벗어나 밝고 경쾌한 문화를 갈구하던 18세기 프랑스의 사회 분위기를 읽을 수 있는 대목이다.

이러한 분위기는 회화 뿐 만 아니라 오페라나 연극 등에서도 나타난다. 역사나 종교를 다룬 정극보다는 풍자나 연애를 주제로 한 짧고 가벼운 '코메디아 델 아르테(commedia dell'arte)'라는 희극이 인기를 끌었다. 당시 인기 작가 당쿠르Florent Carton Dancourt, 1661~1725가 쓴 연극 〈세 사촌 자매〉에 이런 시적 대화가 나온다.

자, 떠나자, 사랑의 순례를

모두 함께 키테라섬으로

……〈중략〉……

그 섬에서 짝을 못 찾는 처녀는 없어.

바토도 당쿠르의 〈세 사촌 자매〉를 보았을 것이다. 그리고 영감을 얻어 이 그림 〈키테라섬으로의 출항〉을 그렸을 것이다. 이 그림은 바토가 프랑스 왕립 아카데미를 들어가기 위한 입회작품으로 그린 것이다. 바토는 서른도 되기 전에 왕립 아카데미에 들어가게 되었으니 그의 천재성이 일찍 인정되었던 모양이다.

그런데 이례적인 건 바토가 왕립 아카데미에 입회작품을 출품하기도 전에 회원이 되었다는 사실이다. 바토가 왕립 아카데미에 들어간 건 1712년인데 이 작품을 출품한 건 1717년이다. 더 놀라운 건 왕립 아카데미를 통과하려면 역사화나 신화화를 그려야 했는데, 바토는 뜻밖에도 파티 장면을 그렸다. 그림의 주제를 바토 스스로 정해 그린 것이다. 그림에는 몇몇 신화적 요소가 있긴 하지만 왕립 아카데미로서는 바토의 작품이 꽤 파격적이라 여겼을 것이다.

아무튼 왕립 아카데미는 바토에게 회원 자격을 부여했다. 심지어 5년이나 늦게 출품한 〈키테라섬으로의 출항〉을 가리켜 '페트 갈랑트(Fete galante)를 연 작품'이라고 호평했다. 이는 프랑스 미술계가 바토의 그림을 통해 로코코라는 미술 사조를 정식으로 인정했음을 의미하는 중요한 사건이었다. '페트 갈랑트'는 프랑스어로 '사랑의 연회'를 뜻한다.

시간을 따라 스캔한 사랑의 여정

자, 이제 그 문제의 작품을 찬찬히 살펴보자(145쪽). 그림에 등장하는 커플들의 자세가 매우 다채롭다. 흥미로운 사실은, 바토가 그림 속 여러 커플들

바토, 〈키테라섬으로의 순례〉, 1718년, 캔버스에 유채, 92×130cm, 샤를로텐부르크 궁전, 독일 베를린

이 사랑의 유희를 즐기는 한 장면을 그린 게 아니라는 점이다. 바토는 사랑의 유희를 즐기는 각각의 커플들을 시간에 따라 스캔(scan)하듯 그렸다.

화면 맨 오른쪽부터 살펴보면, 장미에 둘러싸인 비너스상은 이곳이 키테라섬임을 알려준다. 비너스상 아래에는 큐피드의 화살통이 놓여있는데, 곧 사랑의 연회가 펼쳐질 것임을 암시한다.

첫 번째 커플을 보자. 나무그늘 아래서 남자가 여자를 열심히 설득하고 있다. 여자는 수줍어하면서도 교태를 담아 남자의 말에 동의하는 듯한 표정을 짓는다. 그녀가 들고 있는 부채는 그 당시 여자가 남자에게 사랑의 신호를 보낼 때 썼다고 한다.

두 번째 왼쪽 커플은 그 다음 장면이다. 남자가 일어서서 사랑의 여정을 떠나자고 여자를 잡아 일으키고 있다. 여자는 거부하는 듯 아직 앉아 있지만 곧 일어서려는 모습이다.

세 번째 커플은 둘 다 일어서서 남자가 여자의 허리를 껴안고 어디론가 가려하고 있다. 여자는 뭔가 마음에 걸리는 게 있는지 뒤를 돌아보면서도 남자와 길을 떠날 준비를 하고 있다.

그 다음 장면에서는 남녀가 매우 친밀하게 서로의 몸을 바싹 붙이고 있다. 맨 왼쪽 장면은 이 여정의 결말인데 호화로운 결혼마차가 행복해 하는 커플을 기다리고 있다.

바토는 왕립 아카데미의 정식 회원이 되고나서 또 한 점의 〈키테라섬으로의 순례〉를 그렸다(이 그림의 제목은 바토가 정한대로 〈키테라섬으로의 순례〉가 되었다). 그림의 크기나 전체의 구도는 이전 것과 거의 같으나 부분적으로 조금 차이가 있다(149쪽).

비너스상이 허리를 숙이고 있고 발치에 큐피드가 있어서 이 섬이 키테라섬임을 좀 더 명확하게 알려주고 있다. 맨 오른쪽에 이전 그림에는 등장하지 않았던 커플이 등장하는데, 이들은 꼭 껴안고 있으며 큐피드가 사랑의 꽃인 장미로 이 둘을 묶어주고 있다. 그들 뒤에 방패가 있다. 사랑은 모든 역경을 막아낼 수 있음을 암시한다.

밝고 화려한 이면의 허무를 그리다

〈키테라섬으로의 출항〉에서 바토는 분명히 사랑의 유희를 그렸다. 하지만, 주제에 어울리지 않게 채색이 밝지 않다. 두 번째 그린 그림도 마찬가지다. 그림 전체의 분위기가 어딘지 모르게 우수에 차 있다. 자세히 살펴보면 남녀 커플들의 표정이나 자세도 왠지 부자연스럽다. 심지어 뭔가 생각에 빠진 사람도 있다. 파티가 열리는 사랑의 섬하고는 어울리지 않는 분위기다.

바토는 파티를 즐기는 사람들의 기쁨이 그리 오래가지 못하리라는 것, 그들이 믿는 사랑이 영원하지 않다는 것, 연극처럼 막이 내리면 곧 끝나버리는 덧없는 일이라는 것을 이 그림에서 보여주고자 한 게 아닐까? 그는 밝고 화려함으로 충만한 로코코의 회의적인 이면을 그린 것이다.

바토, 〈질〉, 1718~1719년, 캔버스에 유채, 184.5×149.5cm, 루브르 박물관, 프랑스 파리

로댕이 바토의 그림을 보고 원래 제목인 '순례' 대신 '출항'으로 바꿔 얘기할 만했다. '순례'란 종교적인 목적으로 성지를 방문한다는 의미다. 가볍고 경쾌한 기운이 지배했던 18세기 프랑스와 도무지 어울리지 않았다. 하지만 바토가 그림에 담고자 했던 메시지를 이해한다면, 원래 제목인 '순례'를 그냥 두었을 것이다.

이처럼 쾌락과 화려함의 이면을 살피려 했던 바토의 의도는 그의 다른 그림들에서도 나타난다. 바토는 〈질〉이란 작품에서 연극 광대의 모습을 그렸다. 어린 광대 '질'은 여러 광대들에 둘러싸여 있는데, 긴장하고 있는 모습이 역력하다. 혼자 우뚝 서 있는 모습이 무리에 섞이지 못하고 소외되어 있음을 암시한다. 광대들 사이에서도 웃음거리가 되어 있는 어린 광대는 그의 자화상이다.

바토의 그림이 유독 보존 상태가 좋지 못한 이유

루브르 박물관에서 바토의 〈키테라섬으로의 출항〉을 봤을 때 그림의 보존 상태가 생각했던 것보다 양호하지 않았다. 무엇보다 그림 표면에 미세한 잔금이 많았다. 화면에서 물감이 떨어져 나가는 박락(剝落) 현상까지 일어나진 않았지만 보존 조치가 필요해 보였다. 아무튼 그림 속 인물들의 표정과 모습을 자세히 관찰하는 게 쉽지 않았다.

그런데, 〈키테라섬으로의 출항〉 뿐 만 아니라 바토의 다른 작품들의 보존 상태도 좋지 않은 것으로 알려져 있다. 이에 대해서 다양한 해석이 제기되는데, 그 중에 바토가 사용했던 물감이 원인이라는 주장도 있다. 이를테면 바토는 자신이 사용하는 유화 물감에 오일을 지나치게 많이 섞어 사용했기 때문에 시간이 흐를수록 심각한 변색과 균열을 초래했다는 것이다. 유화 물감에는 이미 오일이 함유되어 있음에도 바토는 여기에 오일을 더 첨가해서 사용했다는 얘기다. 물감에 오일이 많이 함유될수록 붓질이 훨씬 부드러워지고 속도감도 향상되기 때문에 바토가 그렇게 했다는 것이다.

과거에는 유화 물감이 풍족하지 않았다. 실제로 많은 화가들이 물감을 직접 만들어 쓰는 경우가 많았다. 화가들마다 선호하는 색이 제각각이었고 제조 방식에도 차이가 있었다. 하지만 대부분의 화가들이 물감을 제조하는 과정에서 시간이 경과함에 따라 그림이 어떻게 변색할지까지 염두에 두기가 쉽지 않았을 것이다. 실제로 활동 당시 웬만큼 저명한 화가가 아니고서는 자신의 작품들이 수십 년에서 수백 년에 이르기까지 보존되리라고는 생각하지 못했을 것이다.

바토도 마찬가지였을 것이다. 당시 화가들은 그림에 제목조차 붙이지 않은 경우가 허다했는데, 심지어 바토는 서명도 남기지 않았다. 그림이 변색되거나 퇴색된 데다 서명까지 남기지 않았으니 그가 사망한지 300년 가까이 흐른 지금 어떤 게 그의 작품인지 진위를 판단하는데 애를 먹을 수밖에 없다. 실제로 바토의 작품 중에 제작 경위부터 내력까지 구체적인 기록으로 명시된 것은 〈키테라섬으로의 출항〉이 유일하다고 한다. 로코코 대가의 작품들이 작자 미상으로 분류되어 유럽 뒷골목의 작은 화상들을 떠돌고 있을지도 모른다고 생각하니 안타깝기 그지없다. _ *Watteau*

바토, 〈제르생의 간판〉, 1720년, 캔버스에 유채, 166×306cm, 샤를로텐부르크 궁전, 독일 베를린
이 그림은 폐병으로 서른일곱의 젊은 나이에 생을 마감한 바토의 마지막 작품으로, 지인의 부탁으로 파리 노트르담 다리 위에 문을 연 실내장식품 상점의 간판 대용으로 그린 것이다. 이 작품 역시 보존이 제대로 이루어지지 않아 그림의 가운데는 잘려나가 유실되었고, 원래 아치형이었던 그림의 윗부분도 손상되어 형태가 바뀌었다고 한다. 실제로 그림을 보면 화상에 걸린 많은 작품들이 형체를 알아보기 힘들만큼 바랬다.

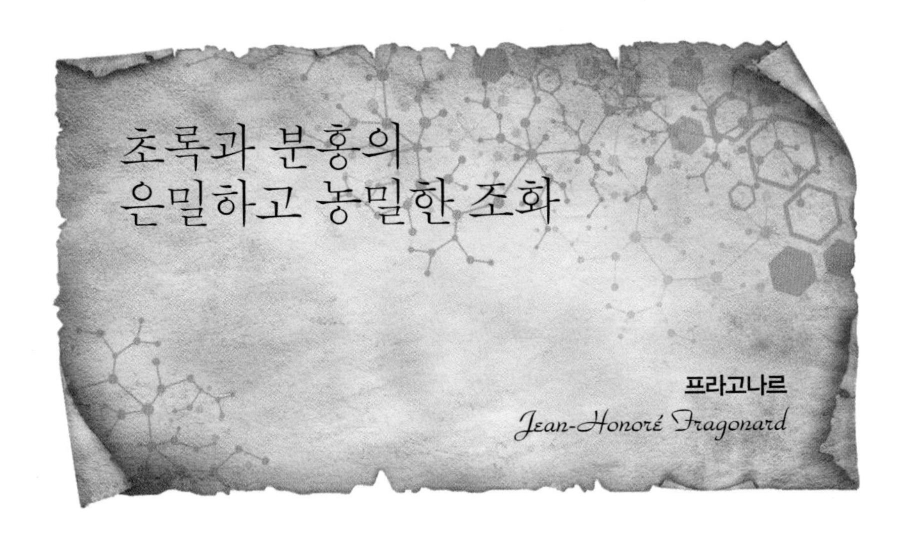

처음 주문받은 화가가 포기한 그림

〈그네〉는 로코코 그림 중에서도 특히 경쾌하면서도 희극적인 작품으로 꼽힌다. 이 그림은 원래 다른 화가에게 주문한 것이었는데 주문을 받은 화가가 정치적으로 위험한 주제라고 생각해 포기한 것을 프라고나르Jean-Honoré Fragonard, 1732~1806가 받아 새롭게 완성했다.

이 그림은 처음 주문 당시 성직자를 조롱하는 내용이었다. 당시 교회나 성직자의 권위가 좀 떨어지기는 했지만 이런 노골적인 모독은 경우에 따라서 정치 문제로 비화될 수도 있었다. 30대 초반에 이미 프랑스 왕립 아카데미의 정식 회원이 된 재기 넘치는 화가 프라고나르는 성직자를 조롱하는 내용 대

프라고나르, 〈그네〉, 1767년, 캔버스에 유채, 81×64.2cm, 월리스 컬렉션, 영국 런던

신 늙은 남편 몰래 벌이는 젊은 아내의 불륜 이야기로 콘셉트를 바꿔 이 걸작을 탄생시켰다.

애틋한 춘향의 그네 vs.
에로틱한 프라고나르의 그네

이 그림은 숲으로 하늘이 거의 가려진 음침한 분위기에서 나타나듯이 남녀의 부적절한 관계를 그린 것이다. 나무가 울창한 이 숲은 화면 오른쪽에서 그네를 밀고 있는 나이 든 남편 소유의 정원이다. 젊은 아내가 오늘은 어쩐 일인지 정원에서 그네를 밀어달라고 한다. 남편은 자기 앞에서 웃음 짓는 젊은 아내가 그저 고맙고 예쁘기만 하다. 서 있기도 힘든 늙은 남편은 돌의자에 걸터앉아 열심히 그네를 밀고 있다.

그런데, 이 여인의 속셈은 따로 있다. 화면 왼쪽 숲 속에 숨어 있는 젊은 애인과 그네로 만나기로 약속을 하고 나이 든 남편을 놀리는 장난을 하려는 것이다. 그녀가 숨어 있는 애인의 눈앞에서 다리를 쳐들어 치마 속을 보여주자 젊은 남자는 흥분하여 얼굴이 벌겋게 달아올랐다. 여인이 발을 차 올려 신발을 던지는 행위는 성애를 암시한다.

불쌍한 남편 옆에서 충절의 상징인 개가 짖고 있으나 남편은 알아채지 못한다. 화면 왼쪽의 석상은 큐피드인데 손가락을 입에 대면서 '쉿!'하는 행동으로 젊은 남녀의 드러내지 못할 관계를 나타내고 있다. 이러한 여러 내용 외에도 그네 자체가 불륜의 상징이었다. 조선의 춘향이 타던 그네는 애틋한데, 프라고나르의 그네는 에로틱하다.

법률사무소 조수에서 로마대상 우승자가 되기까지

프라고나르는 프랑스 남부 그라스(Grasse)라는 지역에서 잡화점 점원의 아들로 태어났다. 여섯 살 때 파리로 이주하여 열다섯 살에 공증을 전문으로 하는 법률가의 조수가 되었다. 하지만 프라고나르는 공증 관련 사무보다는 미술에 관심이 컸다. 이 젊은 화가지망생은 당시 프랑스 화단의 대가였던 부셰François Boucher, 1703~1770를 찾아갔고 용케 그의 문하생이 되었다.

어린 나이에 열정이 충만했던 프라고나르는 스승 부셰의 추천으로 로마대상(Prix de Rome)에 응시하였는데, 결과는 놀랍게도 1등이었다. 우승자에게는 로마에 있는 미술학교인 '아카데미 드 프랑스'로의 유학 혜택이 주어졌다. 프라고나르는 로마에서 티에폴로Giovanni Battista Tiepolo, 1696~1770와 루벤스Peter Paul Rubens, 1577~1640 등 바로크 화가들의 작품들을 공부했다. 또한 그는 이탈리아의 자연 경관에 심취해 전원 풍경을 많이 그렸다.

프라고나르는 장학금 지원 혜택이 끝나고도 계속 로마에 머물렀다. 로마에서 좀 더 공부할 게 남았다고 생각한 것이다. 그는 이때 부자이자 아마추어 화가이기도 한 생 농Saint-Non 수도원장을 만났는데, 그는 훗날 프라고나르의 중요한 후원자가 되었다. 몇 년 뒤 파리에 돌아온 프라고나르는 스승 부셰의 로코코 화풍을 이어받아 여러 작품을 남겼다. 〈그네〉는 바로 그 때 그린 작품이다.

〈그네〉를 찬찬히 살펴보면 유독 플랑드르 대가들의 화풍이 느껴진다. 프라고나르가 로마에서 루벤스, 렘브란트, 라위스달 등의 플랑드르 출신 대가들의 작품들을 열심히 연구했음을 알 수 있다. 울창한 숲 사이로 햇빛이 들어와 그네를 타는 여인을 비추는 장면에서 렘브란트Rembrandt Harmenszoon Van Rijn, 1606~1669의 명암법이 떠오른다. 또 숲을 이루는 무수한 나뭇잎들의 섬세한 묘사를 보면 라위스달Jacob Van Ruisdael, 1629~1682의 풍경화가 연상되기도 한다(133쪽).

분홍과 초록만으로 로코코의 진수를 완성하다

〈그네〉는 로코코 그림답게 화면이 전체적으로 매우 화려하다. 그런데 그림을 유심히 살펴보면, 주로 사용된 색이 초록과 분홍 정도다. 밝고 경쾌한 로코코 회화를 감안하건대 다채로운 색이 쓰였을 법도 한데 그렇지 않다. 하지만 프라고나르는 초록과 분홍만으로 눈이 부실만큼 빛나는 걸작을 완성했다.

무성한 숲 사이로 들어오는 햇살이 이 그림의 주인공인 그네 타는 여인을 집중해서 비춘다. 여인은 화려한 레이스가 달린 분홍 드레스를 입고 있는데, 홍조 띤 그녀의 얼굴까지 핑크빛이다. 그림의 공간적 배경인 숲은 온통 초록이다. 심지어 여인의 뒤에서 그네를 미는 늙은 남편도, 여인의 발밑에 숨어 있는 젊은 애인도 모두 초록이다. 다만, 젊은 애인의 얼굴은 분홍빛으로 상기되어 있다. 그네를 타는 여인의 볼과 같다. 두 사람 사이에 흐르는 은밀한 연애의 감정이 분홍빛 볼로 피어오른 것이다.

당시만 해도 초록과 분홍의 보색 대비가 이처럼 밝고 화려한 분위기를 연출하리라고는 상상하기 어려웠다. 초록과 분홍은 과거 중세나 르네상스는 물론, 로코코 바로 직전인 바로크 시대만 해도 많이 사용되지 않았던 색이다. 특히 핑크(pink)라고 부르는 분홍(粉紅)은 로코코 이전 회화에서 쉽게 볼 수 없었다. 종교화와 신화화를 주로 그렸던 시대에 핑크색이 채색될 기회는 많지 않았을 것이다.

색의 역사를 되짚어보면, 핑크란 말이 색의 명칭으로 처음 사용된 것은 17세기 말에 이르러서다. 초록도 마찬가지다. 녹색(green)의 대표격인 비리디안(viridian)은 원래 광물이었으나 워낙 값이 비쌌다. 1838년에 이르러서야 프랑스에서 합성에 성공했는데, 이것이 '비리디안 틴트'다. 프랑스의 기네Guignet란 사람이 발명하여 그의 이름을 따 '기네스 그린'이란 명칭으로 특허를 내면서 유명해졌다. 기네스 그린은 주성분이 '크로뮴 옥사이드 수화물($Cr_2O(OH)_4$)'인데, 광택이 좋고 건조가 빠르며 내수성도 뛰어나 유화와 수채화, 아크릴 등에 걸쳐 폭넓게 사용되어 왔다.

시대는 사랑의 유희를 더 이상 허락하지 않았다!

프랑스의 로코코는 바토Jean Antoine Watteau, 1684~1721의 시적 서정성에서 시작해, 부셰가 꽃을 피우고, 프라고나르에서 화려함의 대미를 장식하게 된다. 몇몇 미술사가들은 프라고나르를 가리켜 '로코코의 마지막 거장'이라 부르기도 하는데, 당시 격변했던 프랑스 역사는 프라고나르가 더 이상 사랑의 유희를 그리도록 허락하지 않았다.

로코코 양식은 18세기 초 프랑스에서 태동해 독일, 스위스, 오스트리아 지역의 왕실과 귀족층으로까지 확산되었지만, 계몽주의라는 커다란 암초에

프라고나르, 〈밀회(사다리)〉, 1771년, 캔버스에 유채, 318×244cm, 프릭 컬렉션, 미국 뉴욕

부딪혀 쇠퇴의 길을 걷게 된다. 곧 있을 프랑스 대혁명의 사상적 배경이 된 계몽주의는, 시민들에게 '어떻게 살 것인가?'란 궁극의 질문을 던지며 퍼져 나갔다. 시민의식이 깨어나면서 왕실과 귀족들 사이에서 유행하던 호화스런 로코코 문화는 비판과 비난의 중심에 설 수 밖에 없었다. 계몽주의 사상가이자 작가 디드로Denis Diderot, 1713~1784는 바토와 부셰, 프라고나르의 회화를 가리켜 '경박하기 그지없는 퇴폐의 산물'이라 혹평했고, 당시 많은 지식인들이 이에 동조했다.

뿐 만 아니라 왕실과 귀족층 사이에서도 로코코풍을 멀리하는 일들이 생겨났다. 루이 15세Louis XV, 1710~1774의 후궁 뒤 바리Jeanne Antoinette Bécu, comtesse du Barry, 1743~1793 부인은 왕궁 안 정원의 정자를 신축하면서 그곳에 장식할 그림을 프라고나르에게 의뢰했다. 프라고나르는 '사랑의 진행'을 주제로 네 점의 연작을 완성했다. 그림에는 〈그네〉에서처럼 사랑의 유희가 생동감 넘치게 묘사됐다. 그 가운데 〈밀회〉에서는 정원의 비너스 조각상 사이로 은밀한 애정행각을 벌이는 남녀가 등장한다.

그런데 뒤 바리 부인은 완성된 그림들을 프라고나르에게 돌려보냈다. 〈밀회〉에 등장하는 남자의 얼굴이 루이 15세를 닮았다거나 연작에 묘사된 애정행각이 뒤 바리 부인 이야기 때문이라는 등 그림을 거절한 이유에 대한 추측이 무성했다. 당시 사회적 분위기를 감안하건대 뒤 바리 부인으로서는 물의를 일으키면서까지 왕실의 연애 스캔들로 보이는 이 로코코풍 그림을 벽에 걸고 싶지 않았을 것이다. 그녀는 프라고나르의 연작을 거절한 뒤 비앙Joseph Marie Vien, 1716~1809이라는 화가에게 새로운 그림을 의뢰했는데, 공교롭게도 비앙은 신고전주의 역사화가 다비드Jacques Louis David, 1748~1825의 스승이다.

이 에피소드를 들어 '로코코의 퇴보와 신고전주의의 태동'이라는 미술사적 전환까지 언급하는 건 지나친 확대해석일까? 아무튼 그렇게 로코코 문화는 왕실과 귀족들 사이에서 사라져가기 시작했다.

시대가 급변해도 예술은 리셋(!)하지 않는다!

결국 프라고나르는 캔버스에서 로코코풍을 내려놓을 수밖에 없었다. 말년으로 갈수록 그의 주제는 가정의 따뜻한 화목이나 독서 등 계몽적인 것들로 채워졌다. 〈책을 읽는 소녀〉는 그 즈음에 그려진 것인데, 불륜의 연애를 주제로 한 〈그네〉하고는 너무나 상반되는 분위기다.

그림 속 소녀의 자세는 군인처럼 꼿꼿하다. 소녀의 왼팔과 의자의 팔걸이는 수평선, 벽은 수직선을 만들어 화면의 구도 역시 더없이 딱딱하고 경건하다.

하지만, 경직된 구도에도 불구하고 색채와 분위기만큼은 따뜻함이 살아있다. 마치 르누아르Auguste Renoir, 1841~1919의 그림을 보고 있는 것 같다. 소녀 목에 두른 레이스 장식과 가슴과 머리의 리본 그리고 옷의 주름들에서 프라고나르 특유의 우아한 곡선미가 느껴진다. 아무리 시대가 급변해도 예술은 어느 한순간 갑자기 리셋(!)하지 않는다는 프라고나르의 음성이 들리는 듯하다.

프라고나르, 〈책을 읽는 소녀〉, 1776년, 캔버스에 유채, 81×65cm, 내셔널 갤러리, 미국 워싱턴D.C

선이냐, 색이냐?

그림에서 선(drawing)이 더 중요할까 아니면 색(color)이 더 중요할까? 이 말은 마치 닭이 먼저냐 달걀이 먼저냐는 결론 없는 다툼처럼 보이지만, 선과 색의 싸움은 서양미술사에서 빠질 수 없는 중요한 논쟁 가운데 하나였다.

17세기에 루벤스Peter Paul Rubens, 1577~1640와 푸생Nicolas Poussin, 1594~1665 이래 시작된 선과 색의 논쟁은 19세기 앵그르Jean Auguste Dominique Ingres, 1780~1867와 들라크루아Eugéne Delacroix, 1798~1863에서 절정을 이뤘다. 들라크루아는 원래 선이란 없으며 그건 단지 색면이 만난 경계일 뿐이라고 했다. 이에 반해 앵그르는 선은 곧 소묘이고 소묘가 회화의 모든 것이라고 반박했다.

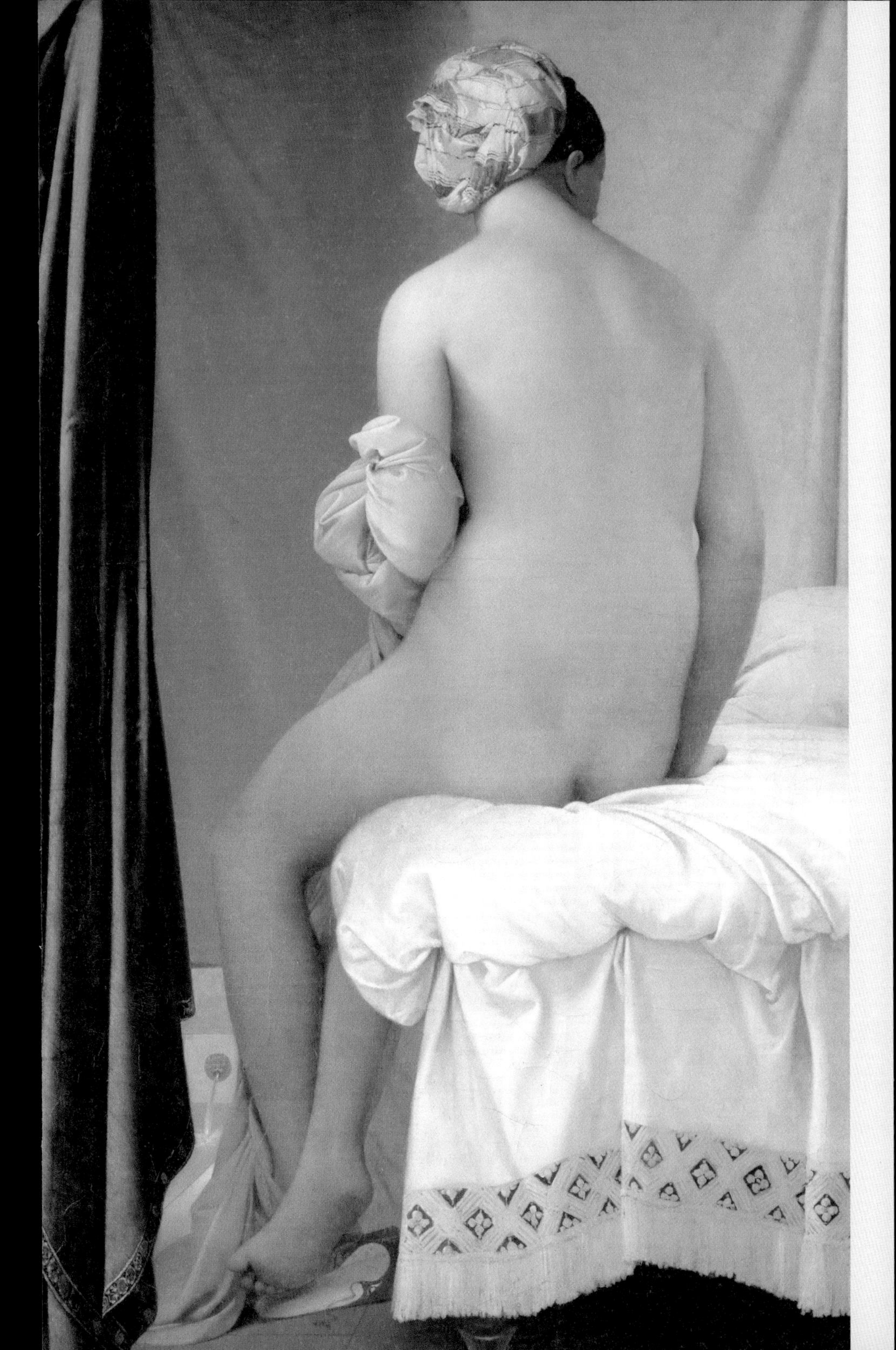

동양화에서는 색이 주도한 적이 없었다. 심지어 조선시대 궁중 도화서에서는 색을 쓰지 못하게 가르쳤다. 몇 년 전 방영된 〈바람의 화원〉이라는 드라마를 보면, 신윤복申潤福이 천박하게 색을 많이 쓴다고 야단맞는 장면이 나온다.

서양화에서도 항상 소묘가 중시되었다. 특히 왕실의 주도로 미술 아카데미가 생겨난 뒤부터는 교과 과정으로서 소묘 교육이 더욱 중시될 수밖에 없었다. 동양과 마찬가지로 서양에서도 색채를 중시하는 화파(畵派)는 늘 논쟁을 일으켰고 이단으로 비난받곤 했다.

그림에서 설명적인 이미지는 형태를 갖춘 선으로 표현하는 게 일반적이다. 반면, 색채는 주로 감성을 표현하는 역할을 담당한다. 자연스럽게 회화의 메시지가 내용에서 감성으로 옮아가는 시점에 색채를 중시하는 화파가 나타나게 된 것이다.

색의 속성에서 빚어진 오해들

색을 이야기할 때 빼놓을 수 없는 것이 '빛'이다. 물리학에서 빛은 입자성과 파동성을 함께 지니고 있다. 빛의 입자, 즉 광자 자체로는 아무 색도 없다. 파동에 의해 생긴 스펙트럼으로 색이 결정되는 것이다. 파장이 길수록 붉은색을 띠고, 파장이 짧을수록 푸른빛을 띤다.

파란색은 정적이고 침체되는 색으로 느껴지지만 파란색 자체의 스펙트럼은 매우 역동적이다. 따라서 파란색은 주파수가 크다. 쉽게 말해 파란색은 진동이 심하여 에너지가 강한 색이다.

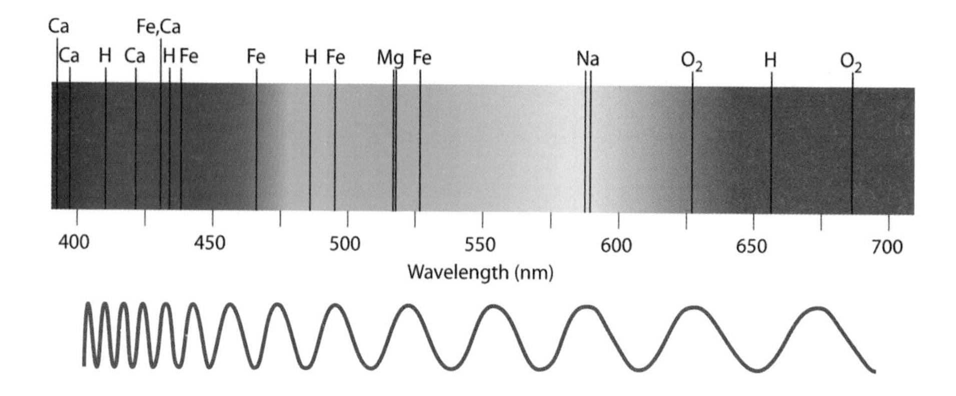

붉은색에서도 역동성과 속도감이 느껴지지만, 실제로 붉은색은 파장이 길고 주파수가 작으며 진동도 심하지 않다. 우리가 느껴온 붉은색의 느낌과는 사뭇 다르다.

이처럼 색의 속성에서 빚어진 오해들은 인간의 감정이 이성을 넘어설 때 빚어진다. 감정에 호소하는 낭만주의 미술이 인간의 이성을 혼란시켜 비판을 받았던 것도 같은 이유 때문인지도 모르겠다.

평생의 화두

선을 중시했던 화가 앵그르는 1780년 프랑스 남부 작은 도시에서 화가의 아들로 태어났다. 그는 열한 살부터 툴루즈 아카데미에서 미술교육을 받다가 열여섯 살 때 파리로 이주해 당시 최고 화가로 추앙받던 다비드Jacques Louis David, 1748~1825의 화실에 들어갔다. 그는 타고난 재능과 노력으로 1801년 최고 미술 엘리트 등용문인 로마상을 받았다. 로마상 수상자에게는 이탈리아로의 유학 지원 혜택이 주어졌지만, 당시 정부의 재정상태가 열악한 탓에 바로 가지 못하고 5년 후인 1806년에야 이탈리아로 떠났다.

소묘가 회화의 본령이라고 여겼던 앵그르에게 있어서 인간의 아름다운 육체는 대단히 매력적인 소재였다. 앵그르는 우아한 곡선미를 통해 여성의 누드를 예술적으로 승화하고자 했다. 그는 로마에 있는 동안 평생의 화두가 된 여체 그리기에 몰두했는데, 〈발팽송의 목욕하는 여인〉이 이때 그려진 걸작이다(165쪽). '발팽송'이라는 이름은 이 그림을 주문한 사람의 이름에서 따 온 것이다.

1824년 파리로 귀국한 앵그르는 〈루이 13세의 서약〉이란 작품으로 큰 호평을 받으며 스승 다비드를 이을 고전주의의 중심인물로 떠올랐다. 이듬해에 샤를 10세Charles X, 1757~1836로부터 레종 도뇌르(Legion d'Honneur) 훈장을 받았고, 1829년부터는 에콜 데 보자르 교수로 재직하면서 많은 후학을 양성했다. 에콜 데 보자르(École des Beaux-Arts)는 화가 · 판화가 · 조각가 · 건축가의 고등교육을 목적으로 설립한 프랑스 국립 미술학교다. 그는 1834년부터 1841년까지 로마에 있는 프랑스 아카데미 원장직을 맡기도 했고, 1862년에는 화가 출신으로는 이례적으로 상원위원에 오르는 등 출세가도를 걸었다. 여든일곱 살에 호흡기 질환으로 숨을 거두기까지 그는 풍요롭고 안정적인 삶을 영위했다.

19세기 프랑스는 권모술수가 판을 쳤고, 예술가들도 자신의 안위를 위해 처세에 밝아야 했다. 권력을 좇던 스승 다비드가 귀향길에 올라 타향에서 쓸쓸하게 죽어간 것을 지켜보면서 앵그르는 격변의 시대를 어떻게 건너야 할지 뼛속까지 깨달았을 것이다.

뼈 없는 여체?

앵그르의 회화는 마치 중세의 조각 같은 형태와 질감으로 표현되어 고대의 가치와 전통을 계승한다는 고전주의적 대명제에 충실하다. 후대 화가 드가Edgar De Gas, 1834~1917는 〈발팽송의 목욕하는 여인〉을 보고 크게 감명받아 앵그르에 대한 존경과 영향을 그의 그림에 나타내기도 했다. 드가 뿐 아니라 여러 인상파 화가들을 비롯해 마티스Henri Matisse, 1869~1954와 피카소Pablo Ruiz Picasso, 1881~1973 등 20세기 화가들도 앵그르에게서 지대한 영향을 받았음을 고백했다.

예술가를 서로 비교해 우위를 가릴 순 없지만, 후대 화가들에 미친 영향력만큼은 앵그르가 들라크루아보다 앞선다. 물론 두 사람만 놓고 선과 색의 논쟁에서 선이 우위에 있다고 단정지을 수는 없다. 다만 회화에서 색의 진화에 뚜렷한 족적을 남기지 못한 들라크루아와 달리, 앵그르는 소묘에서 예술적 발전을 이뤄냈고, 바로 이 점을 후대 화가들이 높게 평가한 것이다.

〈발팽송의 목욕하는 여인〉은 앵그르 특유의 곡선 미학이 돋보이는 대표작이다. 앵그르가 이탈리아에 있을 때 그린 초기작이지만 이미 대가적 면모가 화면 곳곳에서 드러난다. 앵그르는 색채 사용을 최대한 억제하면서도 여인의 살갗을 생생하게 부각시켰다. 그림 속 여인의 몸은 뼈가 하나도 없을 것처럼 곡선미가 탁월하다. 심지어 뼈가 드러날 수밖에 없는 팔꿈치나 무릎, 정강이도 매끈하다. 여인의 살빛은 몸속에서 피가 돌아 온기가 느껴질 만큼 생동감 넘친다. 흡사 그림 속 여인의 풍만한 몸을 살짝 건드리기만 해도 살아 움직일 것 같다. 동양의 하렘을 염두에 두고 그린 것 같은 터번만이 색채를 담고 있는데, 그것조차도 여인의 살빛을 넘어서지 못하도록 매우 조심스럽게 채색했다.

그림을 좀 더 자세히 살펴보면, 여인의 발치에 살짝 보이는 욕조에 물이 채워지고 있어 아직 목욕을 하기 전임을 알 수 있다. 그런데 욕조의 위치가 애매하다. 욕탕인지 침실인지 혹은 겸용인지 궁금하다.

모델의 내면을 그린다는 것

앵그르는 다비드의 충실한 후계자로서 신고전주의를 대표하는 화가로 각인돼 있지만, 그가 역사화나 신화화만 그린 것은 아니다. 오히려 그는 초상화를 많이 그렸는데, 그가 그린 초상화를 살펴보면 생계를 위해 그린 그림이 있는가 하면, 그림 속 모델의 내면까지 담아낸 그림도 있다.

앵그르가 그린 초상화 중 〈드 브로글리 공주〉를 보면, 그림 속 공주는 잡티 주름 하나 없이 동글동글하고 아름다운 얼굴형으로 묘사됐다. 목에서 등으로 이어지는 라인에서 앵그르 특유의 곡선미도 탁월하다.

무엇보다 공주가 입고 있는 드레스는 눈이 부실만큼 압권이다. 비단 드레스의 주름을 이렇게 화사하고 섬세하게 그릴 수 있는 화가는 역사상 없었다. 특히 드레스의 파란색 질감이 관람자의 시선을 사로잡는다. 파란색의 역동적인 스펙트럼이 화려함을 배가시킨다. 앵그르가 선 못지않게 색에 있어서도 조예가 깊었음을 알 수 있다. 드레스와 목걸이, 반지, 팔찌 등의 장신구는 부유함을 과시하고 싶은 모델의 취향을 제대로 저격한 듯하다. 한마디로 주문자의 입이 떡 벌어질 만하다. 생계를 위해 그린 초상화이지만 예술적 완성도가 높은 수작이다.

한편, 〈베르탱의 초상〉은 〈드 브로글리 공주〉와 그림의 전반적인 분위기

앵그르, 〈드 브로글리 공주〉, 1851~1853년, 캔버스에 유채, 121×91cm, 메트로폴리탄 미술관, 미국 뉴욕(왼쪽)
앵그르, 〈베르탱의 초상〉, 1832년, 캔버스에 유채, 116×95cm, 루브르 박물관, 프랑스 파리(오른쪽)

부터 확연히 다르다. 이 그림은 앵그르가 인물 내면의 표현에 얼마나 깊이 몰두해 있는지 보여준다. 앵그르는 모델의 내면은 물론, 모델이 처했던 정치적 · 사회적 상황까지 소름이 끼칠 만큼 정확하게 묘사했다. 베르탱Louis-Francois Bertin, 1771~1842은 일간지 「르 주르날 데 데바(Le Journal des Débats)」의 발행인으로, 혁명기의 영욕을 온몸으로 체화한 산증인이었다.

헝클어진 머리털과 독수리 발톱 같은 두 손가락에서 권위적이면서 굽히지 않는 언론계 거물의 풍모가 느껴진다. 앵그르는 베르탱의 눈 부위 사마귀와 거친 피부까지도 매우 섬세하고 사실적으로 묘사함으로써, 그림 속 인물이 살아서 액자 밖으로 걸어 나올 것 같다는 호평을 받았다.

대담한 모험

앵그르에게 늘 따라 붙는 말은 '신고전주의의 마지막 수호자'이지만, 이런 수식어로 그를 가두는 것에 동의할 수 없다. 앵그르는 자신이 속한 화파를 뛰어넘어 낭만주의적 감정 표현에도 탁월했을 뿐 아니라 고정관념을 파괴할 줄 아는 대담한 예술가였다.

앵그르의 실험성은 〈그랑드 오달리스크〉에서 보여준 아이러니컬한 낭만성에서 절정을 이룬다. 그는 이 그림을 1813년 이탈리아에 유학 중일 때 나폴리 여왕 카롤린 뮈라Caroline Murat, 1782~1839의 주문으로 그렸다. 이 그림은 당시 어수선한 사회 분위기로 주문자에게 전달하지 못하고 앵그르가 갖고 있다가 1819년 파리 살롱에 출품했다. 결과는 참담했다. 특히 (그가 속한) 신고전주의자들로부터 호된 비판을 받아야 했는데, 그림 속 여체가 도무지 해부학적으로 맞지 않다는 것이다.

실제로 그림 속 여인의 등은 척추 뼈가 두세 개는 더 있어야 할 것처럼 길고, 어깨 각도도 이상하며, 왼쪽 다리는 몸의 어디에서 나왔는지 모를 정도로 인체 비례가 맞지 않는다. 하지만 그래서 더 아름답고 이국적으로 보인다. 앵그르는 일부러 그런 파격적 모험을 한 게 아닐까?

〈그랑드 오달리스크〉에는 담뱃대나 깃털부채 등 동양적인 소품들이 등장하는데, 그 시절 유럽에서는 동양 취향이 유행했다. 당시 동양이란 중국이 아니라 중동을 뜻했다.

프랑스에서는 1703년경 갈랑Antoine Galland, 1646~1715이 번역한 『천일야화』의 불역판이 출간되면서 동방에 대한 호기심이 일기 시작했고, 나폴레옹의 이집트 원정으로 이슬람 물품이 수입되면서 동방에 대한 관심이 현실화됐다. 영국에서는 1888년경 버튼 경Sir. Richard Francis Burton, 1821~1890이 번역 · 출간한 『아라비안 나이트』를 통해 이슬람 문화에 대한 대중적인 관심이 고조됐다.

오달리스크는 이슬람 왕국에서 왕비와 후궁이 머물던 하렘에서 시중을 드는 하녀를 뜻하는데, 성적으로 왜곡된 하렘 방문기들이 출판되면서 유럽

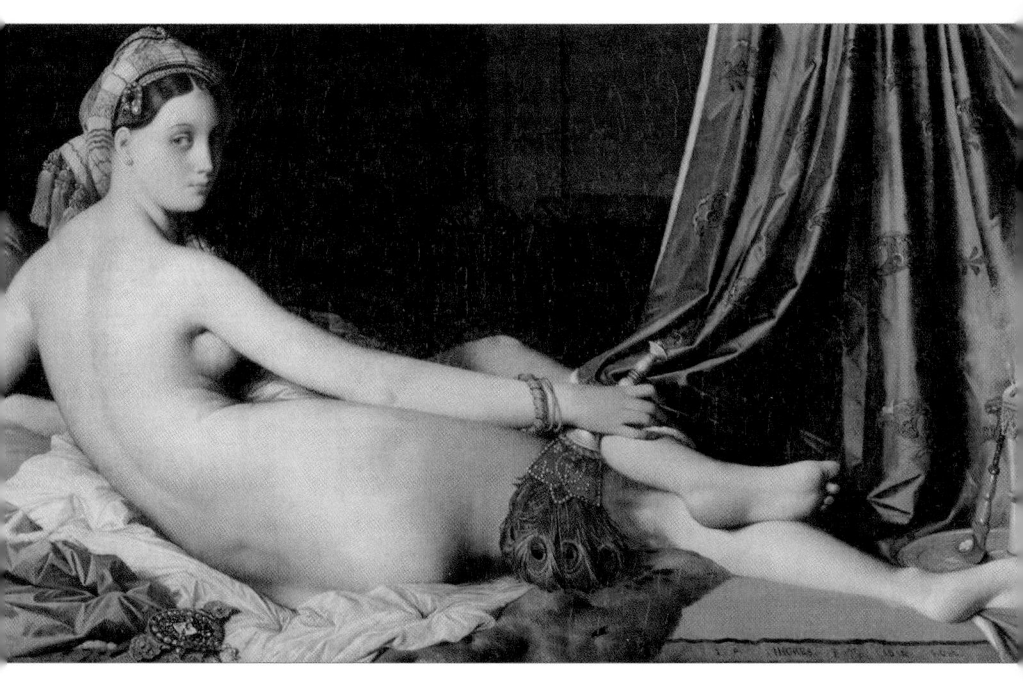

앵그르, 〈그랑드 오달리스크〉, 1814년, 캔버스에 유채, 89×162.5cm, 루브르 박물관, 프랑스 파리

의 남성들을 자극하는 용어가 되었다. 동방의 문화 일부를 성적 판타지의 대상으로 받아들이는 '동방 취향'이 예술사조로서 자리 잡게 된 것이다.

열쇠구멍으로 엿보는 은밀한 공간?

1805년경 프랑스에서 출간되어 큰 인기를 누린 『마리 보틀레이 몽타귀 부인의 편지』에도 하렘의 목욕탕이 등장한다. 소설에서는 하렘의 목욕탕이 좀 더 환상적으로 묘사됐는데, 여기서 영감을 얻은 앵그르는 말년의 걸작 〈터키탕〉을 완성했다.

앵그르는 원래 사각형 캔버스에 그렸던 〈터키탕〉을 원형 패널로 개작하여 완성했다. 남성들이 들어갈 수 없는 하렘이라는 은밀한 공간을 원형 안에 그림으로써 마치 열쇠구멍으로 그 안을 들여다보는 것 같은 효과를 냈다는 설도 있다.

〈그랑드 오달리스크〉와 마찬가지로 〈터키탕〉 역시 고전의 충실한 고증을 바탕으로 하는 신고전주의하고는 거리가 멀다. 앵그르를 신고전주의 화가로만 규정할 수 없는 이유다. 이 그림에서도 낭만주의적 요소가 보이는데 원근법을 무시한 것도 같은 맥락이다. 그림의 구도로 볼 때 악기를 든 (등 돌린) 여인을 맨 앞에 크게 그린 것으로 보아 원근법의 최근경은 정면이고 원경은 뒤쪽이 된다. 그러나 왼쪽 앞에 그려진 발을 뻗고 앉아 있는 여인은 앞쪽에 있고 악기를 든 여인과 가까이 있음에도 불구하고 너무 작다.

왼쪽 중경에 서 있는 여인은 그림의 구도를 위해 나중에 그려 넣은 것으로 보이는데, 그 모습이 앵그르가 사십대 때 그린 〈샘〉을 연상시킨다. 실제로 등을 보이고 앉아 악기를 든 여인은 〈발팽송의 목욕하는 여인〉과 닮았다. 평생 여인의 몸을 통해 곡선의 미학을 궁구(窮究)해온 앵그르는 말년에 제작한 〈터키탕〉에서 그가 그린 여체를 한 데 모아 집대성하고 싶었던 게 아니었을까?_ *Ingres*

앵그르, 〈터키탕〉, 1862년, 패널에 유채, 110×110cm, 루브르 박물관, 프랑스 파리

수학의 선이냐, 화학의 색이냐

선과 색이 만나 회화가 탄생하지만 미술관에 걸린 명화들처럼 둘의 관계는 그리 조화롭지만은 않았다. 어쩌면 선과 색의 싸움은 회화의 역사에서 가장 치열하고 가장 오래된 싸움이었는지도 모르겠다. 흥미로운 것은 선과 색의 논쟁에 한 걸음 더 들어가 보니 수학과 화학이 있다는 사실이다.

먼저 회화에서 가장 중요한 조형요소는 선이고 색은 단지 액세서리에 지나지 않는다고 주장하는 선우위론자들의 애기부터 들어보자. 회화는 소묘(드로잉) 없이 어떠한 형상도 만들어내지 못한다. 반면, 색채는 빛에 의해 변해버리는 우발적인 것에 지나지 않는다. 르네상스 시대 미술가들이 도달하고자 했던 완벽한 균형과 조화는 선을 통해서 이뤄졌다. 선이 없다면 당연히 원근법과 대칭법, 이상적 인체 비례 등도 고안할 수 없으며, 이는 수학적 사고와 원리를 기반으로 한다.

이에 맞선 색우위론자들의 주장도 만만치 않다. 미술의 궁극적 목적이 자연의 모방이라면, 회화의 목적은 색 없이 달성될 수 없다. 소묘는 채색을 위한 준비에 지나지 않는다. 선이 이성이라면 색은 감성인데, 감성이 결여된 이성만으로는 예술이 성립할 수 없다. 색의 본질과 변화는 화학으로 설명할 수 있는데, 회화의 주재료인 물감이 화학물질이기 때문이다.

결국 선과 색의 논쟁을 통해 회화에 수학과 화학 원리가 담겨 있음이 분명하게 드러난 것이다.

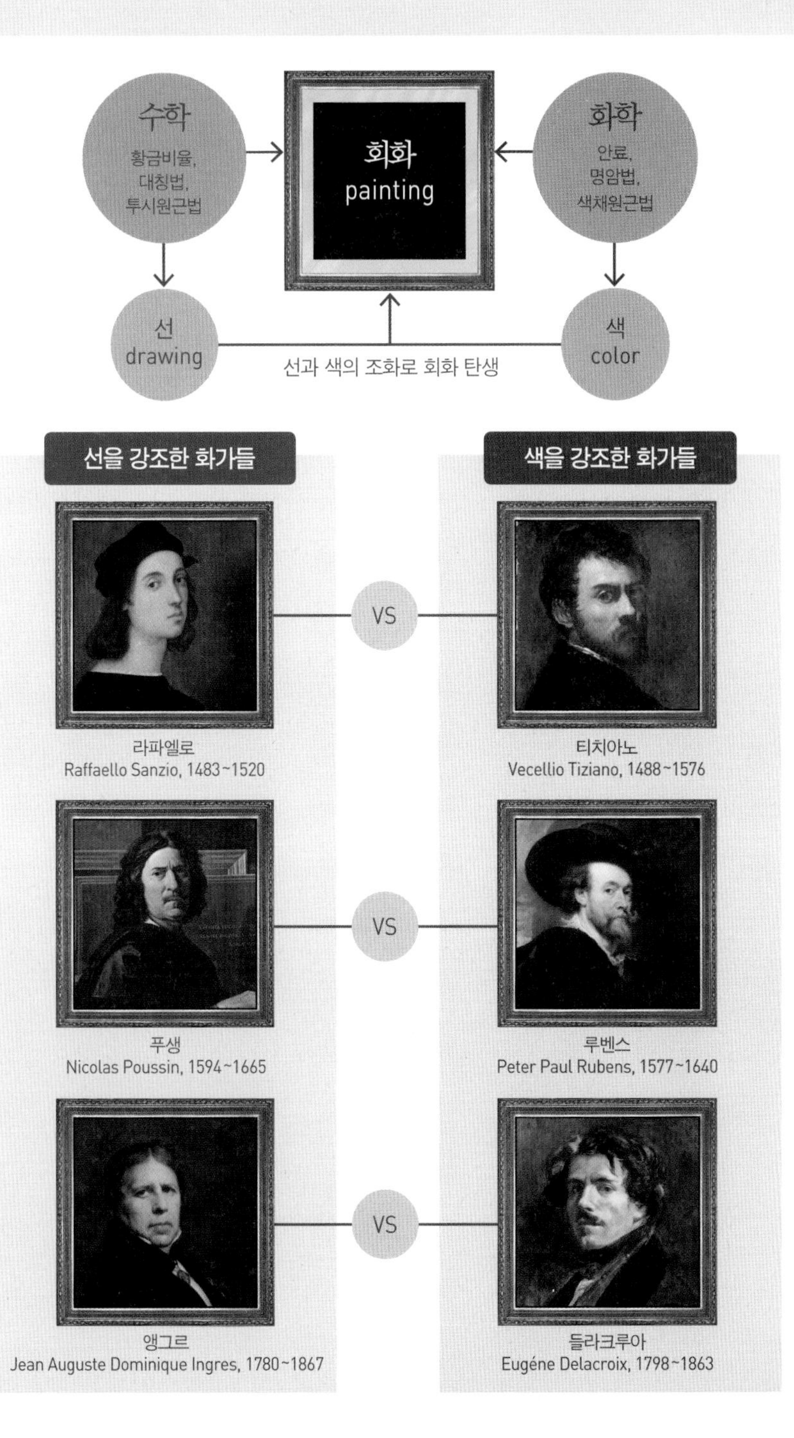
수학
황금비율,
대칭법,
투시원근법
회화
painting
화학
안료,
명암법,
색채원근법
선
drawing
선과 색의 조화로 회화 탄생
색
color
선을 강조한 화가들
색을 강조한 화가들
VS
VS
VS
라파엘로
Raffaello Sanzio, 1483~1520
티치아노
Vecellio Tiziano, 1488~1576
푸생
Nicolas Poussin, 1594~1665
루벤스
Peter Paul Rubens, 1577~1640
앵그르
Jean Auguste Dominique Ingres, 1780~1867
들라크루아
Eugéne Delacroix, 1798~1863

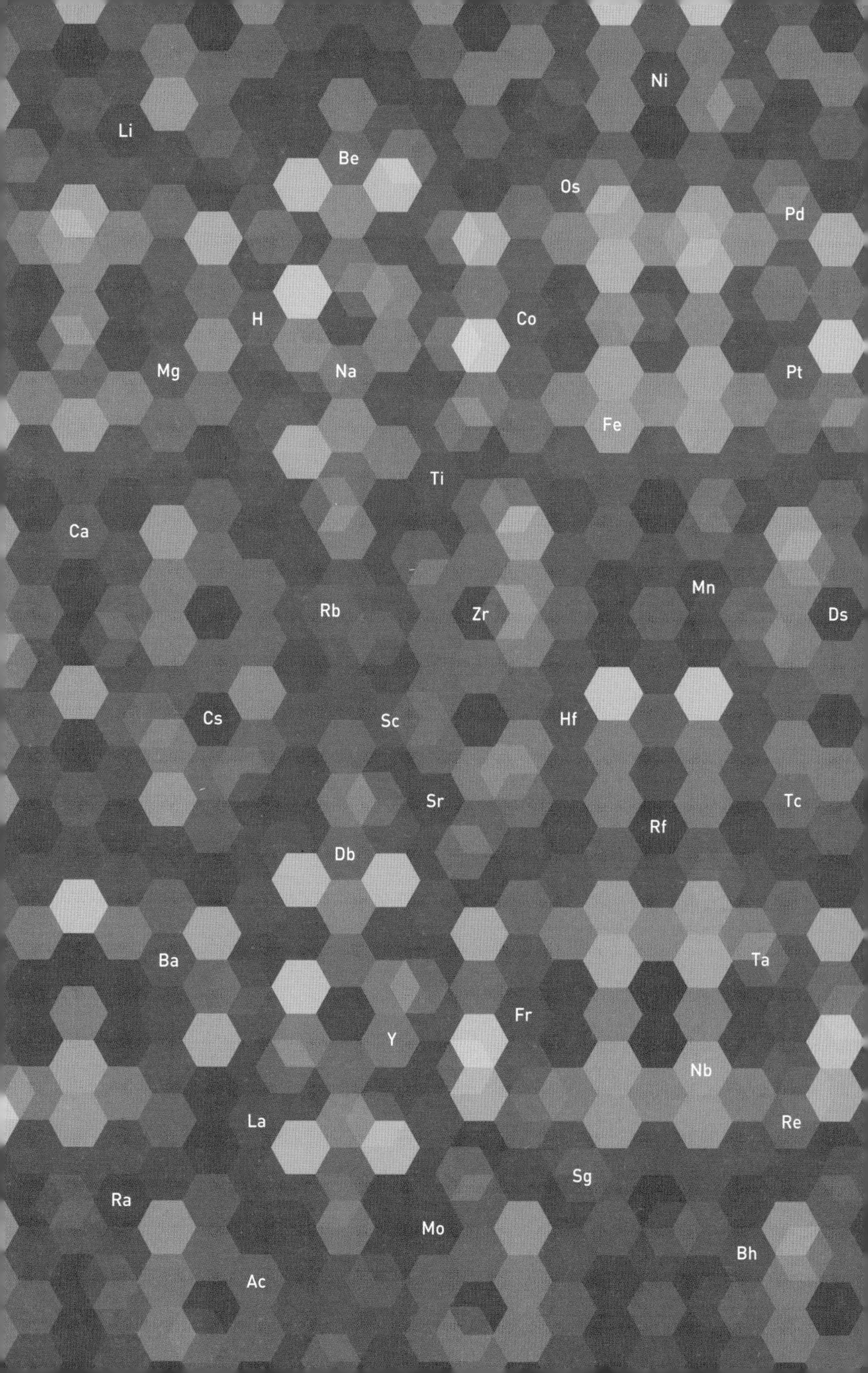
Ni
Li
Be
Os
Pd
H
Co
Mg
Na
Pt
Fe
Ti
Ca
Mn
Rb
Zr
Ds
Cs
Sc
Hf
Sr
Tc
Rf
Db
Ba
Ta
Fr
Y
Nb
La
Re
Sg
Ra
Mo
Bh
Ac

CHAPTER 03
이성과 감성에
관하여
Rg
Cu
Ag
Au
F
Al
Hg
Cd
B
Cl
Br
C
I
Si
Ge
At
Po
Sn
Te
Se
P
N
As
Sb
N
Si
S
ge
Pb
Bi
Sn
O

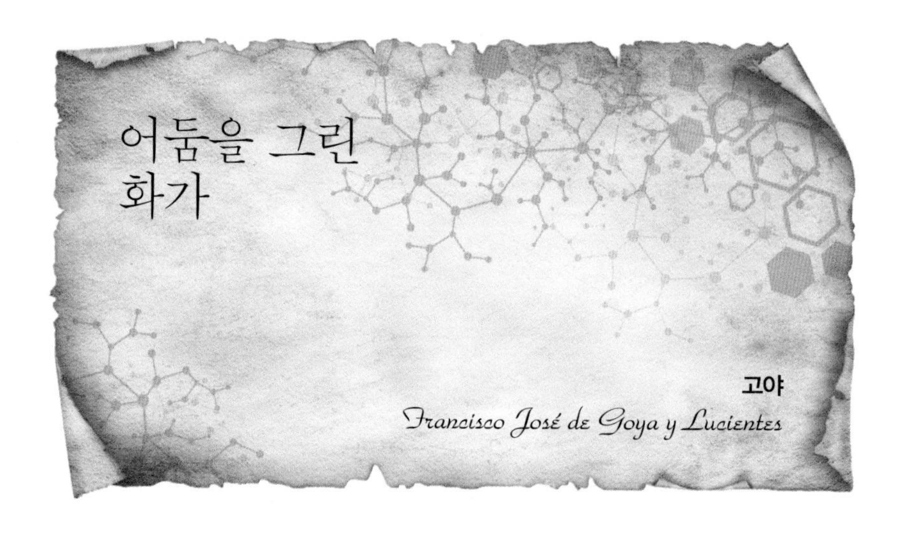

'옷을 입은 누드'라는 역설

가톨릭 국가인 스페인 미술에서 누드(nude)는 벨라스케스Diego Rodríguez de Silva Velázquez, 1599~1660의 〈거울을 보는 비너스〉(125쪽)와 고야Francisco José de Goya y Lucientes, 1746~1828의 〈옷을 벗은 마하〉 뿐이다. 벨라스케스의 〈거울을 보는 비너스〉는 누드이긴 하지만 여신의 뒷 자태를 그린 것인데 반해 고야의 〈옷을 벗은 마하〉는 여성의 체모까지 묘사했다.

고야는 이 그림 속 모델이 같은 자세를 취하는 모습을 하나 더 그렸는데, 흥미롭게도 옷을 입고 있다. 그래서 그림 제목도 〈옷을 입은 마하〉이다. 흥미로운 점은 〈옷을 입은 마하〉는 〈옷을 벗은 마하〉 못지않게 관능미를 자아

고야, 〈옷을 벗은 마하〉, 1797~1800년, 캔버스에 유채, 97×190cm, 프라도 미술관, 스페인 마드리드

낸다. 그 이유는 관람자가 이미 〈옷을 벗은 마하〉를 봤기 때문이다. 〈옷을 입은 마하〉를 보면서 무의식적으로 그녀의 벗은 몸을 떠올리게 되는 것이다. '옷을 입은 누드'라는 역설이 성립하는 순간이다. 아무튼 매우 에로틱한 이 그림들을 보면 고야가 주로 탐미주의적인 그림을 그리는 화가로 생각되지만 사실 그가 그린 누드는 〈옷을 벗은 마하〉 하나뿐이다.

'마하'와 '마호', '마초'의 추억

종교재판소의 기세가 서슬 퍼렇던 당시 스페인에서 누드화는 왕실에서도 함부로 소장할 수 없었다. 그럼에도 불구하고 〈옷을 벗은 마하〉를 주문했던 사람이 있었으니 권력의 실세였던 수상 마누엘 데 고도이Manuel de Godoy, 1767~1851다. 권력 다툼에서 밀려 망명길에 오른 뒤 그의 모든 재산이 몰수당했는데, 그 가운데 〈옷을 벗은 마하〉와 〈거울을 보는 비너스〉가 함께 있었다.

'마하(maja)'라는 말은 스페인에만 있는 독특한 용어로, 천박하지만 발랄한 도시의 젊은 여성을 일컫는다. 남성형은 '마호(majo)'가 된다. 지금의 남미대륙에서 회자되는 '마초(macho)'가 마호에서 유래했다. 마초는 천박하게 멋만 부리며 남성성을 과도하게 드러내는 사내를 의미한다. 그래서 마호나 마하스럽게 옷을 입거나 행동하는 것을 뜻하는 '마히스모[majismo, 남미에서는 '마치스모(machismo)]'에는 조롱의 의미가 담겨있는 것이다.

아무튼 주로 낮은 계급에 속했던 마하나 마호 모두 행실이 점잖지 않아 경박하고 상스러운 말투를 썼다. 마하는 몸에 꽉 끼어 몸매를 드러내는 옷차림을 즐겼고, 외출할 때는 넓은 망토를 걸치고 다녔다. 마호도 허리에 꽉 끼는

고야, 〈옷을 입은 마하〉, 1800~1805년, 캔버스에 유채, 97×190cm, 프라도 미술관, 스페인 마드리드

재킷에 흰 양말을 신고 챙이 넓은 모자를 썼다.

그런데 18세기 말 스페인은 프랑스의 침략으로 고통받던 때였는데, 뜻밖에도 마히스모 차림새가 스페인다움을 나타내는 애국적인 모습으로 비춰지면서 인기를 끌었다. 심지어 당시 상류층에서도 마히스모 스타일을 따라 했다. 〈옷을 벗은 마하〉와 〈옷을 입은 마하〉의 실제 모델이 권력의 실세였던 고도이의 연인이었다는 사실이 이를 방증한다.

그림 속 마하를 더욱 도발적으로 이끈 검은색의 비밀

〈옷을 벗은 마하〉가 더욱 도발적으로 느껴지는 이유는 어두운 배경 때문이다. 어둠 속 조명은 실오라기 하나 걸치지 않은 여인의 몸만 비춘다. 벨라스케스의 〈거울을 보는 비너스〉에는 천사와 거울 등 여러 이야깃거리가 등장하지만 이 그림은 침대에 누운 전라(全裸)의 여인만 덩그러니 있다. 그림 속 여인의 눈빛은 인간의 어두운 내면에 숨겨진 '관음(觀淫)'이라는 욕망을 비웃는 듯하다. 고야는 작품 속 어둠을 통해 인간의 불온한 내면을 투영했다. 그런 이유 때문일까? 고야의 그림들에 채색된 검은색은 더욱 암울하게 느껴진다.

실제로 고야는 검은색 물감을 많이 사용했던 화가였다. 검은색 안료나 염료는 무엇인가를 태운 것이 대부분이다. 유기물질을 태우면 탄소만 남고 그것이 검은색을 띤다. 이런 변화를 탄화(炭化)라고 한다. 색 이름에서도 무엇을 태워서 만든 검정인지를 밝히는 경우가 많다.

가장 오래 전부터 써 온 검정으로 아이보리 블랙(ivory black)이 유명하다. 이것은 아이보리, 즉 상아를 태워서 만든 검정이다. 물론 요즘은 상아로 만들지는 않는다. 색 이름이 아이보리 블랙이라 해도 지금 제품은 일반 소뼈나 기타 동물의 뼈를 사용하여 만든다. 그래서 본 블랙(bone black)이라 부르기도 한다.

나무를 태워서 만들 수도 있는데 어떤 종류의 나무를 태워서 만드는가에 따라 다른 검정이 만들어지고 이름도 달라진다. 원료 나무의 종류에 따라서 색상이 약간씩 차이가 나는데, 화가들은 이를 매우 중요하게 생각하고 선택한다. 푸른 끼가 도는 검정도 있고, 붉은 끼가 도는 검정도 있으며, 노란 끼가 보이는 검정도 있다. 바인 블랙(vine black)은 포도나무 가지를 태워 만들고, 피치 블랙(peach black)은 복숭아나무 가지를 태워 만든다.

동양화에서 많이 쓰는 송연묵(松煙墨)은 소나무를 태워 만든 것이다. 동양화의 유연묵(油煙墨)은 기름을 태운 것인데 그 중에서도 특히 식물성 기름을 태워 만든 것을 베지터블 블랙(vegetable black)이라고 한다.

한편, 우리가 연필로 사용하는 흑연(黑鉛)은 잘못된 이름이다. 검은 납이란 의미로 서양의 'lead black'을 그대로 차용한 것인데, 납과는 아무 연관이 없다. 흑연은 그래파이트(graphite)가 맞으며, 탄소만으로 이루어진 판상 결정이다. '글을 쓰다'라는 의미를 가진 그리스어 그라페인(Graphein)에서 유래했다.

이밖에 유일한 무기물 검정인 마르스 블랙(mars black)은 산화철이 주성분이어서 아이언 블랙(iron black)이라고도 부른다. 약간 갈색이 돌아 따뜻한 느낌이 난다. 최근에는 유기화학의 발달로 실험실에서 합성한 유기물 검정도 있다. 아닐린 블랙(aniline black)이 그것인데, 색이 매우 진하고 검정 외에 어떤 색도 띠지 않는 정말 '깜깜한 블랙'이다. 색이 아름다워서 다이아몬드 블랙(diamond black)이라 부르기도 한다.

graphite 구조와 흑연

고야의 삶과 고야의 색

검은색 물감을 향한 고야의 집착은 그가 살아온 인생과 떼어놓을 수 없다. 결국 화가의 삶은 색으로 표출되는 걸까?

고야는 1746년 스페인 북부 아라곤 지방의 사라고사 부근 푸엔데토도스(Fuendetodos)라는 작은 마을에서 가난한 장인의 아들로 태어났다. 고야는 어려서부터 미술에 남다른 재능을 보였는데, 열세 살 때 사라고사의 화가 호세 루산José Luzán y Martínez, 1710~1785의 화실에서 정식으로 그림 공부를 시작했다. 고야는 성공을 꿈꾸며 마드리드로 와서 왕립 아카데미의 문을 두드렸지만 번번이 실패했다. 새로운 활로를 찾기 위해 떠난 이탈리아 유학에서 실력을 키워 자신감을 얻어 귀국했지만, 그에게 주어진 일은 고작 왕실 내부의 방들을 장식하는 테피스트리의 밑그림이었다. 6년 동안 묵묵히 테피스트리 밑그림을 그리던 고야는 서서히 인정받기 시작했고, 처남이자 동료 화가인 바예우Francisco Bayeu y Subías, 1734~1795의 도움으로 왕립 아카데미에 입성했다.

왕립 아카데미의 회원이 된 뒤부터 고야는 일취월장했다. 그는 특히 초상화에서 발군의 실력을 보였고, 많은 귀족들로부터 주문이 쏟아졌다. 마흔이 되었을 때 왕의 직속 궁정화가로 임명되면서 그토록 원하던 부와 명예를 거머쥐었다.

하지만 장밋빛 인생은 오래가지 않았다. 마흔일곱 살 되던 해 여행 중 이름 모를 열병에 걸려 시름시름 앓던 고야는 후유증으로 청력을 잃고 말았다. 죽을 때까지 귀머거리로 살게 된 것이다. 아무 것도 들리지 않는 상태에서도 고야의 창작활동은 여전히 왕성했고, 당시 스페인 화가로서는 최고 영예인 수석 궁정화가에까지 올랐다. 하지만 그의 삶은 갈수록 피폐해져 갔다.

고야, 〈1808년 5월 3일 마드리드〉, 1814년, 캔버스에 유채, 268×347cm, 프라도 미술관, 스페인 마드리드

고야는 힘들고 가난했던 시절에 대한 보상심리 탓인지 지나친 사치에 빠졌고 재산을 모으는 데 집착했다. 처세에도 능해 기회주의적인 행태도 서슴지 않았다. 그의 손꼽히는 걸작 〈1808년 5월 3일 마드리드〉가 그려지게 된 뒷이야기가 이를 방증한다. 이 그림은 부당한 외세에 맞선 민중 항거를 상징

하는 작품으로 알려져 있다. 프랑스 군대에게 잔인하게 총살당하는 스페인 민중 가운데 흰 옷을 입고 양손을 번쩍 든 사람을 예수와 같이 그렸다. 그런데 이 그림은 프랑스군이 스페인에서 퇴거하고 난 뒤 고야 스스로 친프랑스 행적을 희석시키려고 그린 것이다.

스페인의 검은색

1820년경 고야는 마드리드 교외에 허름한 시골집 한 채를 구입했다. 집의 전 주인이 고야처럼 청각장애인이었기 때문에 동네 사람들은 이 집을 '귀머거리 집'이라고 불렀다. 고야는 집안 1층과 2층 벽면에 14점의 연작을 그렸다.

이 연작 벽화는 한마디로 어둡고 기괴했다. 고야는 모든 벽면을 검게 칠했다. 그리고 이 칠흑 같은 어둠을 배경으로 인간의 가장 추하고 참혹한 속성을 우의적으로 그렸다. 그는 마드리드의 수호성인인 산 이시드로의 은거지로 순례하는 광기 어린 군중들을 그렸고(190쪽), 흉측하기 그지없는 마녀들의 모임도 그렸다. 압권은 단연 〈아들을 잡아먹는 사투르누스〉다.

사투르누스는 고대 로마의 농경신으로 그리스에서는 '크로노스'라 부른다. 그는 아들 중 한 명에게 왕좌를 빼앗길 것이라는 예언을 듣고 자신의 아들을 차례로 잡아먹는다. 고야는 바로 이 장면을 상상을 초월할 정도로 잔인하게 묘사했다.

고야의 연작 벽화들은 1870년대에 벽에서 떼어내 캔버스에 옮겼는데, 이미 그림의 손상이 심한 상태였다. 결국 복원을 하는 과정에서 원작에 많은

1900년경에 촬영한 '귀머거리 집'

고야, 〈아들을 잡아먹는 사투르누스〉, 1821~1823년, 캔버스에 유채,146×83cm, 프라도 미술관, 스페인 마드리드

고야가 '귀머거리 집' 내부에 벽화를 그렸을 것으로 예상한 상상도. 입구 맞은 편에 〈아들을 잡아먹는 사투르누스〉가 보인다.

고야, 〈산 이시드로 순례 여행〉, 1821~1823년, 캔버스에 유채, 138.5×436cm, 프라도 미술관, 스페인 마드리드

변형이 가해졌다. 지금은 마드리드 프라도 미술관에 전시되어 있는데, 어둡고 기괴함은 여전하다. 실제로 〈아들을 잡아먹는 사투르누스〉 앞에서는 어린 아이의 눈을 손으로 가린 관람자들을 볼 수 있다.

이 그림들은 외부에서 주문받아 그린 게 아니었다. 또 고야 살아생전에 공개되지도 않았으며, 고야 스스로 이 그림들에 어떠한 언급도 하지 않았다. 훗날 이 연작 벽화들을 본 사람들은 이를 가리켜 '검은 그림들(Las Pinturas Negras, Black Paintings)'이라 불렀다.

'검은 그림들'은 분열과 모순으로 방황했던 고야 스스로를 향한 자기고백이었다. 또 부조리로 오염된 세상을 향한 고야의 경멸적 항의였다.

프랑스의 압제에서 독립한 스페인 민중은 잔악한 독재군주 페르디난드

7세Ferdinand VII, 1784~1833의 폭압정치와 핍박에 시달려야 했다. 교회가 벌이는 마녀사냥도 잔혹하기 이를 데 없었다. 가톨릭 국가였던 스페인 교회는 천주교를 따르지 않고 개신교나 유대교를 믿는 사람들을 마녀나 사탄이라 규정하고 종교재판소에 회부해 산채로 화형을 하거나 껍질을 벗겨 죽이거나 사지를 찢어 죽이는 만행을 서슴지 않았다.

고야는 이 모든 불의 앞에서 고개를 떨구워야 했고, 때로는 자신의 안위를 위해 권력층에 기생해야 했다. 귀머거리 집에서 회한과 고독에 잠긴 채 스스로를 침묵 속에 가둔 노(老)화가는 붓과 검은색 물감을 들고 세상에서 가장 어두운 그림을 완성했다. 그리고 후대 스페인 사람들은 고야의 '검은 그림들'을 '스페인의 검은색'으로 부르며, 어두웠던 역사의 흔적을 가슴 깊이 새기고 있다. _Goya

블랙과 그레이 이야기

인간이 색을 식별할 수 있는 것은 물체가 빛을 반사하거나 흡수하기 때문이다. 빨간 사과는 빨간색을 제외한 다른 색(파장)의 빛은 모두 흡수하고 빨간색만 반사하여 인간의 눈에 도달하므로 빨갛게 보이는 것이다. 따라서 가시광선의 모든 빛을 흡수하면 그 물체는 까맣게 보이고, 모든 빛을 반사하면 하얗게 보인다. 검정에는 빛을 반사하지 않고 모두 흡수해 버리는 성질이 있다. 검정은 인간이 볼 수 있는 가장 어두운 색임에 틀림없지만, 빛을 모두 흡수하는 완전히 어두운 색은 물질로써 존재하지 않는다. 빛을 완전히 흡수한다는 것은 반사되지 않는 무한한 공간이나 블랙홀을 의미하기 때문이다.

인상파 화가들은 오랜 세월 빛을 탐구해오면서, 검정에 해당하는 빛이 없다는 사실을 깨달았다. 빛을 통한 색깔의 변화에 심취했던 그들은 결국 팔레트에서 검정색 물감을 걷어 냈다.

한편, 미국 출신 화가 휘슬러James Abbott McNeill Whistler, 1834~1903는 인상파 화가들의 예술세계를 동경해 프랑스로 건너와 오랜 세월 작품 활동을 했지만, 인상파 화가들과 달리 검은색에 대한 호기심이 남달랐다. 그는 검정을 통해 색의 의미와 구도는 물론 검정이 그림 속 모델과 소재에 미치는 효과까지도 연구했다. 그가 그린 〈검은색과 회색의 구성 : 화가의 어머니〉는 검은색에 대한 탐구정신이 돋보이는 작품이다.

휘슬러는 어머니에게 검은색 드레스를 입히고 엷은 회색의 두건을 씌운 뒤

짙은 회색 벽을 배경으로 서 있게 했다. 어머니의 옆에는 검정 계열의 커튼이 있다. 이처럼 휘슬러는 그림을 그릴 구도를 미리 연출해 놓았다. 캔버스 안에서 검은색이 인물과 배경에 어떤 효과를 발휘하는지 실험했던 것이다. 작업이 생각보다 길어지면서 고령의 어머니가 힘들어하자 휘슬러는 어머니를 의자에 앉도록 했다. 휘슬러의 제작 의도와는 달리 이 그림은 자식에 대한 헌신적인 사랑이 담긴 어머니의 초상화로 유명해졌다.

휘슬러, 〈검은색과 회색의 구성 : 화가의 어머니〉, 1871년, 캔버스에 유채, 144×162cm, 오르세 미술관, 프랑스 파리

화학자인 필자에게 이 그림이 인상적인 이유는 검은색과 조화를 이룬 회색(gray)에 있다. 빛을 완전히 흡수해 버리는 검은색과 달리 회색은 모든 파장의 빛을 골고루 반 정도씩 흡수하고 또 반사한다.

이 그림 속 회색은 빛의 흡수와 반사를 적절하게 조절해내면서 삶과 죽음을 반추하게 한다. 인간은 '죽음의 문'을 통해 물질로 존재하지 않는 무한의 세계이자 빛이 없는 암흑의 세계로 들어간다. 검은 드레스를 입은 어머니는 검은 커튼 안 '죽음의 문'을 응시하고 있다. 그녀는 머지않아 검은 커튼을 젖히고 문 안으로 들어갈 것이다. 배경을 이루는 회색 벽은 바로 지금 어머니의 색깔이다. 세월을 이기지 못하고 희어버린 그녀의 회색 머릿결은 빛이 없는 세상으로 떠나야 하는 어머니를 배웅한다.

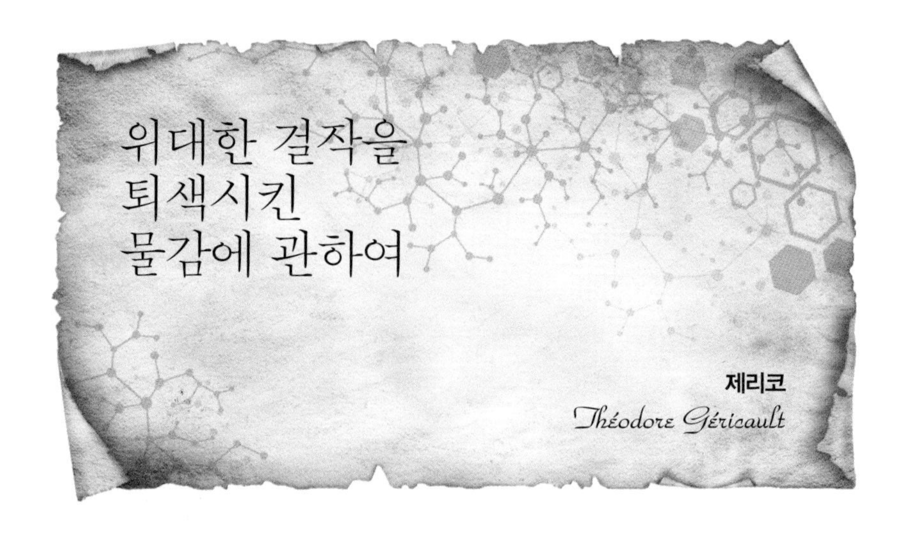

200여 년 전 프랑스의 민낯

1816년 400여 명을 태운 프랑스 왕실 소속 군함이 아프리카 세네갈 식민지로 떠났다. 쇼마레 백작Jean-Hugues Duroy de Chaumareix이 키를 잡은 배는 암초를 만나 난파되었다. 배에는 구명정이 250명분만 있었다. 결국 급히 만든 뗏목에 150여 명을 태우고 선장이 탄 구명정에 연결했다. 큰 파도에 구명정이 위태롭게 되자 선장은 연결선을 끊고 자기들만 살겠다고 도망가 버렸다.

뗏목이 적도의 뜨거운 태양 아래 13일을 표류하다 간신히 구조되었을 때는 열다섯 명만 뗏목에 남아 있었고 그조차 다섯 명은 구조되자마자 사망했다. 생존자 가운데 꼬레아르Coreard와 사비니Savigny가 난파 당시의 상황을 글로

제리코, 〈메두사호의 뗏목〉, 1818~1819년, 캔버스에 유채, 491×716cm, 루브르 박물관, 프랑스 파리

정리해 발표했다.

생존자들이 쓴 메두사호 사건의 전말이 책으로 출간되면서 사회적으로 반향을 일으켰고 몇 가지 충격적인 사실도 밝혀졌다. 이 엄청난 재앙은 지난 20여 년 동안 대형 선박을 지휘한 적이 없는 무능력한 선장이 비리에 의해 임명된 데 원인이 있었다. 이 배가 노예무역에 관련됐다는 사실도 밝혀졌다. 뗏목이 표류하는 동안 살인과 폭동이 일어났으며, 배고픔에 인육을 먹는 참혹한 일이 벌어지기도 했다. 무엇보다 비리가 밝혀질까봐 정부가 사건을 은폐 · 축소하려 했다는 것이 알려지면서 시민들의 공분을 샀다.

'끔찍한 시체더미'라는 혹평

제리코Théodore Géricault, 1791~1824는 당시 이탈리아에 있었는데 귀국하자마자 메두사호 사건을 접하게 된다. 여느 프랑스 시민들처럼 그 역시 충격이 컸고 분노했다. 그는 이 사건이 후대에도 잊혀지지 않도록 하기 위해 그림으로 남겨둬야겠다고 생각했다. 화가로서 그가 할 수 있는 최선의 일이었다.

그림은 무조건 사실적이어야 했다. 또 많은 사람들에게 각인시키기 위해 최대한 크게 제작해야 했다. 제리코는 이 사건을 역사적 대작으로 만들 계획을 세우고 철저한 준비에 들어갔다. 자료를 수집하고 생존자를 면담했다. 그림에 사실감을 더하기 위해 뗏목의 모형까지 제작했고, 그 위에 밀랍 인형으로 상황도 재현해 보았다. 심지어 그는 병원 가까이 화실을 마련해 죽어가는 사람들을 관찰했다. 더 압권인 것은 잘려진 팔 다리와 단두대에서 잘린 시신의 머리까지 구해와 그것이 부패하는 모습들까지 꼼꼼히 지켜봤다. 절단된

제리코, 〈참수당한 머리들〉, 1818년, 캔버스에 유채, 50×61cm, 스톡홀름 국립미술관, 스웨덴(왼쪽)
제리코, 〈절단된 사지〉, 1818년, 캔버스에 유채, 52×64cm, 파브르 미술관, 프랑스 몽펠리에(오른쪽)

시신을 그린 여러 작품들이 상상을 초월할 만큼 험난했던 준비 과정을 방증한다.

제리코는 13개월 만에 가로 7미터가 넘는 대작을 완성했다. 1819년 살롱전에 〈난파 장면〉이라는 제목으로 출품했고, 사람들은 어떤 사건을 그린 것인지 곧 알아챘다. 그해 살롱전의 주인공은 단연 제리코였다. 전통적인 고전주의 그림에 익숙한 관람객과 비평가 들은 끔찍한 시체더미를 그렸다며 악평을 쏟아냈다.

추한 것은 미술이 될 수 없는가?

추한 것은 미술이 될 수 없는가? 끔찍한 현실은 예술과 조화할 수 없는가?

제리코는 이성보다 감정, 행복보다 불행, 아름다움보다 참혹한 현실을 그린 것이다. 논란을 지핀 제리코의 작품은 그대로 낭만주의의 깃발이 되었다. 그 시절 이미 루소Jean Jacques Rousseau, 1712~1778나 샤또브리앙Francois Rène de Chateaubriand, 1768~1848 등의 문학가들에 의해 낭만주의 분위기가 무르익고 있었고 제리코의 그림이 불을 지핀 것이다. 그리고 〈메두사호의 뗏목〉을 오마주한 것이 틀림없어 보이는 들라크루아Eugène Delacroix, 1798~1863의 〈민중을 이끄는 자유의 여신〉은 낭만주의 최고 걸작으로 인정받게 된다.

제리코는 살롱전에서 우승했지만 정부는 공직사회의 비리와 무능을 만천하에 공개하는 이 그림을 거부했다. 정부의 태도는 또 다시 논란을 일으켰고, 그럴수록 이 그림은 더 화제를 모았다.

제리코는 정부의 냉소와 비평가들의 혹평에 시달리다 지쳐 그림을 가지고 영국으로 건너갔다. 1820년 6월부터 12월 말까지 런던에서, 그 다음 해 2월부터 3월까지 더블린에서 전시가 이어지면서 그림은 더욱 유명해졌다. 세월이 흘러 제리코가 사망한 뒤 이 그림은 결국 루브르 박물관이 사들였다.

루브르의 드농관에 들어가면 〈메두사의 뗏목〉을 만날 수 있다. 드농관에는 이 그림말고도 학살과 분노를 그린 대작들이 걸려있다. 들라크루아의 〈키오스섬에서의 학살〉과 〈사르다나팔왕의 죽음〉만 하더라도 화폭이 4~5미터나 되는데, 그림에는 온통 살육과 죽음이 난무하다. 그러다 7미터에 이르는 대작 〈메두사호의 뗏목〉 앞에 서면 눈을 어디다 두어야 할지 모를 정도로 압도당하고 만다.

그런데, 그림이 좀 이상하다. 화면 전체가 어둡게 채색된 건 알겠는데…… 음, 그림이 좀 아파보인다고 해야 할까? 화학자인 필자의 눈에는 분명히 그렇게 보인다. 도대체 이 대작에 어떤 일이 있었던 걸까?

아쉬웠던 물감 사용

제리코는 처음부터 이 그림을 어둡게 채색했다. 그는 그림을 그리는 과정에서 바다를 연구하기 위해 르아브르 해변을 자주 나갔다. 생각보다 바닷물이 어두워보였다. 뗏목 역시 오랜 시간 바닷물에 떠 있었기 때문에 검게 삭았다. 그림을 어둡게 그릴 수밖에 없었을 것이다.

그런데 세월이 흐르면서 그림은 더욱 검게 변했다. 심지어 화면의 어떤 부분은 거의 보이지 않을 정도로 흑변 현상이 심하다. 화면 가운데는 심각하게 균열됐고, 스케일링(scaling, 부풀어 오름)까지도 나타나 있다.

제리코는 〈메두사호의 뗏목〉에서 어둠을 나타내는 물감으로 갈색(brown)을 내는 '역청(瀝靑)'이라는 안료를 사용했는데, 이것이 시간이 지날수록 그림에 균열을 일으켰고 회갈색(grayish brown)으로 변색시킨 것이다. 역청은 독일어로 비튜멘(bitumen)이라고도 하는데, 천연 아스팔트나 그 밖의 탄화수소를 모체(母體)로 하는 물질을 가열 · 가공했을 때 생기는 흑갈색 또는 갈색의 타르다. 역청 안료는 18~19세기에 영국 화가들이 즐겨 사용했는데, 채색 이후 시간이 경과하면 큰 수축이 생겨 균열을 가져오고 회갈색으로 변색하는 결함 때문에 지금은 거의 쓰지 않는다.

고대 메소포타미아 지역에서는 역청 물질을 쉽게 구할 수 있었다(이곳은 현재 산유국들이 모여 있는 중동 지역이다). 고대 메소포타미아에서는 방수처리를 위해 건물이나 선박에 역청을 발라 사용했다. 이집트에서는 미라를 제작하는데 있어서 시신의 부패를 방지하기 위해 역청을 활용하기도 했다. 이처럼 역청은 건축 등에서는 보존성이 뛰어났지만, 회화의 안료로서는 그렇지 못했다.

제리코가 〈메두사호의 뗏목〉에서 역청과 함께 사용했던 아이보리 블랙(ivory black)이라는 검은색 물감도 문제가 있었다. 아이보리 블랙은 코끼리의 상아를 태운 재를 액체에 개어 만드는 천연 동물성 안료다. 갈색기가 돌아 어두운 효과를 내는데 좋지만, 동물성이라 습기가 잘 제어되지 않아 곰팡이가 생겨 그림을 부패시킬 수 있다.

더욱이 제리코는 물감을 비교적 두껍게 칠하는 글레이징 임패스토(glazing impasto) 기법으로 이 그림을 그렸기 때문에 변색과 균열은 더욱 심했을 것이다. 입체적 효과를 위해서 물감에 아마인유를 많이 섞어 두께감을 내면 〈메두사호의 뗏목〉처럼 균열과 변색의 위험이 커진다.

결국 제리코는 이 어마어마한 대작을 완성하기 위해 오랜 시간 공을 들여 실험과 답사와 습작을 반복했지만, 물감에 대해서만큼은 치밀하게 준비하지 못한 듯하다.

시선을 압도할 수밖에 없는 대작이자 걸작

물감의 사용은 분명 아쉬운 대목이지만, 이 그림은 제리코가 의도했던 대로 오래 남아 후대에 큰 울림을 주었다. 루브르에서 이 대작에 맞닥트리면 대부분 깜짝 놀란다. 그리고 이 그림에 담긴 이야기에 귀 기울이게 된다. 결국 제리코가 그림을 통해 전달하려는 메시지가 시대와 문화를 넘어 전 세계에 전

파된 것이다.

크기가 실제 인간의 두 배가 넘는 육체들이 뒤엉켜 있는 그림 앞에 서면 누구나 압도당하고 만다. 필자 역시 이 그림 앞에서 한동안 입을 다물지 못했던 기억이 떠오른다.

창백하기 그지없는 육체더미의 살갗 곳곳에 명암이 드리워지면서 사실감이 더해진다. 제리코는 이 작품에서 색깔을 극도로 제한해 사용했다. 비록 변색되긴 했지만 화면 전체를 덮고 있는 어두운 색조는 관람자들을 절망과 참혹의 현장으로 옮겨놓는다. 그림 하단 시체들이 거품이 이는 파도에 휩싸여 바닷물 속으로 빠져 들어가는 안타까운 모습에 입술을 깨문다. 이 감정을 끌어올려 그림 상단을 바라보면, 구조를 위해 옷을 흔드는 흑인 소년이 검붉은 하늘 아래에 서 있다. 영화로 치면 클라이맥스에 해당하는 장면이다.

〈메두사호의 뗏목〉이 관람자의 시선을 압도하는 또 다른 이유는 구도에 있다. 가로와 세로가 각각 7미터와 5미터에 이르는 대작이라 화면의 구도를 루브르에서 직접 관찰하려면 그림에서 멀찍이 뒷걸음질 쳐야만 한다.

이 그림의 구도는 쌍삼각형이다. 돛대와 뗏목으로 만들어진 삼각형과 옷을 흔드는 흑인 소년을 정점으로 하는 삼각형이 겹쳐 있다. 그리고 이 두 개의 삼각형을 화면 아래쪽의 성난 파도가 들어 올리고 있다(202쪽).

관람자의 시선은 화면 오른쪽에 머리가 잘린 시체에서 시작하여 돛으로 올라가고, 다시 화면 왼쪽 아래 음부를 드러내고 있는 시체에서 시작하여 옷을 흔드는 흑인 소년에서 정점을 이룬다. 소년 주위를 둘러싼 폭풍우 치는 검푸른 하늘에서 희미한 빛을 따라 오른쪽 수평선을 보면 아주 작은 배가 멀어져가는 것이 보인다.

쌍삼각형 구도와 파도

운동 방향의 교차

생존자들의 육신과 시체들을 비추는 빛의 방향은 왼쪽에서 오는 것 같다. 그런데 바람은 오른쪽에서 불어온다. 관람자의 시선은 화면 왼쪽에서 오른쪽 위로 향한다. 그렇게 서로 다른 방향의 시선들이 부딪히며 새로운 긴장감을 만들어낸다.

제리코는 이 대작을 완성하기 전에 습작을 여러 장 그렸다. 완성작과 습작들을 비교해보면 그가 관람자들의 감정을 고조시키기 위해 얼마나 힘을 쏟았는지 알 수 있다. 화면 전체를 거의 단색조로 음침하게 바꾸었고, 폭풍우 치는 하늘도 더욱 어둡게 함으로써 그림의 극적 효과를 끌어올렸다. 시체의 숫자도 더 늘려 아비규환의 상황을 강조했다.

제리코는 옷을 흔드는 소년을 화면의 높은 자리에 배치함으로써 관람자의 시선을 끌어오는데, 그 지점에 아주 작은 구조선이 보인다. 습작에서는 구조선이 원래 구하러 오는 모습이었고 상당히 컸다. 그런데 완성작에서는 구조선을 더 작고 더 멀리 그림으로써 희망이 사라져 가는 절망스런 순간을 극대화시킨 것이다.

〈메두사호의 뗏목〉은 엄숙하고 선동적인 작품이지만 화면 곳곳에 흥미로

제리코, 〈메두사호의 뗏목 습작〉, 1818년, 캔버스에 유채, 65×83cm, 루브르 박물관, 프랑스 파리

운 소재들이 숨어있다. 제리코는 뗏목 위에 널브러진 시체 중에 자신의 얼굴을 그려 넣었다. 화면 가장 왼쪽에 하늘을 보고 누워 있다. 제리코가 존경하는 미켈란젤로Michelangelo di Lodovico Buonarroti Simoni, 1475~1564도 등장하는데, 화면 왼쪽에 아들의 시체를 안고 고뇌에 빠진 모습으로 나온다. 난파선에 어울리지 않게 건장한 육체로 묘사했다. 미켈란젤로에 대한 존경심을 나타낸 것이다. 하지만 선대 화가들에 대한 존경의 뜻이라고 하기엔 그림 속 상황이 너무 참혹하다. 미켈란젤로 옆에도 제리코가 존경하던 화가의 얼굴이 보이는데, 바로 역사화가 그로Baron Antoine-Jean Bron Gros, 1771~1835다. 제리코보다 일곱 살 아래인 들라크루아는 선배 화가의 화실에 우연히 들렀다가 화면 가운데 엎드려 있

는 모델을 서 주었다. 옷을 흔드는 흑인 소년은 조제프Joseph라는 모델인데, 제리코는 나중에 조제프에게 옷을 입혀 〈흑인의 초상〉이라는 작품을 완성하기도 했다.

그가 궁금하다

〈메두사호의 뗏목〉은 처음에는 거대한 화폭에 놀라 그림을 바라보게 되고, 그 다음에는 그림 속 참혹한 현장에 얽힌 이야기에 귀 기울이게 된다. 그리고 이런 그림을 그린 화가가 도대체 어떤 사람인지 궁금해진다.

제리코, 〈돌격하는 기병〉, 1812년, 캔버스에 유채, 349×266cm, 루브르 박물관, 프랑스 파리

제리코는 1791년 파리 북서쪽 중소도시 루앙(Rouen)에서 변호사인 아버지와 담배회사를 운영하는 집안 출신의 어머니 사이에서 외아들로 태어났다. 명성과 재력을 갖춘 전형적인 부르주아 집안 덕에 경제적으로 풍족한 유년기를 보냈다. 하지만 제리코는 열 살 되던 해 어머니를 여의면서 어린 나이에 깊은 상실감을 겪어야 했다.

파리 최고 부자 동네에 살며 귀족

들의 자제들과 어울려 임페리알 고등학교(Lycée Imperial)와 에꼴 데 보자르(Ecole des Beaux-Arts)를 다녔고, 전쟁 중에도 아버지의 재력으로 군대에 가지 않았다. 열일곱 살 때 베르네Carle Vernet, 1758~1836에게서 그림을 배웠고 2년 뒤에는 게랭Pierre Guérin, 1774~1833의 화실에 들어가 후배 들라크루아도 만났다.

제리코는 에꼴 데 보자르 재학 중에 루브르 박물관에 다니면서 르네상스와 바로크 시대 대가들의 그림을 모사(模寫)하며 실력을 쌓아나갔다. 당시 루브르에는 대혁명 당시 몰락한 귀족들에게서 몰수한 걸작들로 넘쳐났다.

제리코는 스물한 살 때 〈돌격하는 기병〉란 작품으로 화단에 데뷔했다. 전쟁터를 배경으로 말을 타고 달리다 뒤를 돌아보는 나폴레옹 군대 소속 장교를 그린 것인데, 넘치는 기백과 독창적 색채로 살롱전에서 금메달을 받았다. 하지만 그림을 자세히 보면, 제리코는 용맹스럽게 돌격하는 것이 아니라 등 뒤의 적에게 공포를 느껴 불안해하는 군인의 내면을 그렸다. 제리코의 메시지는 2년 뒤 살롱전에 출품한 〈전쟁에서 부상당한 기병〉에서 좀 더 구체적으로 드러난다. 제리코는 러시아 원정에서 실패한

제리코, 〈전쟁에서 부상당한 기병〉, 1814년, 캔버스에 유채, 358×294cm, 루브르 박물관, 프랑스 파리

나폴레옹 군대의 현주소를 그린 것이다.

예술에 대한 자문자답

제리코는 머리에 파마를 하고 옷도 잘 입고 다니는 멋쟁이였지만, 이모와의 부적절한 관계 사이에서 아이를 갖는 등 평범한 삶을 살진 못했다. 캔버스 앞에서는 열정적이고 섬세한 화가였지만, 남성적이고 역동적이며 위험한 모험도 즐겼다. 특히 승마를 좋아했는데, 거칠게 반항하는 말을 타다가 몇 번이나 말에서 떨어져 크게 다치기도 했다. 실제로 그의 작품 중에는 말 타는 모습을 그린 것들이 많다.

제리코는 서른셋이라는 젊은 나이에 세상을 떠났다. 〈메두사호의 뗏목〉과 같은 화제작을 그려 논란의 중심에서 부조리한 세상과 맞선 열정적인 화가였고, 댄디(dandy)한 남성미를 갖춘 신사였지만, 건강에 있어서만큼은 많이 불운했다. 젊은 나이에 걸맞지 않게 극심한 골반 신경통에 시달리면서도 위험한 승마에 심취했는데, 결국 여러 번 낙마하면서 병세가 악화했다. 척추에 종양이 발견되면서 끝내 회복하지 못했다.

죽기 전 병마에 힘겨워하면서 그의 작품도 점점 더 어두워져 갔다. 〈메두사호의 뗏목〉을 발표한 이후 시체와 병자 들을 특히 많이 그렸다. 그 가운데서도 〈도박편집증 환자〉나 〈절도편집증 환자〉 같은 초상화는 현대 정신의학계에서 연구 자료로 삼을 만큼 뛰어난 걸작으로 평가받는다.

제리코의 작품에는 세상으로부터 버림받거나 격리된 조난자, 정신질환자, 신원조차 알 수 없는 시체 등이 자주 등장한다. 미술을 통해 세상의 어두운

제리코, 〈도박편집증 환자〉, 1821~1823년, 캔버스에 유채, 61×50cm, 겐트 미술관, 벨기에

면을 환기시키고자 했던 젊은 화가의 용기 있는 시선이 아닐 수 없다. 바로 그 지점에서 화가는 다시 한 번 무겁게 자문(自問)한 뒤 진중하게 자답(自答)하는 듯하다.

추한 것도 미술의 대상이 될 수 있는가?
예술이란 추한 것도 끌어안을 수 있어야 한다! _ *Géricault*

공기의 색?

공기의 색이라…… 이 말은 과학적으로 모순이다. 공기는 무색이기 때문이다. 그렇다! 당연한 말이지만 공기에는 색이 없다. 그런데 언제부터인가 우리가 사는 도시의 공기에 색이 생겼다. 한마디로 형용할 수 없는 색이다. 희뿌연 미세먼지가 만든 색! 이젠 연례행사처럼 초봄이 되기도 전에 찾아오는데, 어떤 날은 노란 개나리마저 희미하게 보이게 할 정도로 위력적이다.

차창 밖 강변 너머로 '희뿌연 공기(!)'를 물끄러미 바라보는 것만으로 숨이 막힌다. 착용하고 있는 마스크에서 입김이 새어 안경마저 허옇다. 차라리 잠시라도 눈을 감고 있는 게 낫겠다. 눈을 감고 그림 한 점을 떠올려본다. 초

컨스터블, 〈건초수레〉, 1821년, 캔버스에 유채, 130×185cm, 내셔널 갤러리, 영국 런던

록빛이 넓게 펼쳐진 초원을 그린 풍경화였으면 좋겠다.

날씨에 따라 시시각각 변하는 풍경을 과학적으로 관찰하다

영국의 풍경화가 존 컨스터블John Constable, 1776~1837이 그린 〈건초수레〉는 요즘 필자의 머릿속에 자주 떠오르는 그림이다. 미세먼지 속을 방황하듯 질주하는 버스가 아니라 초원에 한가하게 세워진 폭신한 건초더미를 실은 마차에 누워 구름을 바라보고 싶다.

컨스터블의 풍경화는 여느 풍경화처럼 평범하고 흔해 보이지만 실은 그렇지 않다. 컨스터블의 풍경화는 아주 새로운 것이었다. 컨스터블보다 약 200년 전에 플랑드르 출신의 화가 라위스달Jacob Van Ruisdael, 1629~1682과 고전주의 화가 푸생Nicolas Poussin, 1594~1665도 풍경화를 그렸지만, 그들은 있는 그대로의 풍경을 그리지 않고 자연을 이상화해 상상 속의 풍경화를 그렸다.

반면 컨스터블은 상상 속의 풍경은 실제의 풍경만큼 자연스럽지도 않을 뿐 아니라 아름다울 수도 없다고 생각했다. 그는 틈만 나면 밖으로 나가 자연을 치밀하게 관찰했다.

컨스터블을 두고 '근대 풍경화의 거장'이라고 부르는 데는 그만한 이유가 있다. 과거 역사화나 종교화 그리고 인물화에 비해 풍경화는 거의 대접을 받지 못했다. 풍경화는 고작 신화화나 인물화의 배경 정도로 기능했을 뿐이다. 서양미술사에서 풍경화가 하나의 회화 장르로 대접받게 된 것은 컨스터블 덕분이다.

컨스터블, 〈구름 연작〉, 1822년, 종이에 유채, 37×49cm, 빅토리아 국립 미술관, 오스트레일리아 멜버른

컨스터블은 모네Claude Monet, 1840~1926와 고흐Vincent Van Gogh, 1853~1890가 속한 인상주의의 태동에 밑거름이 됐다. 컨스터블만의 자연 묘사에 관한 독특한 관점은 인상주의 사조와 맞닿아 있다. 컨스터블은 화가가 상상한 대로 자연을 재구성하는 것을 경계했다. 그는 야외로 나가 자연 앞에 서서 받은 인상(impression)을 캔버스에 담아냈다.

컨스터블은 영국을 거의 떠나지 않고 작품 활동을 했다. 같은 시기에 활동했던 터너Joseph Mallord William Turner, 1775~1851가 해외를 돌아다니며 그림을 그렸던 것과 대조를 이룬다. 그는 하루에도 몇 번씩 변덕을 부리는 영국 날씨에 따라 매 순간 변화하는 풍광을 같은 장소에서 관찰했을 때 비로소 자연의 본질에 다가갈 수 있다고 생각했다.

컨스터블은 변화하는 날씨를 포착하는 중요한 소재로 구름과 무지개를 택했다. 사실 무지개는 아무 때나 흔히 볼 수 있는 현상은 아니다. 그것은 컨스터블처럼 오랜 시간 한곳에 머무르면서 풍광의 세세한 변화까지 관찰하는 사람만이 누릴 수 있는 특권이다. 화가로서 구름의 변화를 읽어내는 것 또한 획기적인 일이었다. 구름은 매 순간 변하는 자연의 발자취다. 자연을 향한 시야를 지상에서 하늘 위까지 확장한 것이다.

하지만 컨스터블의 그림은 고국 영국에서 큰 인기를 누리지 못했다. 오히려 프랑스에서 큰 반향을 일으켰다. 프랑스에서 컨스터블의 화풍을 직접적으로 이어받은 화가들은 밀레Jean François Millet, 1814~1875를 비롯한 바르비종의 외광파(256쪽 참조)다. 그들은 퐁텐블로 숲에서 모여 지내며 그곳의 풍경을 그렸다.

컨스터블은 날씨와 시간에 따라 풍경 위에 쏟아지는 빛과 그 때 생기는 그림자들의 변화를 과학적으로 관찰하고 객관적으로 묘사했다. 이러한 그의 작업 태도와 대상을 보는 관점은 놀랄 만큼 인상주의와 닮았다.

컨스터블의 초록색에 반한 들라크루아

자, 이제 필자의 머릿속에 자주 떠오르는 바로 그 〈건초수레〉를 살펴보자. 화폭이 풍경화치고는 제법 큰 그림이다. 컨스터블은 '6피트(약 180cm)의 화가'라고도 불렸는데, 역사화나 종교화에 견주어 밀리지 않고 관객의 눈길을 끌기 위해서는 풍경화도 대작이어야 한다고 생각했다.

붉은색 안장의 보색 효과가 밋밋하기 쉬운 풍경화에 생동감을 불어넣는다. 나뭇잎에 흰색 물감을 사용한 것도 같은 이유다.

하늘 위에 여름 소나기가 지나간 것 같은 구름이 떠 있지만 볕은 따뜻하다. 맑은 개울가에 살짝 바퀴를 담그고 있는 수레가 한가로운 분위기를 자아낸다. 힘들고 바쁜 노동을 상징하는 수레의 본래 이미지와 상반된다. 아이는 개울가의 강아지를 부르고 있고, 남자는 낚싯대를 드리우고 있다. 멀리 화면의 오른쪽 지평선 끝에 건초더미를 거두고 있는 농부들도 보인다. 다시 수레로 시선을 돌리면, 말의 잔등에 놓인 붉은 안장이 고급스러워 보인다.

이 그림은 전체적으로 녹색과 갈색 톤의 자연색이 평화로운 풍경을 연출한다. 화면 가운데 있는 말안장의 붉은색이 인상적인데, 컨스터블은 이처럼 보색 효과를 적절하게 구사했다. 그는 다소 밋밋해 보이는 자연 풍경에 생동감을 살리는 방법으로 요소요소에 흰색을 사용함으로써 나뭇잎들을 살아 움직이는 오브제로 바꿔 놓았다.

〈건초수레〉는 1821년 런던 왕립 아카데미에서 처음 전시되었다. 당시 영국에 와 있던 프랑스 화가 들라크루아Eugène Delacroix, 1798~1863는 이 그림의 초록색에 크게 경도되어 〈키오스섬의 학살〉을 고쳐 채색했다. 하지만, 전원의 평화로운 목가적 풍경을 그린 〈건초수레〉와 참혹한 학살의 현장을 고발한 〈키오스섬의 학살〉은 주제부터가 크게 상반됐다. 그럼에도 불구하고 들라크루아는 컨스터블의 초록색에 대단한 매력을 느낀 것이다.

컨스터블의 눈에 비친 공기의 색

색채주의자였던 들라크루아를 감탄하게 했던 컨스터블의 초록색에는 도대체 어떤 매력이 담겨 있던 걸까? 사실 초록색은 풍경화에서 가장 많이 사용하는 색이다. 그런데 컨스터블의 풍경화에 담긴 초록색이 기존 풍경화의 초록색과 다르게 느껴졌던 이유는 컨스터블만의 독특한 작업 방식 때문이었다.

풍경화가들은 대개 야외에서 본 풍경을 화실로 들어와서 그렸다. 그런데 컨스터블은 야외에서 채색까지 병행하는 '오일(유화) 스케치'로 자연의 느낌을 그대로 살리고자 했고, 이를 바탕으로 화실에서 채색을 마무리했다. 컨스터블의 이러한 작업 방식은 훗날 인상파 화가들에게 큰 호응을 얻어 야외에서 작품을 완성하는 단계로까지 이어진 것이다.

컨스터블은 자연에서 관찰한 초록색 나뭇잎을 보며 이렇게 말했다. "같은 나무에 달린 잎들이지만 색이 모두 다르고 어느 하루도 서로 같은 날이 없이 시시각각 변한다." 나뭇잎을 눈으로 보고 그 형색을 머리에 담아 화실로 들어와 캔버스 앞에 앉으면 같은 초록색 나뭇잎이 떠오른다. 하지만, 실제로

컨스터블, 〈플랫포드 밀〉, 1816년, 캔버스에 유채, 133×158cm, 테이트 브리튼 미술관, 영국 런던

빛에 따라 변하는 나뭇잎은 다양한 초록색을 연출함을 컨스터블은 깨달은 것이다. 당연히 그가 표현하는 초록색이 훨씬 생동감 넘치며 자연과 닮을 수밖에 없는 이치다.

이처럼 실재(實在)하는 풍경을 강조했던 컨스터블은 가까운 대상은 갈색 톤으로, 먼 배경은 푸른색 톤으로 채색하는 기존 방식에서 벗어나 다양한 초록색으로 숲을 재현했다.

인공으로 합성한 안료가 더 자연스럽다?!

초록색은 당시 흔하게 구할 수 있는 안료는 아니었다. 녹색의 대표격인 비리디안(viridian)은 값이 비쌌다. 바르비종파처럼 풍경화를 그렸던 화가들이 많았던 프랑스에서는 1838년경 녹색 안료의 합성에 성공했는데, 기네스 그린(guignet's green)이란 안료다. 기네Guignet란 사람이 발명해 특허를 내면서 그의 이름을 딴 것이다. 이후 인상파 화가들이 출현하면서 좀 더 다양한 안료에 대한 욕구가 커졌고, 자연스럽게 초록색도 종류가 늘어났다.

프탈로시아닌 그린(phtalocyanine green)은 비교적 값이 싸고 변색도 덜해 기네스 그린만큼 화가들이 즐겨 사용하는 안료다. 반면, 동양에서 녹청(綠青)이라 부르는 말라카이트 그린(malachite green)은 초록빛이 나는 광물인 공작석(孔雀石, malachite)을 미세하게 갈아서 만드는 안료다. 입자가 크면 진한 압록색이 되고 입자를 곱게 갈면 백록색이 되는데, 가격이 비싸서 화학합성안료를 주로 사용한다.

한편, 초록은 색의 특성상 나무의 줄기나 열매와 같은 식물성 천연 물질에서 추출한 안료일수록 자연 본연의 색에 가깝지 않을까 생각할 수도 있지만 꼭 그런 것만은 아니다. 샙 그린(sap green)이란 안료는 갈매나무 열매에서 추출하는 식물성 천연 안료이지만, 내광성이 떨어지고 퇴색의 우려가 커서 화가들 사이에서 신뢰가 떨어진다.

어두워진 공기의 색, 그에게 무슨 일이?

컨스터블의 초록색에 대한 애정(!)은 각별했다. 자연 풍경을 그리기 위해서 초록색 물감은 컨스터블에게 없어서는 안 될 절대적인 존재였을 것이다. 실제로 컨스터블이 세상을 떠나며 유품으로 남긴 팔레트에는 다양한 초록색 안료들이 묻어있었다고 한다.

그런데, 컨스터블이 말년에 그린 풍경화들을 보면 먹구름으로 가득한 하늘이 적지 않게 발견된다. 그래서 일까, 그림들도 전체적으로 어두워진 느낌이다. 그에게 어떤 일이 벌어졌던 걸까?

컨스터블은 영국 동남쪽에 있는 서퍽(Suffolk)이라는 곳에서 플랫포드 밀(Flatford Mill)을 비롯한 제분소를 여러 개 소유한 부농의 아들로 태어났다. 아버지는 아들이 가업을 물려받길 원했지만 컨스터블은 미술에 관심이 컸고, 그것도 누구도 알아주지 않는 풍경화의 매력에 푹 빠지고 말았다.

컨스터블은 아버지의 뜻을 거스르고 화가가 됐지만, 오랜 세월 무명 화가로 살아야 했다. 컨스터블은 마흔여덟이라는 중년을 훨씬 넘긴 나이에 〈건초수레〉가 파리살롱에서 금상을 수상하면서 비로소 주목받기 시작했다. 그는 긴 세월 동안 고향을 떠나지 않으며 묵묵히 자연을 그렸다.

컨스터블, 〈폭풍우가 몰아치는 햄스테드 히스에 뜬 쌍무지개〉, 1831년, 종이에 수채, 197×320cm, 영국 박물관, 영국 런던

컨스터블의 삶은 그의 부모를 포함한 주변 사람들에게는 매우 한심하고 답답하게 보였을 것이다. 안정적인 가업을 마다하고 배고픈 예술가의 길로 들어섰으니 말이다. 그것도 인기 없는 장르인 풍경화만을 고집했으니……

그런데 그런 컨스터블을 이해하고 응원했던 사람이 있었으니 바로 아내 마리아 비크넬Maria Bicknell이다. 두 사람은 양가 부모의 반대를 무릅쓰고 결혼을 강행했고, 일곱 명의 자녀를 둘 정도로 사랑이 깊었고 행복했다.

하지만 영원할 것 같은 행복은 컨스터블을 배반했다. 마리아가 일곱째 아이를 출산한 뒤 건강이 급격하게 쇠락해지면서 폐렴으로 세상을 등지고 만 것이다. 마리아를 떠나보낸 뒤 컨스터블은 깊은 실의에 빠졌다.

컨스터블은 마음을 추스르고 다시 그림을 그리기 위해 밖으로 나갔지만, 그의 눈에 비친 자연은 더 이상 찬란한 초록색이 아니었다. 숲은 어두웠고 하늘에는 먹구름이 드리워 있었다. 결국 그의 그림도 어두워지기 시작했다. 컨스터블의 눈에 비친 공기의 색도 점점 변해갔을 것이다.

컨스터블은 아내를 추억하며 햄스테드에서 폭풍우 속 무지개를 그렸는데, 전에 그렸던 것과 사뭇 다르다. 〈폭풍우가 몰아치는 햄스테드 히스에 뜬 쌍무지개〉에는 세상에서 가장 슬픈 무지개가 떠 있다. 심하게 어두워진 그림 속 공기의 색을 보고 있으니 먹먹한 슬픔이 밀려온다. _ *Constable*

혁명을 이끈 힘

증기(蒸氣, vapor)는 액체나 고체가 증발 또는 승화하여 생긴 기체다. 기체는 손에 잡히지 않는 실체 없는 존재이지만 이것이 내뿜는 힘은 가히 혁명적이다. 영국의 산업혁명이 물을 끓일 때 생기는 증기의 힘에서 비롯했음은 움직일 수 없는 사실이다.

물을 끓여 나오는 증기의 힘으로 동력을 얻는 연구는 그리스의 헤론Heron, BC120~BC75 추정에까지 올라가지만 실제 장치는 16세기부터 만들어졌다. 이어 1698년 토머스 세이버리Thomas Savery, 1650~1715가 증기기관의 특허를 취득했고, 1705년 토머스 뉴커먼Thomas Newcomen, 1663~1729이 증기기관을 탄광채굴기로 제

터너, 〈비, 증기, 속도, 대서부철도〉, 1844년, 캔버스에 유채, 91×122cm, 내셔널 갤러리, 영국 런던

작했다. 그러나 뉴커먼의 증기기관은 압축 때마다 실린더를 응축하기 위해 식혀야 했고 이 때문에 효율과 속도가 썩 좋지 못했다. 1765년 이 문제를 해결하여 증기기관의 진정한 발명자로 이름을 올린 사람이 제임스 와트James Watt, 1731~1819다.

와트 이후 증기기관의 진화는 한마디로 급속도를 내기 시작했다. 1804년 리처드 트레비식Richard Trevithick, 1771~1833이 증기기관을 기차에 적용해 광업용 궤도증기차를 만들었지만 철로의 불안정성으로 성공을 거두지는 못했다. 1814년 조지 스티븐슨George Stephenson, 1781~1848이 Blücher호를, 1825년에는 Locomotion호를 제작하여 증기기관차의 발명자로 역사에 기록됐다.

조지 스티븐슨이 처음 개발한 증기기관차는 속도가 시속 10킬로미터 안팎이었다. 그로부터 30년 뒤 화가 터너Joseph Mallord William Turner British, 1775~1851는 〈비, 증기, 속도, 대서부철도〉란 그림을 그렸는데, 그림에서 폭발적으로 빨라진 기차의 속도감을 느낄 수 있다.

정지된 그림에서 운동감을 느낀다는 것

멈춰 있는 그림에서 속도감을 느낀다는 것은 당시로서는 상상하기 힘든 일이었다. 기차가 세상에 처음 등장했을 때 사람들은 놀라움을 금치 못했다. 길고 거대한 수레가 엄청난 굉음과 연기를 뿜으며 움직였기 때문이다.

터너의 그림 제목에 붙은 증기와 속도는 실체가 없는 것이지만, 사람들의 눈에 분명히 존재했다. 수평선 너머의 소실점으로부터 기차가 달려오고 있다. 오른쪽의 다리도 소실점에 이르러서는 거의 보이지 않을 만큼 폭풍우가

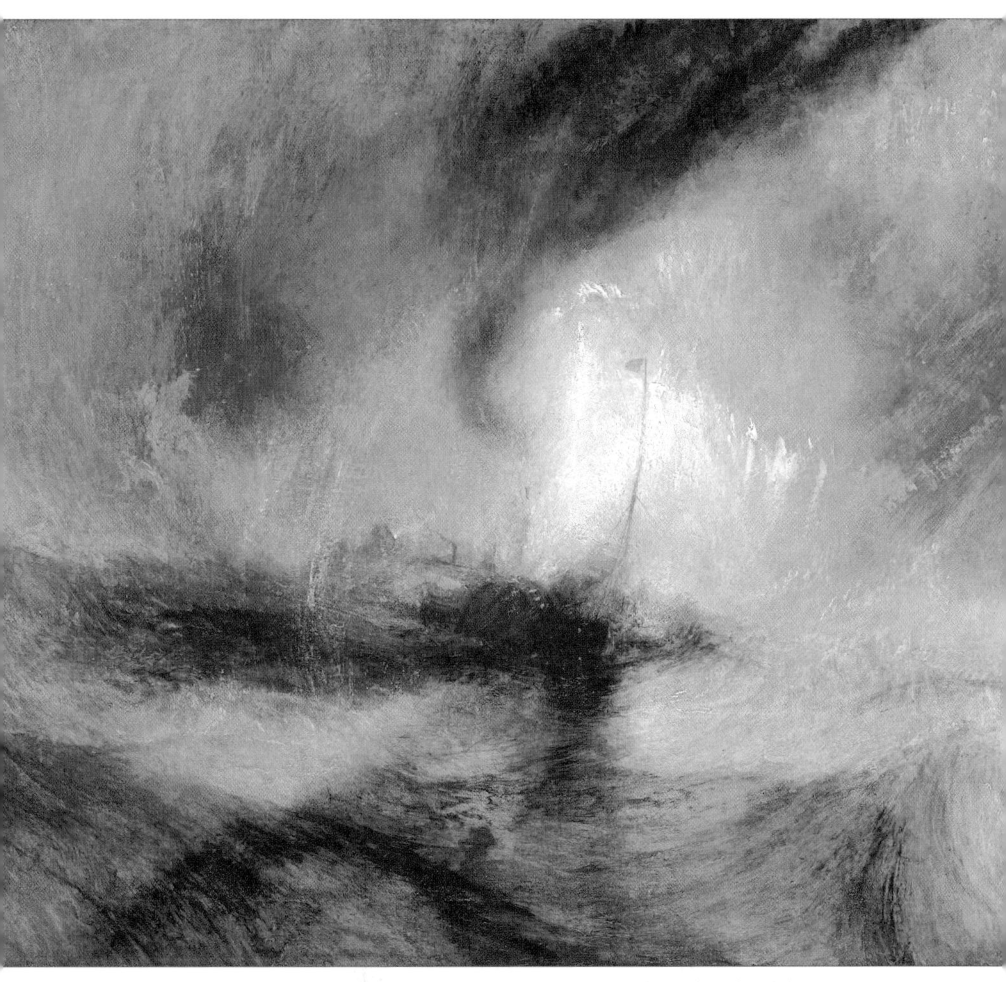

터너, 〈눈보라 : 항구 입구의 증기선〉, 1842년, 캔버스에 유채, 91×122cm, 테이트 브리튼, 영국 런던

몰아친다. 그림은 자연의 광폭함 못지않은 기계의 경외스러움을 웅변하는 듯하다. 오른쪽 강 위에 떠 있는 작은 조각배는 자연과 기계의 힘에 비해 턱없이 작은 인간을 묘사한다. 폭풍우와 기차의 웅대한 교향곡에 운명을 맡긴 인간의 존재는 작은 조각배처럼 위태롭기 그지없다.

어느덧 터너가 사는 런던 한복판에도 증기기차가 달리기 시작했다. 터너는 증기기차가 가져온 세상의 변화를 두 눈으로 목격했고 온몸으로 느꼈다. 그리고 바로 그 순간을 포착해 그림으로 그렸다. 기차의 빠른 속도와 증기, 비와 안개 때문에 그림은 온통 뿌옇고 흐릿하다.

미술평론가 존 러스킨John Ruskin, 1819~1900은 터너가 〈비, 증기, 속도, 대서부철도〉를 그리기 위해 경험했던 일화를 소개했다. 터너는 비바람이 몰아치는 어느 날 기차에 올랐다. 그는 차장이 만류함에도 불구하고 위험하게 차창 밖으로 머리를 내밀었다. 그는 기차의 속도감과 거센 비바람과 증기기관의 굉음까지 자신의 모든 감각을 동원해서 온몸으로 체감한 뒤 느꼈던 감정을 그린 것이다.

이보다 더한 에피소드도 전해진다. 터너는 네덜란드의 어느 해안을 향해 중인 배 위에 있었는데 갑자기 폭풍우를 만났다. 배가 침몰할까 두려워 모든 승객이 떨고 있었는데 터너는 뜻밖에도 선장에게 다가가 돛대에 자신을 묶고 폭풍우 가운데로 배를 몰아 달라고 부탁했다. 폭풍우를 온몸으로 느끼기 위함이었다.

1842년에 발표한 〈눈보라 : 항구 입구의 증기선〉(223쪽)은 예순 살의 터너가 돛대에 묶인 채 네 시간 동안 경험한 사실을 토대로 그렸다고 전해진다. 존 러스킨의 기록에 따르면, "나는 에어릴(Ariel)호가 하위치항(Harwich

터너, 〈폭풍 속의 네덜란드 배〉, 1801년, 캔버스에 유채, 222×162cm, 개인 소장

harbor)을 떠나는 날 밤 눈보라 속에 있었다"고 말했다고 한다. 터너는 이 그림에서 눈보라 치는 바다가 소용돌이치며 돌아가는 동심원 구도를 탄생시켰다.

하지만 〈눈보라 : 항구 입구의 증기선〉과 관련한 에피소드는 사실로 받아들이기가 쉽지 않다. 상식적으로 생각해봐도 터너의 부탁을 들어줄 선장은 없을 것이다. 거세게 몰아치는 비바람 속에서 배의 속도감을 온몸으로 느낀 순간 들었던 감정을 경험해보고 싶었던 터너의 열정에서 비롯된 게 아닐까? 기록은 터너의 작가주의 정신에 대한 존 러스킨의 경의에 찬 서사가 아닐까 싶다. 아무튼 터너는 거센 폭풍우 속을 항해하는 선박을 여러 번 그렸다.

터너는 관람자에게 위태롭고 급박한 장면을 마치 눈앞에서 보는 것처럼 생생하게 느끼도록 묘사함으로써 바로 그 현장에 있는 것 같은 착각을 불러일으키려 했다. 이러한 효과는 관람자가 운동감을 느꼈을 때 달성될 수 있지만, 그림처럼 정지된 화면에서 운동감을 느끼는 것은 쉬운 일이 아니다. 터너는 고정된 그림에서 역동적인 에너지를 담아내기 위해 화가 스스로 현장을 체험하며 고군분투하지 않으면 안 된다고 생각했으리라.

터너는 눈으로 보이는 풍경을 그대로 재현하는 데 머물지 않았던 화가였다. 그는 "내가 눈보라를 그린다면 보는 사람으로 하여금 그것을 이해하도록 그리는 것이 아니라 그때 내가 어떤 감정이었는지를 보여주고 싶은 것이다"라고 말했다.

영국의 근대미술을 대표하는 국민화가

터너는 가난한 이발사의 아들로 태어났지만, 어려서부터 그림에 남다른 재능을 보였다. 아버지는 이발소에서 열세 살의 어린 터너에게 수채화 전시회를 열어줄 정도로 아들의 재능을 지지했다. 당시 터너는 건축 설계 사무소에서 조감도를 그리는 일을 했는데, 이러한 경력은 훗날 터너가 런던 왕립 아카데미에서 원근법 주임 교수로 발탁되는 밑거름이 됐다.

터너는 열네 살부터 런던 왕립 아카데미에서 정식으로 회화 공부를 시작했다. 번득이는 천재성과 열정으로 스물일곱 살에 왕립 아카데미의 정회원이 되었고, 노년에는 왕립 아카데미의 원장에까지 오르는 등 일생동안 성공한 직업화가의 길을 걸었다.

그와 동시대에 활동했던 컨스터블John Constable, 1776~1837이 주로 정적이면서 목가적인 자연의 풍경을 그렸다면(208쪽), 터너는 한 걸음 더 나아가 기차와 증기선 등 문명의 이기를 담은 동적인 풍경을 그렸다. 풍경화에서 역동성을 끌어낸다는 것은 지금 생각해도 대단한 발상의 전환이 아닐 수 없다. 터너가 영국의 근대미술을 대표하는 국민화가로 불리는 이유가 여기에 있다. 런던 테이트 미술관에서는 해마다 젊은 미술가 중 뛰어난 화가를 선정해 영국 최

터너, 〈폭풍이 이는 바다〉, 제작 연도 및 크기 미상, 종이에 수채, 개인 소장

고의 미술상인 터너상(Turner Prize)를 수여하고 있다.

회화의 역사에서 터너의 위상은 수채화에서 대단히 빛난다. 수채화(水彩畵, water color)는 말 그대로 수채물감으로 그린 그림이다. 수채화는 물을 많이 쓰기 때문에 투명하고 깨끗한 매력이 있다. 수채물감은 나무에서 얻은 천연수지를 물에 녹여 만든다.

수채화는 3500년 전 종이의 발명 이후 시작되었다. 파피루스에 수채물감으로 그린 그림을 보면 수채화의 역사는 곧 종이의 역사임을 알 수 있다. 르네상스 시대에 라파엘로Raffaello Sanzio, 1483~1520가 테피스트리 그림을 그리기 위해 사전 작업에 수채화를 이용했다는 기록이 있고, 독일 화가 뒤러Albrecht Dürer, 1471~1528는 수채화를 독립된 회화의 영역으로 개척했다.

수채화가 본격적으로 발전한 것은 18~19세기 영국 화가들에 의해서였는데, 그 중심에 터너가 있었다. 터너는 〈폭풍이 이는 바다〉에서 거칠게 요동치는 거대한 파도로 하늘과 바다의 경계를 수채물감으로 뭉개듯 묘사했다(227쪽). 그는 수채화의 추상적인 매력을 극대화시켜 많은 사람들로부터 큰 호응을 얻었다.

터너가 화가로서 원숙기에 접어든 50대에 그린 〈안위크성(Alnwick castle)〉은 수채화의 걸작으로 꼽힌다. 1096년에 고딕양식으로 지어진 안위크성은 영화 〈해리포터〉의 촬영지로 유명하다.

하지만, 한평생 탄탄대로를 걸을 것 같은 거장의 말년은 고독했다. 터너는 나이가 들어가면서 점점 자기만의 세계에 빠졌다. 그림을 그릴 땐 작업실에 아무도 들어오지 못하게 했고, 그림을 팔려고 하지도 않았다. 어쩌다 마지못해 한 점이라도 팔게 되면 며칠씩 상심해 했다. 그는 일흔다섯 살에 마지막

터너, 〈안위크성〉, 1829년, 종이에 수채, 282×422cm, 사우스 오스트레일리아 국립 미술관, 애들레이드

전시회를 마치고 어디론가 잠적했다 몇 달 뒤 여자친구 집에서 발견되었다. 그는 병이 깊어 시름하고 있었고, 그렇게 발견된 다음날 세상을 떠났다. 〈비, 증기, 속도, 대서부철도〉에서 쓸쓸하게 부유하는 조각배처럼 그는 세상에서 홀연히 사라졌다. _ *Turner*

증기의 힘

주전자로 물을 끓이면 뚜껑이 들썩거린다. 물을 가열하여 온도를 높이면 부피가 팽창하여 운동에너지가 생기는데 이것을 이용하려는 시도는 아주 오래 전부터 있어왔다. 그리스 수학자 헤론이 발명했다는 '아에올리스(Aeolipile)의 공'은 끓인 물이 관을 타고 올라가 공에 도달하면 공의 양쪽으로 붙은 날개로 증기가 분출하며 도는 구조다. 동력으로 쓸 정도의 힘은 아니어서 실용화되지는 못했지만 신전의 자동문에 일부 사용했다는 기록이 전해진다. 신전 앞의 제단에 불을 붙이면 잠시 후 신전 문이 자동으로 열렸으니 사람들에게는 신의 능력으로밖에 보이지 않았을 것이다.

아에올리스(Aeolipile)의 공 일러스트
『Knight's American Mechanical Dictionary』(1876)

일반적으로 수증기의 힘을 운동에너지로 바꾸는 방법은 두 가지가 있는데 하나는 피스톤 왕복이고 또 하나는 가스 터빈 회전이다. 열효율이 좋지 않아 지금은 피스톤 왕복은 사용하지 않는다. 가스 터빈 회전은 지금도 사용되는데, 전 세계 전력 생산의 약 80% 정도가 이 방법에 의한 것이다. 최초의 증기기관은 원리상 가스 터빈 회전 방식인 셈이다.

피스톤 왕복이든 가스 터빈 회전이든 모두 샤를의 법칙에 의하여 팽창하는 힘을 이용한다. 압력이 일정할 때 기체는 온도가 1도 올라갈 때마다 부피가 1/273배 만큼씩 증가한다는 것이 샤를의 법칙이다.

수많은 사람들이 오랜 세월에 걸쳐 증기기관의 개량과 상용화를 위해 연구하고 도전했지만 그것은 기술만의 문제가 아니었다. 당시는 증기기관이 내는 힘도 그리 크지 않았고, 그런 정도의 힘은 노예를 쓰면 훨씬 더 값싸고 쉽게 얻을 수 있었으니 상용화가 될 리 없었다. 그러다 1663년 에드워드 서머셋 우스터 후작Edward Somerset Worcester, 1602~1667은 광산에서 동력으로 쓸 상당한 크기의 증기기관을 만들었다. 온도를 올려서 증기를 발생시킨 후 냉각시키면 부피가 줄어듦으로 피스톤을 움직일 수 있다. 진공을 사용하여 물을 끌어들여 냉각을 수월하게 한 것이다.

토머스 뉴커먼이 개발한 증기기관의 일러스트(1717)

그 이후로도 수많은 사람들이 증기기관의 개량에 도전했고, 수많은 모델들이 만들어졌다. 1705년 토머스 뉴커먼은 대기압과 진동을 응용하여 피스톤의 왕복운동 거리를 획기적으

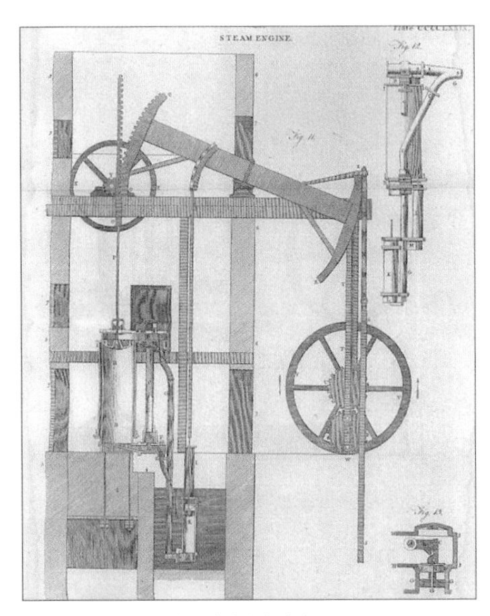

제임스 와트가 개발한 증기기관의 설계도.
_『Encyclopædia Britannica Third Edition』(1797)

로 증가시켜 실제 탄광에서 사용하는 증기기관을 만드는데 성공했다.

뉴커먼의 증기기관은 충분한 왕복운동 거리를 실현하여 대규모 작업을 가능하게 해 주었지만, 피스톤이 왕복할 때마다 실린더를 식혀야 하는 문제가 있어 속도는 만족스럽지 못했다. 제임스 와트는 1765년 응축기를 분리하여 실린더를 식히지 않고 빠른 속도로 왕복운동을 계속하도록 만들었다.

1803년 리처드 트레비식이 증기기관의 압력을 높이고 크기를 줄여 증기기관차를 만들었으나 기차 레일을 주철로 만들었기 때문에 레일이 쉽게 깨져 상용화에 실패했다. 그러자 조지 스티븐슨이 레일을 연철로 개량하여 스톡턴과 달링턴 사이에 철도를 깔고 드디어 첫 증기기관차의 상용화에 성공한 것이다. 1830년 리버풀과 맨체스터 간 철도에 디자인도 세련된 '로켓'이라는 이름의 여객운송용 기관차로 큰 인기를 끌었다.

드디어 선박용 증기기관도 개발되었는데, 1880년 존 엘더John Elder, 1824~1869가 선박용으로 쓸 수 있는 컴파운드(복합) 엔진을 발명했다. 이어 1894년 찰

영국 런던 과학 박물관에 전시된 스티븐슨의 '로켓' 증기기관의 모형

스 파슨스 경Sir. Charles Algernon Parsons, 1854~1931은 증기 터빈 방식의 선박 엔진을 개발하여 터비니아호를 운행하면서 본격적인 증기선의 시대를 열었다.

그렇다면 증기의 힘은 어느 정도일까? 우리가 학교에서 배운 이상기체방정식만으로도 대략 알 수 있다. 물 1몰(mole)은 18g이다. 물은 비중이 1이므로 물의 부피는 18mL이다. 1몰의 물이 증기가 되면 부피는 22.4L가 된다. 즉 1244배가 되는 것이다. 이 힘으로 피스톤을 들어 올리고 터빈을 돌려 기차나 배를 움직이는 것이다.

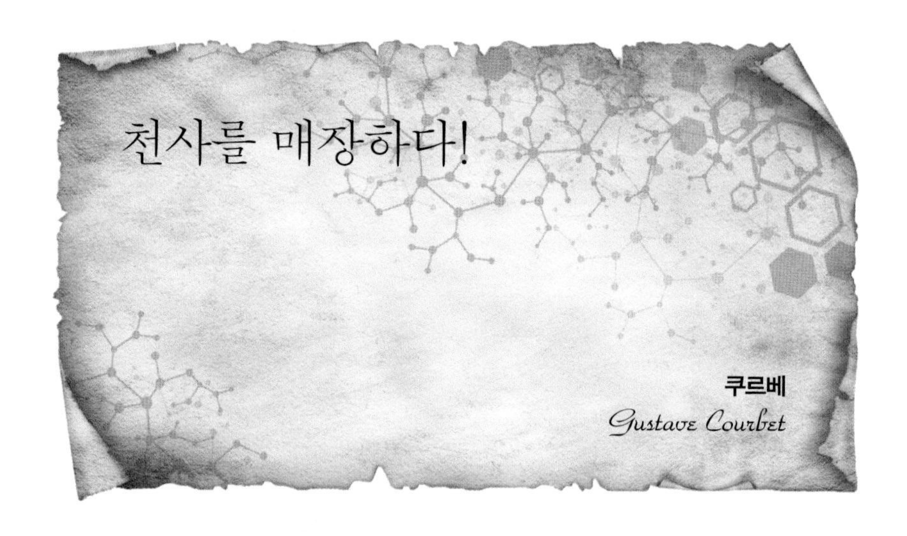

출품을 거부당한 그림

쿠르베Gustave Courbet, 1819~1877는 폭이 6미터에 이르는 거대한 캔버스에 자기의 아틀리에(atelier, 작업실)를 그렸다. 역사화가 다비드Jacques Louis David, 1748~1825가 그린 〈나폴레옹 대관식〉(610×931㎝)보다는 작지만 아무튼 대작이다. 신화도 종교도 역사를 그린 것도 아닌데, 일개 무명 화가의 작업실을 이렇게 크게 그리다니…… 미술계에서는 그런 쿠르베를 주제파악 못하는 얼치기라고 수근거렸다. 그림에는 누드모델에서부터 시인, 정치가, 장교, 귀부인, 시골소년에 이르기까지 알 수 없는 인물들로 빼곡하다. 얼핏 봐서는 도대체 그림이 무엇을 이야기하는지 종잡을 수가 없다.

쿠르베, 〈화가의 아틀리에〉, 1855년, 캔버스에 유채, 359×598cm, 오르세 미술관, 프랑스 파리

쿠르베는 이 그림을 1855년 파리 만국박람회에 출품하려 했으나 거절당했다. 당연한 결과였다. 정부가 주도하는 국제적인 행사에서 이처럼 모호한 그림을 전시할 공간은 처음부터 없었다.

쿠르베는 이 거대한 그림을 분리해서 자기의 작업실로 조용히 가져갔을까? 물론 아니다. 그는 자비를 들여 만국박람회장 옆에 전시장을 짓고 '사실주의관'이라는 간판을 걸고 이 그림을 전시했다. 여기서 쿠르베는 자신의 작품에 리얼리즘이라는 말을 처음 사용했는데, 이를 두고 서양미술사는 쿠르베가 '사실주의(寫實主義: realism, 리얼리즘)'의 시작을 알린 사건으로 기록한다.

이게 실화냐?

흥미로운 사실은 리얼리즘의 시작을 알린 〈화가의 아틀리에〉는 요즘 말로 '실화'를 그린 게 아니다. 화가의 주장대로 리얼리즘을 표방했다면 현실의 장면을 그려야 하는데, 그림에는 온통 은유적인 알레고리(allegory) 투성이다. 쿠르베가 이 그림에 붙인 부제도 '나의 7년간의 예술적 · 도덕적 생애의 사실적 알레고리'란다. 사실적 알레고리(real allegory)라? 어렵다! 쿠르베가 붙인 부제를 이해하기 위해서는 이 거대한 그림을 조목조목 분석해봐야 한다.

화면 중앙에 화가 자신인 쿠르베가 있고 좌우로 전혀 다른 두 집단이 포진해 있다. 쿠르베는 고향 오르낭의 풍경을 그리는 중이다. 그런데 뜬금없이 쿠르베 옆에 관람자인 것 같은 누드모델이 서 있다. 또 순박한 시골소년과 고양이도 보인다. 한 폭의 그림에 자화상과 풍경화, 누드화가 모두 들어있다. 화면 오른쪽에는 귀부인, 부르주아, 정치가, 지식인 등이 있다. 반대로 왼쪽에는 가난한 자와 핍박받는 자를 포함한 이름 모를 평범한 시민들이 있다. 화가를 경계로 나뉜 두 부류 사이에는 당시 프랑스 사회에 '실재(實在)'하는 계급이 존재한다. 계급이란 눈에 보이지는 않지만 그 존재를 부정할 수 없는 신분적 불평등이다. 쿠르베는 '눈에 보이지 않는 현실'을 그린 것이다. 그림의 구도가 매우 논쟁적이다. 기득권층에게 매우 불순해 보이는 이 그림을 만국박람회장에 전시한다? 성사될 리 만무(萬無)했다.

내 앞에 천사를 데려오면 천사를 그려주겠다!

19세기 프랑스 미술계에서 쿠르베가 주창한 리얼리즘은, 현실사회를 섬세하게 관찰하여 예술로 구현하는 것을 지향했다. 리얼리즘은 신고전주의에서 다루는 고전 속 영웅담이나 신화적 소재를 배격하고 평범한 시민과 농민의 삶 및 자연 그대로의 사물들을 다뤘다.

쿠르베는 〈화가의 아틀리에〉를 그리기 전에 〈오르낭의 매장〉(238쪽)이란 대작을 완성했는데, 이 역시 리얼리즘의 걸작으로 꼽힌다. 〈화가의 아틀리에〉가 리얼리즘의 시작을 연 작품으로 알려져 있지만, 쿠르베는 〈오르낭의 매장〉으로 이미 리얼리즘을 선언한 것이다.

〈오르낭의 매장〉 역시 6미터가 넘는데, 이 초대형 그림의 주제가 이름 없는 일반인의 장례라는 것이 무엇보다 세상을 놀라게 했다. 특별한 종교적 이야기나 교훈적 메시지도 없다. 그림에 등장하는 인물들은 대부분 쿠르베의 고향에 살던 평범한 사람들이다. 신화에 나오는 여신도 고전이나 역사에 등장하는 왕 혹은 영웅도 찾아 볼 수 없다. 마치 주연배우가 없는 다큐멘터리 영화 같다.

그림 속 등장인물들을 자세히 살펴보면, 그들의 행동이나 시선도 모두 제각각이다. 장례행렬인 것 같은데 움직임의 방향성이 느껴지지 않는다. 원근

쿠르베, 〈오르낭의 매장〉, 1849~1850년, 캔버스에 유채, 315×668cm, 오르세 미술관, 프랑스 파리

법이나 공간의 입체감도 나타나지 않는다. 심지어 장례식의 엄숙함이나 슬픈 감정도 느낄 수 없다. 한마디로 회화가 지녀야 할 교과서적 요소들이 모두 배재됐다. 그는 이 그림 〈오르낭의 매장〉에서 기존 회화의 원칙들을 모두 '매장'하려 했던 것일까?

서양미술사에서 3대 성화로 유명한 엘 그레코El Greco, 1541~1614의 〈오르가즈 백작의 장례식〉(17쪽)에서처럼 천사나 영적 존재의 상징도 이 그림에서는 찾아볼 수 없다. 누군가 쿠르베에게 장례식을 다룬 그림에 왜 천사를 그리지 않았냐고 물었다. 고인의 넋을 기리기 위해 천사를 그려 넣을 법도 한데 말이다. 이에 대한 쿠르베의 답변 또한 걸작(!)이다. "천사를 데려오라, 그러면 천사를 그리겠다!" 쿠르베는 〈화가의 아틀리에〉에서는 '보이지 않는 불편한 현실'을 그렸고, 〈오르낭의 매장〉에서는 '현실세계에 존재하지 않는 천사라는 위선'

을 그리지 않았다. 이것이 바로 그가 말하는 리얼리즘이다.

화가의 진솔한 자서전 같은 그림들

쿠르베는 프랑스 동부 스위스 접경 프랑슈콩테 지방에 있는 오르낭(Ornans)이라는 마을에서 태어났다. 아버지의 뜻대로 파리에서 법률공부를 하기도 했지만 어릴 적부터 꿈꿔온 화가의 꿈을 저버릴 수 없었다. 그는 스물다섯 살에 파리 살롱전에 입선하면서 직업화가로서의 삶을 시작했다.

쿠르베, 〈절망에 빠진 남자〉, 1844~1845년, 캔버스에 유채, 45×55cm, 개인 소장

쿠르베는 에콜 데 보자르에서 행하는 전통적 미술교육을 견디지 못하고 뛰쳐나왔는데, 그가 향한 곳은 루브르 박물관이었다. 그곳에서 네덜란드와 스페인 대가들의 그림을 모사하며 자신의 화풍을 쌓아갔다.

쿠르베는 특히 렘브란트Rembrandt Harmenszoon Van Rijn, 1606~1669에게서 많은 영향을 받아 여러 점의 자화상을 남겼다. 쿠르베는 증명사진 속 인물이 아니라 어떤 상황에 처한 드라마틱한 자신의 모습을 그렸다. 그 모습이 흡사 무대 위 배우 같다.

이를테면 〈절망에 빠진 남자〉에서는 놀람과 분노에 찬 표정을 그렸고, 〈부상당한 남자〉(246쪽)에서는 결투에서 상처를 입은 사내의 모습을 그렸다. 〈만남〉에서는 몽펠리에산을 등정하던 화가가 우연히 그의 측근을 만나는 장면을 그렸다.

쿠르베는 지극히 개인적인 자신의 생각과 일상의 경험을 자화상으로 표현했다. 그는, 리얼리즘이란 종교적이고 신화적이며 역사적인 틀을 깨고 개인의 존재를 있는 그대로 보여주는 것으로, 그림의 주인공은 화가 자신을 포함한 평범한 사람이어야 한다고 생각했다. 화가의 솔직한 내면과 모습을 진솔하게 그려내는 자화상이야말로 리얼리즘에 잘 어울리는 주제라고 여겼던 것이다.

인간의 내밀한 속성을 사실적으로 드러내다

쿠르베는 프랑스 미술계에서 이단아로 취급받았는데, 발표한 작품마다 파격적이었기 때문이다. 〈잠〉과 〈세상의 기원〉은 그 중에서도 특히 충격적인

쿠르베, 〈잠〉, 1866년, 캔버스에 유채, 135×200cm, 프티 팔레, 프랑스 파리

작품으로 꼽힌다. 〈잠〉에서는 동성애를 그렸고, 〈세상의 기원〉에서는 여성의 성기를 적나라하게 묘사했다.

이 두 작품에는 미국 출신 화가 휘슬러James Abbott McNeill Whistler, 1834~1903의 애인이자 모델인 조안나 히퍼넌Joanna Hiffernan이 등장한다. 휘슬러는 오랜 친구인 쿠르베에게 자랑삼아 조안나를 소개했다. 쿠르베는 휘슬러가 잠시 여행을 간 사이 조안나를 자신의 화실로 불러들여 그녀의 벗은 몸을 그렸는데, 그것이 바로 〈잠〉이다. 쿠르베는 〈잠〉에서 두 여인의 동성애를 그렸다. 그런데 두 여인의 몸매와 얼굴이 거의 동일하고 머리색만 다르다. 두 여인 모두 조안나를 모델로 그린 것이다. 물론 이 일로 휘슬러와 조안나는 헤어지고 말았다.

쿠르베의 또 다른 문제작 〈세상의 기원〉은 여성의 성기를 체모와 함께 클로즈업하여 그렸는데, 회화 작품과 포르노그래피(pornography)의 경계에 있는 느낌을 준다. 쿠르베는 누드화도 매우 잘 그렸고 많이 그렸다. 그는 여체를 이상화시키지 않고 지극히 사실적으로 묘사했다. 이를테면 누드(nude)가 아닌 나체(naked)를 그린 것이다.

누드와 포르노그래피를 법적으로 나누는 기준은, 체모나 성기를 직접 드러내면 포르노그래피로 본다. 또 관람자의 음심(淫心)을 발동하려는 작가의 의도가 적극적으로 드러나면 역시 포르노그래피로 보는 데, 이러한 판단은 그림을 보는 사람에 따라 주관적일 수 있다.

19세기 보수적인 프랑스 사회에서 동성애와 관음증은 금기시 되는 주제였다. 하지만 두 가지 모두 인간의 내밀한 속성임은 부정할 수 없는 진실이다. 쿠르베는 바로 그 지점을 포착해 그린 것인데, 이 역시 리얼리즘으로 설명된다.

쿠르베만이 아는 진실

2013년경 〈세상의 기원〉은 다시 한 번 프랑스 미술계를 떠들썩하게 했다. 한 아마추어 수집가가 고물상에서 한화 200만 원에 구입한 여인의 초상화가 〈세상의 기원〉의 얼굴 부분으로 밝혀진 것이다. 프랑스에서 발간되는 「파리 매치(Paris Match)」라는 매거진은, "지난 2010년 한 아마추어 골동품 수집자

쿠르베가 그린 〈세상의 기원〉(1866년)의 얼굴 부분으로 추정되는 그림

가 고물상에서 구입한 그림을 과학적으로 조사한 결과 쿠르베의 〈세상의 기원〉의 얼굴 부분으로 확인됐다"고 보도했다. 매거진 측은 이 그림의 진위 여부 확인을 위해 화학적 테스트 등 모든 검증을 마쳤다고 주장했다.

쿠르베 전문가 장 자크 페르니는, "과학적인 검증은 물론 두 작품의 캔버스와 붓놀림, 스케치 등 모든 것을 비교했고, 역사상 가장 도발적인 그림이 마침내 얼굴을 찾았다. 이 그림의 모델은 휘슬러의 연인 조안나인데, 모델의 프라이버시 보호를 위해 얼굴 부분을 잘라내 두 작품이 된 것 같다"고 분석했다.

이에 대한 반론도 제기됐다. 프랑스 언론 「르 피가로(Le Figaro)」는 "당시 쿠르베가 작품을 두 개로 나눴다는 증거는 어디에도 없다"고 논평했고, 〈세상의 기원〉을 전시 중인 오르세 미술관 측은 따로 입장을 발표하지 않았다.

전문가들은 사실로 밝혀질 경우 이 얼굴 부분 그림 가격이 4000만 유로를 호가할 것으로 전망했다. 이 그림의 수집가는 오르세 미술관에 임대해 두 작품이 나란히 전시되기를 희망한다고 말했다.

과학적 검증이 끝났다고는 하지만, 사실(事實)일까? 질문에 대한 답은 쿠르베만이 할 수 있을 것이다. _ Courbet

부상당한 남자 품에 묘령의 여인이?
- 엑스레이로 밝힌 명화 속 수수께끼 -

아무리 몸이 건강해 병원하고 친하지 않은 사람이라도 평생 엑스레이(x-ray) 몇 차례는 찍게 마련이다. 한국인이라면 누구나 받아야 하는 국민건강검진에도 엑스레이로 흉부를 관찰하는 항목은 필수다.

엑스레이란 빠른 전자를 물체에 충돌시킬 때 방출하는 투과력이 강한 복사선(전자기파)을 말한다. 1895년 독일의 물리학자 뢴트겐Wilhelm Roentgen, 1845~1923이 처음 발견하여 뢴트겐선이라고도 부른다. 뢴트겐은 진공방전을 연구하다가 우연히 정체 모를 복사선을 발견했다.

이 복사선은 물질에 반응할 때 기이한 투과력을 발휘하는데, 굴절률이 1에 가까워 렌즈로도 굴절시키기 힘들다. 한마디로 정체가 모호하다 해서 붙여진 이름이 'X선'이다.

엑스레이는 의료 분야를 넘어 다양한 산업에까지 폭넓게 활용되었는데, 뜻밖에도 미술계까지 침투(!)해 들어왔다. 그림의 위작을 가려내는 중요한 기술로 활용되기도 하고, 오래되어 훼손이 심한 명화를 복원하는 데도 유용하게 쓰인다. 또한 회화의 색채, 붓질, 안료 등을 분석해 미술사의 잘못된 오류를 과학적으로 규명하는 데도 엑스레이는 퍽 요긴하다.

2018년 5월 서울 송파구에 있는 '한미 사진 미술관'이라는 곳에서 매우 흥미로운 전시회가 열렸다. 이름하여 '자비에 루케지 : THE UNSEEN展'!

쿠르베, 〈부상당한 남자〉, 1819년, 캔버스에 유채, 81.5×97.5cm, 오르세 미술관, 프랑스 파리

엑스레이로 명화를 재해석한 작품 60여 점을 소개하는 이색적인 이벤트였다. 프랑스 사진작가 자비에 루케지Xavier Lucchesi는 미술사의 거장들의 작품을 대상으로 엑스레이로 촬영하여 작품 이면에 숨겨진 이야기들을 찾아냈다. 엑스레이는 작품 속에서 상당히 많은 입체적 레이어(layer)들을 발견했다. 그 가운데 매우 인상 깊게 다가온 작품이 바로 쿠르베의 자화상 〈부상당한 남자〉다.

루케지, 〈쿠르베의 '부상당한 남자'-엑스레이 촬영〉(출처 : www.x-lucchesi.com)

이 그림은 쿠르베가 한때 사랑했던 여인이 자신의 가슴에 안긴 장면을 그린 것으로 알려져 있다. 그런데 쿠르베는 여인과 헤어진 뒤 그림에서 자신의 가슴에 안긴 여인의 모습을 지워냈다. 그리고 결투에서 상처를 입고 피를 흘리는 모습으로 고쳐 그린 것이다. 〈부상당한 남자〉의 원작과 엑스레이로 촬영된 작품을 비교해 보면 당시 화가가 품었던 실연의 아픔이 전해지는 듯하다.

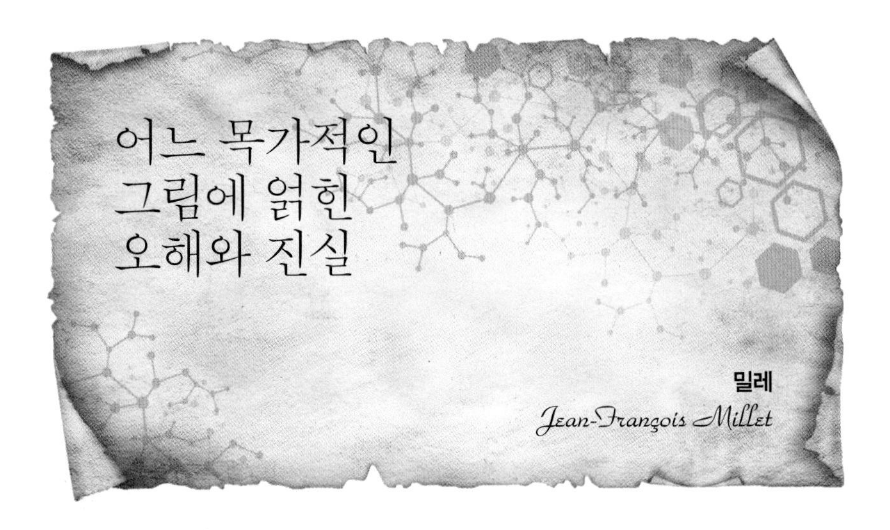

이발소의 그림?

2014년 초로 기억된다. 국내 한 미술관에서 밀레Jean-François Millet, 1814~1875의 전시회가 열렸다. 밀레 탄생 200주년을 기념하여 보스턴 미술관(Museum of Fine Arts, Boston)이 4년에 걸쳐 공들여 기획한 전시다. 보스턴 미술관은 밀레의 작품을 가장 많이 소장한 곳으로 유명하다. 이미 미국과 일본에서 100만 명이 관람했고 한국에서 피날레를 장식하게 된 것이다. 그런데 국내 전시 중에 작은 소동이 발생했다. 관람자 중 노신사가 환불을 요구했는데, 이유인즉슨 어찌 밀레의 전시에 〈만종〉과 〈이삭줍기〉가 빠질 수 있느냐는 것이다.

밀레의 〈만종〉과 〈이삭줍기〉는 국내 60대 이상 남성들한테 특히 친숙한

밀레, 〈만종〉, 1857~1859년, 캔버스에 유채, 55.5×66cm, 오르세 미술관, 프랑스 파리

작품인데, 아마도 이발소 덕분일 게다. 지금은 남성들도 미용실을 다니지만 1960~70년대에는 대부분의 남성들이 이발소에서 머리를 잘랐다. 그런데 뜻밖에도 전국 수많은 이발소에 〈만종〉과 〈이삭줍기〉의 복제그림이 걸려 있었다. 1960~70년대만 해도 국내에는 미술 전시가 흔치 않았고, 화가들에 대한 정보도 거의 없던 시절이었다. 게다가 마초적인 한국의 중년 남성들이 미술하고 친할 리 만무했다. 그런데 이발소에 밀레라……

그 이유는, 한마디로 새마을운동의 영향이 컸다. 전국의 농촌을 중심으로 근면한 노동을 강조하던 시절이었고, 밀레의 〈만종〉이나 〈이삭줍기〉야 말로 그런 분위기에 딱 맞는 그림으로 여겨졌다. 연말에 기업에서 홍보용으로 제작했던 커다란 달력에도 〈만종〉과 〈이삭줍기〉는 단골 레퍼토리였다.

젊은 시절 추억을 소환하기 위해 애써 찾은 밀레의 전시회인데, 〈만종〉과 〈이삭줍기〉가 빠졌으니 이 노신사의 실망감이 어땠는지 짐작이 간다.

그림들에 얽힌 무성한 소문들

〈만종〉과 〈이삭줍기〉를 가만히 보고 있으면 누구나 다 이렇게 한마디씩 거들 것이다. 세상에 이보다 더 평화롭고 목가적인 그림이 있을까!

그런데 이 고요한 그림들에 얽힌 소문이 참 무성하다. 작품의 안전한 감상을 위해서는 차라리 모르고 있는 편이 나을 지도 모르겠다. 하지만 과학자의 호기심이란…… 어쩔 수 없는 노릇이다.

자, 우선 〈만종〉부터 살펴보자. 이 그림은 농촌의 한 부부가 척박한 밭에서 겨우 몇 개 캐낸 감자를 두고 멀리 교회의 종소리에 맞춰 감사기도를 드리는 장면을 묘사하고 있다. 그림의 분위기가 경건하면서 종교적이다. 농부를 그렸지만 농부의 얼굴은 보이지 않는다. 그래서 마치 그림 속 농부가 역사적 인물이나 종교적 성자인 것처럼 장엄하고 숭고하게 느껴지기도 하다. 이 정도의 해석은 무난하다.

하지만 〈만종〉이 저녁에 감사기도를 드리는 것이 아니라 죽은 아기를 묻고 장례기도를 드리는 장면이라는 주장은 그림을 전혀 새로운 국면으로 이끈다. 초현실주의 대가 살바도르 달리Salvador Dali, 1904~1989는 『밀레의 만종에 얽힌 비극적 전설』이라는 책을 통해 다음과 같은 의문을 제기했다.

1932년경 어떤 정신질환자가 전시 중인 〈만종〉에 달려들어 칼로 흠집을 냈고, 이를 복원하기 위해 엑스레이 촬영을 하자 아기의 요람이 있는 부분에 네모난 상자 같은 밑그림이 드러났다. 달리는 이것이 바로 아기의 관이라고 주장했다. 물론 밀레가 친구에게 보낸 편지를 보면 달리의 주장은 다소 황당한 것이다. "〈만종〉은 어린 시절을 떠올리며 그렸네. 밭일을 하다 만종소리가 들리면 할아버지는 어김없이 하던 일을 멈추고 기도를 올리셨지. 나는 할아버지 곁에서 모자를 벗어 손에 쥐고 고인이 된 불쌍한 사람들을 위해 기도를 올리곤 했네."

정작 그림을 그린 밀레는 아기 얘기를 꺼내지도 않았는데, 달리를 비롯한 후대 평론가들의 감상평은 자극적이다. 물론 믿고 안 믿고는 관람자의 몫이다.

그림이 어두운 게 아니라 탁하고 칙칙하다!

화학자인 필자는 〈만종〉에 관해서 다른 차원의 의문이 든다. 밀레는 〈만종〉

에서 황혼을 그렸기 때문에 화면이 전체적으로 어두울 수 있다. 하지만 화면을 자세히 살펴보면, 어둑어둑한 저녁녘하고는 거리가 있어 보인다. 다시 말해 화면이 어두운 게 아니라 탁하고 칙칙하다는 표현이 맞을 것이다. 그림이 물감과 주변 환경으로 인해 변색했을 가능성이 높아 보인다.

필자는 『미술관에 간 화학자』 1권에서 렘브란트Rembrandt Harmenszoon Van Rijn, 1606~1669의 〈야경〉을 소개하면서 이 그림의 제목이 처음부터 '야경'은 아니었을 거라고 밝혔다(같은 책 60쪽). 그 이유는 렘브란트가 사용한 물감 중 납 성분이 포함된 연백(lead antimoniate)이 대기 중 황(S, sulfur)과 만나 검게 변하면서 마치 어두운 밤을 그린 것처럼 돼버린 것이다. 렘브란트가 많이 사용한 색 중에 선홍색의 버밀리온(vermilion)은 황화수은(HgS)으로 황 성분을 포함하는 대표적인 색이기도 하다.

밀레가 〈만종〉을 그린 1859년은 유럽에서 산업혁명이 한창인 때였다. 대도시 주변에 공장이 급증하면서 여러 사회문제를 야기했는데, 특히 대기오염 문제가 심각했다. 대기오염 물질 중 대표적인 것이 아황산가스(SO_2)다. 아황산가스는 석탄 등의 화석연료에 포함된 유황 성분이 연소하면서 발생한다. 석탄으로 인한 피해는 산업혁명보다 훨씬 이전인 1300년경 영국의 에드워드 1세Edward I, 1239~1307가 석탄 연소를 금지하는 선언을 할 정도로 오래됐다. 영국 왕실은 1840년대에 대기오염의 폐해를 연구하는 단체를 설립하는 등 문제의 심각성을 잘 알고 있었지만, 산업혁명의 위력 앞에서 속수무책일 수밖에 없었다. 1875년에는 런던의 대기오염으로 가축들이 떼죽음 당하는 참사가 발생하기도 했다. 결국 산업혁명을 촉발시킨 증기기관으로 인해 대기오염은 전 유럽으로 걷잡을 수 없이 확산되고 말았다.

모네, 〈워털루 브리지〉, 1903년, 캔버스에 유채, 86.3×121.2cm, 덴버 미술관, 미국

산업혁명은 분명 미술계에도 영향을 끼쳤다. 화학이 발달하면서 인공 합성으로 다양한 색상의 안료들이 개발되어 화가들을 들뜨게 했다. 하지만 대기 중의 황산화물(SOx)은 분명 유화 작품들에 치명적이었을 것이다. 밀레의 〈만종〉이 탁하고 칙칙해진 것도 대기오염이 중요한 이유였음을 부정할 수 없다.

인상파 화가 모네Claude Monet, 1840~1926가 그린 〈워털루 브리지〉를 보면, 다리 뒤편 공장 굴뚝에서 치솟는 매연이 런던의 대기를 뿌옇게 만들어 놓았다. 모네를 포함한 당시 화가들은 도시의 대기가 더 이상 청명하지 않다는 사실을 인지했던 것이다. 하지만, 도시를 회색으로 만든 그 주범이 그들의 작품들까지 오염시킬 것이라고는 상상조차 못했을 것이다.

남은 이삭을 주워 먹을 정도로
비참한 소작농의 삶

밀레의 작품 중에서 〈만종〉만큼 유명한 게 〈이삭줍기〉다. 밀레는 현장에 나가 농촌의 모습을 자세히 관찰했지만 그곳에서 바로 그림을 그리지 않았다. 거의 모든 작품의 스케치와 채색은 작업실에서 이뤄졌다. 밀레는 여러 번의 데생을 통해 그림의 구도와 인물의 동작을 연구했다.

이삭을 줍는 여인들의 자세도 화가가 연출해 그린 흔적이 역력하다. 가장 오른쪽 여인은 이삭을 찾고 있고, 가장 왼쪽 여인은 이삭을 향해 손을 뻗고 있으며, 가운데 여인은 이삭을 줍고 있다. 밀레는 이삭을 줍는 모습을 면밀히 분석해서 시차별로 동작을 그렸다.

〈이삭줍기〉 역시 밀레가 단순히 농촌의 목가적 풍경을 그린 게 아니라는 해석이 있다. 당시 농부들의 비참한 상황을 고발하는 그림이라는 것이다. 성경의 율법은 추수할 때 떨어진 이삭을 줍지 말고 남겨 놓아 가난한 사람들이 주울 수 있게 하라(레위기 19:9, 23:22)고 가르치고 있다. 그런데 성경이 나온 지 2000년이나 지난 당시, 농부의 처지가 추수한 뒤에 남은 이삭을 주워 먹을 정도로 비참하다.

그림의 배경도 예사롭지 않다. 이삭을 줍는 여인들 뒤로 멀리 보이는 집들에는 사회적으로 높은 지위와 부를 가진 사람들이 살고 있다. 그곳에도 농가와 농기구들이 보이는데, 마차와 곳간마저 크고 호화스럽다. 곡식이 엄청난 높이로 쌓여 있고, 소작농을 부리는 사람이 말 위에 앉아 있다. 이삭 줍는 여인들의 삶과는 다른 세계다.

푸르지 않은 하늘과 황토 빛의 너른 들판에서 세 여인은 각각 빨강, 파랑, 흰색 모자를 쓰고 있다. 청색은 자유, 백색은 평등, 적색은 박애를 상징하는 프랑스 국기와 비슷한 색이다. 하지만 〈이삭줍기〉에 등장하는 농촌의 모습

밀레, 〈이삭줍기〉, 1857년, 캔버스에 유채, 83.5×110cm, 오르세 미술관, 프랑스 파리

은, 노동으로부터 자유롭지도 않고 신분은 여전히 불평등해 보이며, 박애는 어디에서도 찾아볼 수 없다. 프랑스의 시인이자 소설가인 고티에Theophile Gautier, 1811~1872는 이 그림을 보고 "부르주아들이 보고 끔찍해 할 요소들이 모두 들어 있다"고 평가했다.

소확행을 그린 게 맞을까?

일반적으로 밀레는 그림에 사회고발이나 풍자의 메시지를 담지 않는 화가로 알려져 있다. 많은 사람들이 밀레의 그림을 좋아하는 이유는 농촌의 평화롭고 서정적인 풍경과 그곳에서 욕심 부리지 않고 소박하게 살아가는 농부의 모습에서 위안을 얻기 때문이다. 요즘 말로 소확행(소소하지만 확실한 행복)을 그린 화가라는 얘기다.

하지만 필자의 생각은 다르다. 농촌의 평범한 일상을 담은 그림을 가리켜 장르화(genre painting, 우리말로 풍속화)라고 부르는데, 밀레의 작품을 단순히 장르화로 분류하기는 어렵다. 밀레는 목가적인 농촌이 아닌 '노동하는' 농부를 그렸다. 그런 점에서 바르비종(Barbizon)이라는 시골 마을에 모여 살며 자연과 전원 풍경을 서정적으로 그렸던 화가들의 그림과 밀레의 작품은 분명히 다르다. 밀레는 농부를 그렸다고 해도 초상화적으로 접근해 등장인물의 얼굴이나 표정을 자세히 그리지 않았다. 그는 농부가 노동하는 모습 자체를 사실적으로 그렸다. 바르비종파를 가리켜 자연주의라고 한다면, 밀레는 오히려 사실주의에 가까웠다.

필자는 밀레의 그림에서 종종 정치적·종교적 메시지를 읽는다. 밀레의 초

밀레, 〈키질하는 사람〉, 1847~1848년, 캔버스에 유채, 100.5×71cm, 내셔널 갤러리, 영국 런던

기 작품인 〈키질하는 사람〉은 그의 평생의 화풍을 결정하는 기념비적인 작품이다. 이 그림을 그리던 당시의 프랑스는 공화정이 막 정착해가던 폭풍의 시기였다. 정직하게 노동하지만 가난을 벗어날 수 없을 것 같은 키질하는 소작농의 모습에서 성경의 한 장면이 겹쳐진다. 그것은 알곡과 쭉정이를 키질로 골라내듯이 선인과 악인을 구별하는 예수의 마지막 심판(마태복음 3:12)을 연상케 한다. 그림에서 쭉정이와 구별되는 알곡은 빛나는 황금가루처럼 묘사됐다. 정치적 권모술수가 아닌 정직한 노동만이 세상의 선과 악을 구별하는 척도임을 밀레는 에둘러 표현한 게 아닐까? 키질하는 농부의 모자, 셔츠, 무릎대에서도 자유, 평등, 박애를 기치로 내 건 공화정의 삼색이 어렴풋이 드러난다.

누군가에겐 목가적인,
다른 누군가에겐 불온한

밀레는 프랑스 파리 북서쪽 노르망디 그레빌(Gréville)의 작은 마을 그뤼시(Gruchy)에서 전형적인 가톨릭 농촌 집안의 여덟 남매 중 둘째이자 장남으로 태어났다. 그는 영화 제목으로 친숙한 셸부르(Cherbourg)에서 미술공부를 시작해 스물세 살 때 장학금을 받아 에꼴 데 보자르가 있는 파리로 가서 들라로슈Paul Delaroche, 1797~1856의 제자가 되었다.

젊은 시절 밀레는 공모전하고는 인연이 쉽게 닿지 않았다. 프랑스 모든 화가들의 선망의 대상인 로마상에 도전했으나 실패했고, 화가들의 등용문이었던 살롱전(Salon)에서도 번번이 낙선했다. 1840년에 초상화가 당선되면서 비로소 직업화가가 됐다.

그는 가정사도 순탄치가 않았다. 첫 번째 아내가 결혼한 지 3년 만에 폐결핵으로 사망했고, 두 번째 아내는 가족들의 반대로 어머니가 돌아가실 때까지 본가와 왕래 없이 지내야 했다. 그러는 와중에도 아이를 무려 아홉이나 둔 탓에 늘 생계에 시달려야 했다.

밀레는 1848년경 살롱전에 〈키질하는 사람〉을 출품한 뒤 거처를 바르비종 퐁텐블로 숲으로 옮기면서 농부들의 삶과 풍경을 그리기 시작했다. 그 즈음에 공무원이었던 알프레드 상시에Alfred Sensier를 알게 되었는데, 그는 밀레의 후원자이자 평생의 친구가 되었다. 상시에는 밀레가 사망한 뒤 그의 전기를 써서 후대에 밀레의 연구에 큰 도움을 주기도 했다(밀레의 전기는 상시에가 마치지 못했고 1881년 폴 망츠Paul Mantz라는 미술사학자가 완성하여 출판했다).

밀레는 말년으로 갈수록 작품성을 인정받으며 경제적인 안정을 누렸다. 1868년에는 프랑스 최고 영예인 레종 도뇌르 훈장도 받았다. 1874년 파리 판테옹을 장식할 벽화를 주문받는 등 명성에 걸 맞는 기회를 얻었지만, 건강이 그의 발목을 잡았다. 밀레는 원인 모를 병에 시달리다 1875년 영면했다.

〈만종〉과 〈이삭줍기〉는 세상에서 가장 많이 복제된 작품 중 하나로 꼽힌다. 1960~70년대 한국에 있는 거의 대부분의 이발소의 벽을 장식할 정도였으니 수긍이 간다. 하지만, 누군가에게는 목가적인 그림이 다른 누군가에게는 불온한 그림으로 읽힐 수도 있다. 예술작품의 매력이다. 서슬 퍼렇던 시절 〈만종〉과 〈이삭줍기〉에 담긴 함의까지 널리 알려졌다면, 이 그림들이 한국의 이발소마다 걸리는 일은 벌어지지 않았을 것이다. _ Millet

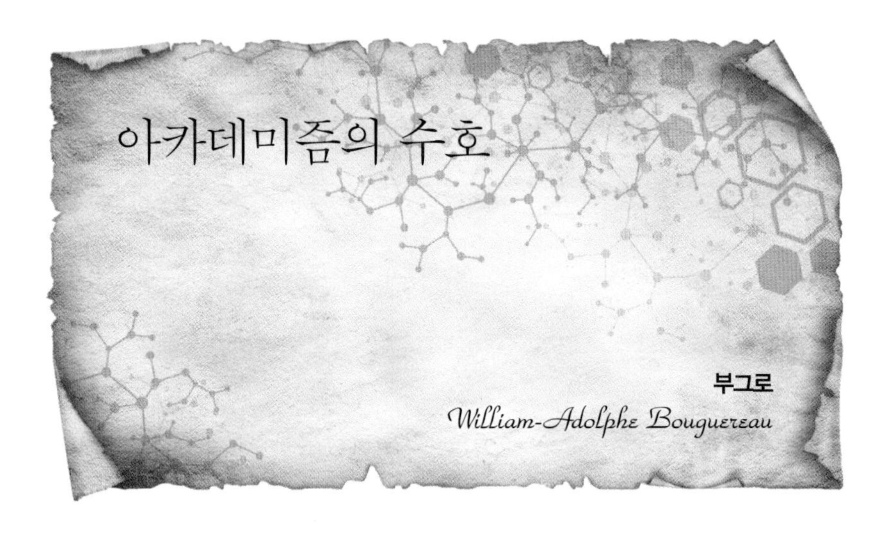

부그로William-Adolphe Bouguereau, 1825~1905라는 화가를 아는 사람은 많지 않지만 의외로 그의 그림을 본 적은 많을 것이다. 그는 생전에 800점이 넘는 그림을 남겼다. 현재 명화 복제 포스터 시장에서 가장 인기 있는 그림을 그린 화가 가운데 한 명이다.

부그로의 그림은 매우 아름답다. 역사상 가장 위대한 누드 화가라는 앵그르Jean Auguste Dominique Ingres, 1780~1867의 제자답게 그의 누드화는 뛰어나다. 누드에 관해서는 라파엘로Raffaello Sanzio, 1483~1520와 푸생Nicolas Poussin, 1594~1665, 앵그르의 장점을 모두 합해 놓은 듯 완벽한 아름다움을 창조하려 했다.

기본에 충실한 국전화의 재발견

부그로는 모든 것이 격변하는 개혁의 시대에 아카데미즘(academism)을 수호하던 마지막 국전화파의 거물이었다. 1850년 모든 화가의 꿈인 로마대상을 받고 승승장구하며 프랑스 최고의 미술대학인 에콜 데 보자르의 교수로서 상당한 존경과 사랑을 받았다.

당시는 프랑스를 필두로 아카데미즘이 일어나 번영을 구가했다. 아카데미즘 화가들은 회화의 전통적 가치관, 즉 안정된 구조, 원근법과 해부학에 충실한 사실적 묘사, 계몽적인 주제라는 고전회화의 전통을 지켰을 뿐만 아니라 완벽한 완성을 추구했다. 그에 따라서 충실한 교과 과정을 구축한 미술대학들이 속속 설립되었고 박물관이 많이 지어졌다.

그러나 교과 과정에 따라 획일화된 미술 교육의 부작용으로 표현 기법이 지나치게 규정화하고 인문학적인 이론을 강조함으로써 작가의 자유로운 상상력을 제한하는 문제점이 나타났다. 실제로 부그로는 인상파 화가들의 작품은 미완성의 스케치에 불과하다고 평가하며 살롱에 전시되는 것에 반대하기도 했다.

이에 아카데미즘 교육에 반발하고 국전 전시를 거부당한 사람들을 중심으로 새로운 미술 운동인 아방가르드(avant-garde:'전위'라는 뜻)가 일어났다. 아카데미즘 화가들은 신사조 미술가들과 언론의 합세 공격으로 화단에서 내쫓기다시피 물러났다. 그들은 한때 프랑스에서 거의 잊혀진 존재나 다름없었다.

1977년경 미국 컬럼비아 대학에서 미술 교육으로 박사학위를 받은 프레드 로스Fred Ross가 미국 매사추세츠에 있는 클라크 미술관으로 르누아르Auguste

Renoir, 1841~1919의 그림을 보러 갔다가 한쪽 구석에서 놀라운 그림을 발견했다. 그런데 이 그림을 그린 화가의 이름은 한 번도 들어 본 적이 없었다.

이를 계기로 부그로의 그림들이 세상에 빛을 보게 되었고, 그는 누드화의 천재로 재평가받았다. 이후 그의 그림들은 해를 거듭하며 가격이 뛰어올랐다. 1960년대에는 500달러에 불과했는데 1998년 국제 경매에서는 100만 달러를 넘어섰고, 2000년에는 〈자비〉가 크리스티 경매장에서 360만 달러를 호가했다.

부그로, 〈자비〉, 1878년, 캔버스에 유채, 196×117cm, 스미스 대학 미술관, 미국 매사추세츠

변하지 않는 미술의 진리

보티첼리Sandro Botticelli, 1444~1510의 그림(46쪽)과 같은 제목을 가진 부그로의 〈비너스의 탄생〉을 감상해 보자(261쪽). 보티첼리의 그림에서는 제피로스의 입김으로 바닷가에 도착한 비너스가 호라이의 마중으로 신들의 사교계에 나가게 된다. 부그로의 그림을 보면 역시 바닷가 조개껍데기 위에 이제 막 탄생한 비너스가 서 있고, 남녀노소의 신들과 고래들이 고동을 불고 노래를 부르고 춤을 추며 탄생을 축하한다. 여기서 부그로가 보여주려는 것은 비너스로 표현되는 '완벽한' 아름다움이다.

비너스의 자세는 한쪽 다리로 몸무게를 지탱하고 다른 다리는 살짝 구부려서 허리가 잘록하게 보이는 전통적인 S-콘트라포스토를 취했다. 정말 눈이 부시게 아름다운 모습이다. 육체의 모든 굴곡과 입체감은 해부학적 원리에 충실했으며, 대상뿐 아니라 명암의 배치도 아주 안정적인 대칭 구도이다. 비너스 몸의 윤곽을 더욱 드러나게 하기 위해 짙은 갈색의 풍성한 머리칼이 흰 몸매를 적당히 감싸고 있다.

보티첼리의 비너스와 부그로의 비너스의 가장 큰 차이점은 자세와 표정이다. 보티첼리의 비너스는 약간은 움츠러들어서 중요한 곳은 가리면서 수줍어하는 전형적인 푸디카(pudica : 라틴어로 '정숙하다'는 뜻) 자세이지만, 부그로의 비너스는 자신의 아름다운 육체를 더 많은 사람에게 보이려는 듯 활짝 펴고 드러내어 자랑하는 자세이다. "이보다 더 아름다운 게 있으면 나와 봐!" 이것이 부그로가 대중에게 주는 메시지일 것이다.

부그로, 〈바느질〉, 1898년, 캔버스에 유채, 115.5×71cm, 개인 소장

화가들이 이토록 완벽하게 아름다운 누드를 그리는 이유는 뭘까? 인간의 몸이 가장 아름다워서라기보다 오히려 현실적으로는 이런 아름다움을 가질 수 없다는 이상적 바람 때문이 아닐까?

그의 그림에 예술성과 깊이가 없다는 주장도 적지 않다. 부그로는 자신이 배척했던 인상파 화가들로부터 거센 공격을 받았다. 드가Edgar De Gas, 1834~1917는 부그로의 그림을 가리켜 "겉만 그럴 듯해 보이는 인공적인 그림"이라고 비웃었고, 고갱Paul Gauguin, 1848~1903도 "예술적인 가치가 없는 그림"이라고 혹평했다. 하지만 많은 사람들이 부그로의 그림에서 마음의 위안을 찾고 절정의 아름다움에서 행복을 느낀다면 그 자체만으로 큰 의미가 있는 게 아닐까?

부그로는 개혁에 동참하지 못하고 구시대의 전통을 수호하려다 권력 다툼에서 밀린 화가라는 평가를 받기도 한다. 혹자는 미국의 화상들이 프랑스에서 평가받지 못한 부그로의 그림을 대량으로 구입하여 값을 천정부지로 올려놓고 장사를 한다는 말도 한다. 분명한 것은 그의 그림들을 보면 그가 믿었던 고전회화의 가치관에 철저히 충실하다는 것이다. 부그로는 말년으로 가면서 누드화보다는 〈바느질〉이나 〈소녀 목동〉 같은 소박한 그림과 종교화를 많이 그렸다.

부그로, 〈소녀 목동〉, 1891년, 캔버스에 유채, 158×89cm, 개인 소장

극과 극은 통한다. 이젠 무엇이 예술인지도 모를 혼란한 시대가 되었고, 충격을 주려는 파격과 무질서가 범람하고 있다. 이런 때에 원칙과 이상에 철저한 아카데미즘 그림이 오히려 신선한 충격으로 받아들여질 수 있지 않을까? 아카데미즘의 대가인 앵그르도 높은 평가를 받는데, 앵그르를 그대로 계승한 부그로를 못 받아들일 이유는 무엇인가?

예술이나 학문이 유행을 따라 변화하면서도 쉽게 변하지 않는 기본이 있다. 그것은 아름다움이나 진리, 더 나아가 그것들을 추구하는 '사랑' 자체인 것이다. _ *Bouguereau*

아카데미의 역사

아카데미의 기원은 고대 그리스로까지 거슬러 올라간다. BC 385년 플라톤Plato, BC427~BC347이 그리스신화에 등장하는 영웅신 아카데모스(Akademos)의 이름을 따 수사(修辭)학교 아카데메이아(Akadēmeia)를 세운 것에서 비롯했다.

아카데메이아는 중세를 거쳐 유럽의 교육기관을 일컫는 아카데미가 되었는데, 16세기 이후 대학(universitas)이라는 용어가 일반화될 때까지 고등교육기관을 의미했다.

아카데미 개념은 철학 뿐 아니라 문학, 예술, 자연과학 등 전방위적으로 사용되어 왔다. 라파엘로는 벽화 〈아카데메이아〉에서 철학, 신학, 문학, 법학, 기하학, 천문학, 역사학 등 각각의 학문을 상징하는 인물들을 그려 넣어 '학문의 전당'으로서의 아카데미를 되새겼다.

미술 분야 최초의 아카데미는 1531년경 이탈리아의 조각가 반디넬리Baccio Bandinelli, 1493~1560가 로마에 세운 교육기관으로 알려져 있다. 이후 1562년경 화가이자 미술사가인 바사리Giorgio Vasari, 1511~1574는 메디치가의 후원으로 피렌체에 '아카데미아 델 디제뇨(Academia del Disegno)'의 설립을 주도했다. 미켈란젤로Michelangelo di Lodovico Buonarroti Simoni, 1475~1564가 초대원장을 맡았으며, 커리큘럼에는 데생과 채색 등 미술실기는 물론 해부학과 기하학까지 포함하고 있었다.

미술이 이탈리아보다 뒤늦게 발달한 프랑스에서는 1648년 '왕립 회화 ·

라파엘로가 15011년에 완성한 <아카데메이아>가 있는 바티칸 박물관 '문서의 방'

조각 아카데미(Académie Royale de Peinture et de Sculpture)'를 시작으로 미술교육기관이 본격화 됐다. 아카데미의 운영을 담당했던 화가 르브룅Charles Le Brun, 1619~1690은 콜베르 대제Jean-Baptist Colbert, 1619~1683의 막강한 지원을 기반으로 교육에 머무르지 않고 전시에 이르기까지 독점적 권한을 행사했다. 프랑스 왕립 아카데미는 르네상스 고전주의를 중시하는 아카데미즘 사조를 기본 원칙으로 삼았으며, 미술학도들이 고전 양식을 현장에서 공부할 수 있도록 로마 유학을 지원하기도 했다. 이후 유럽 여러 나라에서는 프랑스 왕립 아카데미를 벤치마킹해 100개가 넘는 아카데미가 세워졌다.

아카데미는 과학 분야에서도 유럽 여러 나라에서 활발하게 운영되었다. 미술과 구분하기 위해 '과학 아카데미(academy of sciences)'로 부르는데, 르네상스 시기부터 17세기에 걸쳐 자연과학의 연구와 보급을 위해 유럽 각지에서 조직된 단체를 가리킨다.

과학의 역사에서 17세기는 '전환의 시기'이자 '거인의 시대'였다. 코페르니쿠스Nicolaus Copernicus, 1473~1543에서 시작해 갈릴레이Galileo Galilei, 1564~1642를 거쳐 뉴턴Isaac Newton, 1642~1721에 이르기까지 근대과학을 일으킨 거인들이 활동하던 이 시기를 '과학혁명의 시대'라고 부른다. 과학혁명(Scientific Revolution)이라는 말은 영국 케임브리지 대학교 역사학 교수인 버터필드 경Sir. Herbert Butterfield, 1900~1979이 1946년에 출간한 자신의 책 『근대과학의 탄생(The Origins of Modern Science)』에서 처음 사용했다.

르네상스 운동이 고대 그리스 철학을 부흥시키는 과정에서 그 안에 내재한 자연과학의 발전으로 이어지면서 이른바 과학혁명을 이끌어 낸 것이다. 과학혁명기에는 다양한 연구단체와 교육기관이 조직됐는데, 이때 설립된 과학 단체나 기관을 일컬어 과학 아카데미라고 부른다.

과학 아카데미가 생겨나기 전까지 과학자들은 연구실에 고립되어 모든 분야의 연구를 혼자서 해나가야 했다. 전문성이 떨어질 수밖에 없었고, 효율적이지도 못했다. 또 모니터링을 통해 연구의 오류를 잡아낼 수도 없었다. 과학 아카데미가 생겨나면서 과학자들은 비로소 지식과 정보를 교환하고 공동으로 실험하면서 연구의 질을 한 차원 이상 끌어올렸다. 뿐만 아니라 과학 아카데미는 과학자들이 종교적 핍박으로부터 벗어날 수 있는 구심점 역할을 했다.

과학혁명기인 17세기에 결성됐던 대표적인 과학 아카데미로는, 1603년에 설립되어 갈릴레이 등이 참여했던 '린체이 아카데미(Accademia dei Lincei)'가 있고, 1660년 설립되어 뉴턴 등이 활약했던 '영국 왕립학회(Royal Society of London)'와 1666년에 설립된 '프랑스 과학 아카데미(Académie des Sciences)' 등이 있다.

그 중에 린체이 아카데미는 '교황청 과학원'의 전신으로 알려져 있다. 교황청 과학원은 린체이 아카데미의 전통을 이어받아 1847년 재건되었으며, 이후 1936년에 지금의 모습으로 개편되었다. 그런데 가톨릭교회의 상징인 교황청에 과학원이 있다는 게 왠지 어색하게 느껴진다. 갈릴레이를 종교재판에서 단죄했던 교황청에서 그가 속했던 아카데미의 전통을 이어받아 운영해오고 있다고 하니 믿어지지 않는다.

하지만, 교황청 과학원에 몸담았던 과학자들을 살펴보면 그러한 생각이 선입견임을 깨닫게 된다. 교황청 과학원에는 세계 각지의 저명한 과학자 80여 명이 참여하고 있다. 닐스 보어Niels Bohr, 1885~1962, 에르빈 슈뢰딩거Erwin Schrodinger, 1887~1961, 막스 플랑크Max Planck, 1858~1947 등 이곳을 거쳐 간 노벨과학상 수상자가 무려 70명이나 된다. 천체물리학자 스티븐 호킹Stephen William Hawking, 1942~2018과 일본의 줄기세포 연구자인 야마나카 신야Yamanaka Shinya도 이곳 출신이다.

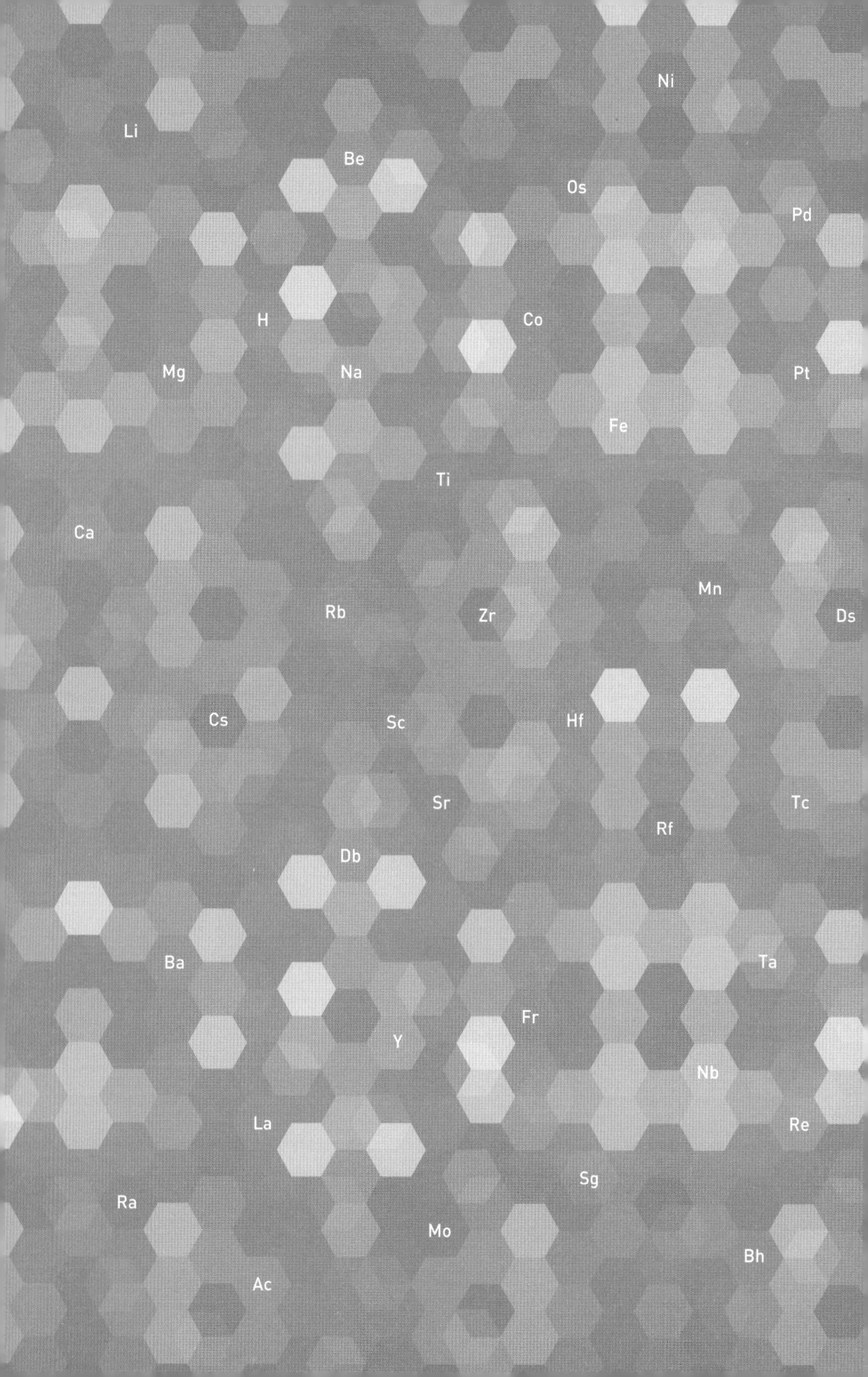
Ni
Li
Be
Os
Pd
H
Co
Mg
Na
Pt
Fe
Ti
Ca
Mn
Rb
Zr
Ds
Cs
Sc
Hf
Sr
Tc
Rf
Db
Ba
Ta
Fr
Y
Nb
La
Re
Sg
Ra
Mo
Bh
Ac

CHAPTER 04

빛과 어둠에 관하여

'음란'이라는 딱지

마네Edouard Manet, 1832~1883의 그림 〈풀밭에서의 점심〉은 근대미술의 첫 장을 연 위대한 명화로 회자된다. 그림은 대단히 파격적이었고, 또 실험적이었다. 이 그림이 발표된 이후로 고전주의가 힘을 잃고 인상주의에게 미술계의 깃발을 넘겨주는 계기가 되었다. 모더니즘을 연 그림, 그리고 복제와 표절에 관한 이야기를 들어보자.

정장한 두 남자와 완전 나체인 여자, 그리고 뒤쪽에는 속이 다 비치는 속옷만 입고 목욕하는 여자, 그런데 이들이 있는 곳은 은밀한 방이 아닌 확 트인 야외 풀밭이다. 가져온 음식들은 흐트러져 있고 옷을 다 벗은 여자는 민

마네, 〈풀밭에서의 점심〉, 1863년, 캔버스에 유채, 208×264.5cm, 오르세 미술관, 프랑스 파리

망하게 관객을 빤히 쳐다본다. 더구나 그림은 2미터가 넘는 크기여서 그림 속 인물은 거의 실제 사람 크기와 같다. 이런 그림이 1863년에 대중 앞에 걸렸다.

이 파격적인 그림은 대중뿐 아니라 예술 전문가인 살롱전의 심사위원도, 프랑스 황제도 놀라게 해서 '음란(immodest)'이라는 딱지가 붙어 낙선했다. 그러나 2주 후에 열린 낙선전(落選展)에서는 대중의 관심을 한 몸에 받았다. 낙선전은 '살롱 데 르퓌제(Salon des Refusés)'로 불리는 낙선자 미술전시회로, 관선(官選) 전시회에서 낙선된 작품을 모아 그 전시장과 이웃한 곳에서 개최되는 행사였다.

〈풀밭에서의 점심〉은 일반 대중과 구시대의 전문가들의 혹평에 시달렸지만, 몇 사람이 이 그림의 특별한 현대성을 알아보았다. 또한 많은 화가가 마네의 이 혁명적인 그림에서 큰 감명을 받고 자신들의 스타일로 다시 그렸다. 모네Claude Monet, 1840~1926, 세잔Paul Cézanne, 1839~1906, 피카소Pablo Ruiz Picasso, 1881~1973 등이 이 그림을 리메이크하였다.

이 그림은 인상주의 기법이 아니다. 그러나 이 그림이 인상파를 태어나게 한 모태 역할을 한 것은 분명하다. 모네가 눈으로 인상주의를 열었다면 마네는 그 전에 이미 가슴으로 모더니즘과 인상주의를 연 것이다.

대상을 3분 간 바라본 뒤 보지 않고 그리다

마네의 집안은 파리 교외의 부유한 명문 지주가였다. 할아버지는 파리대학 법학부를 나와 시장까지 지낸 존경받는 지성인이었고, 아버지도 법대를 나와 법무부에 있다가 판사를 지냈다.

마네는 1832년 파리에서 태어났다. 화가가 되기를 원했으나 법률가가 되라는 아버지의 뜻에 따라 전원 기숙사 생활을 하는 귀족학교에 입학하였다. 그러나 5년이나 다녔는데도 낙제를 하였다. 바다를 무척 좋아하여 해군이 되려 하였으나 그마저도 성적 미달로 실패하였다.

하지만 마네는 포기하지 않고 브라질로 가서 1년간 배에 승선하여 선원 교육을 받았다. 브라질에서의 경험은 나중에 그의 그림에 큰 영향을 주었다. 그의 대표작 가운데 하나인 〈올랭피아〉(58쪽)에 등장하는 흑인 하녀도 브라질에서 만난 현지 여인의 모습이다.

1년 후 브라질에서 돌아온 마네는 미련을 버리지 못하고 다시 해군에 응시하였으나 또 실패하였다. 그러자 아버지도 그가 화가가 되는 것을 반대만 할 수는 없었다.

마침내 마네는 쿠튀르Thomas Couture, 1815~1879의 화실에 들어가서 6년 동안 그림 공부를 했다. 쿠튀르는 드로잉을 그림의 본령으로 생각하고 기초 훈련을 혹독하게 시켰다. 그는 당시 만연하던 아카데미즘에 젖은 화가들과 달리 상당히 진보적인 생각을 갖고 있었다. "대상을 3분간 바라본 후에는 보지 않고 그릴 수 있어야 한다"고 했으며, 대상의 고유성을 파악하여 재해석하고 되도록 순수한 색을 사용하라고 가르쳤다.

마네는 화실을 다니면서 부유층 자녀들이 흔히 하듯이 피아노를 배웠는데 이때 두 살 연상의 피아노 교사 수잔과 사랑에 빠졌다. 1892년 수잔은 마네의 아들을 낳았으나 아버지에게 알리지 못하고 아들과 함께 숨어 살아야 했다. 마네와 수잔은 아버지가 돌아가신 후에야 정식으로 부부가 되었다.

표절과 재창작의 논란에 휘말리다

1842년 영국인 미술품 수집가가 스페인 대가들의 그림을 대량으로 프랑스 왕에게 기증하였다. 그림들은 모두 루브르 박물관에 소장되었다. 덕분에 프랑스의 젊은 화가들은 스페인 대가들의 그림을 쉽게 접할 수 있었다.

마네도 루브르 박물관에서 벨라스케스Diego Rodríguez de Silva Velázquez, 1599~1660, 고야Francisco José de Goya y Lucientes, 1746~1828 등의 그림을 모사하며 기법을 익혔다. 1852년에는 네덜란드를 여행하며 렘브란트Rembrandt Harmenszoon Van Rijn, 1606~1669 등 플랑드르 대가들의 회화를 접했고, 이듬해에는 이탈리아로 가서 그곳 거장들의 작품을 공부하였다. 아마도 그는 프랑스, 스페인, 네덜란드, 이탈리아를 대표하는 화가들의 기법을 두루 익힌 최후의 화가일 것이다.

1856년부터 마네는 쿠튀르의 화실을 더 이상 나가지 않고 독자적인 길을 가기 시작했다. 수많은 인물을 그렸으나 기존 화가들처럼 아름답거나 매력적으로 그리지 않고 모델의 고유한 개성을 나타내려 하였다. 많은 화가와 문인과 친분을 가졌고 그들로부터 존경을 받았다. 마네의 기법을 인상주의적이라고 할 수는 없을지라도 그는 확실히 인상주의의 기치 아래 모인 젊은 화가들의 맏형 노릇을 했다.

디테일과 그림자를 생략하고 느낌과 분위기와 등장인물의 개성만을 포착하여 그린 〈풀밭에서의 점심〉은 분명히 이전 시대의 그림들과 다르다. 선대 화가들의 기법을 철저히 익힌 마네만이 자신의 기법에 따라 대가들의 예술성을 뛰어넘을 수 있었다는 사실은 시사하는 바가 크다.

그림 속 나체의 모델은 마네의 아내인 수잔이다. 그러나 얼굴은 마네를 위하여 모델을 많이 서 준 빅토린 뫼랑으로 그려 넣었다. 마네가 그린 여인의

라이몬디, 〈파리스의 심판〉, 1515~1516년, 동판화, 슈투트가르트 미술관, 독일

살갗은 앵그르Jean Auguste Dominique Ingres, 1780~1867의 작품 속 여인들처럼 살아 있는 피로 따뜻해진 피부색이 아니라 〈올랭피아〉에서처럼 거의 입체감을 느끼기 어려운 편편한 단색이다. 두 남자 중 나체의 여인 왼쪽의 남자는 마네 여동생의 남편인 루돌프 린호프이고, 건너편에서 이야기를 하는 남자는 마네의 동생 외젠이다.

여기서 판화 한 점을 보자. 이 그림은 1500년경, 즉 마네의 그림이 그려지기 약 370년 전에 라이몬디Marcantonio Raimondi, 1475~1527가 제작한 〈파리스의 심판〉이라는 판화다. 이 그림에서 오른 쪽 아래 표시된 부분을 보자. 세 인물의 자세가 마네의 그림과 너무 똑같지 않은가. 표절, 아니 복제라고 할 만하다. 그런데 이 판화도 라파엘로Raffaello Sanzio, 1483~1520의 그림 〈파리스의 심판〉의 복제판이다.

조르조네, 〈전원음악회〉, 1509년, 캔버스에 유채, 110×138cm, 루브르 박물관, 프랑스 파리

라이몬디는 유명한 대가의 그림을 판화나 그림으로 복제하여 팔던 복제 전문가였으나 라파엘로의 원작이 없어지는 바람에 대가의 없어진 그림을 유추할 수 있게 해준 고마운 사람으로 미술사에 남게 되었다.

〈풀밭에서의 점심〉은 발표된 당시에 몇몇 비평가로 부터 조르조네Giorgio Barbarelli da Castelfranco, 1477~1510의 〈전원음악회〉를 표절한 창조성 없는 그림이라는 혹평을 받았다. 〈전원음악회〉와 비교해 보면 두 여자는 나체이고 두 남자는 의복을 입은 점, 세 사람은 앉아 있고 한 여자는 물가에 있는 설정이 너무도 비슷하다. 단지 음악을 즐기는 것과 점심을 즐기는 것 정도의 차이가 있을 뿐이다. 아마도 마네는 〈파리스의 심판〉과 〈전원음악회〉 두 그림을 모두 참

모네, 〈풀밭에서의 점심〉, 1865~1866년, 캔버스에 유채, 푸슈킨 미술관, 러시아 모스크바

조했을 것이다.

〈풀밭에서의 점심〉과 관련한 표절 혹은 복제 이야기는 여기서 끝나지 않는다. 마네보다 여덟 살 연하이며 이름이 비슷해서 우리뿐 아니라 당시 프랑스 사람들을 혼동시킨 모네는 1863년 낙선전을 통해 유명해진 마네의 〈풀밭에서의 점심〉을 자기가 더욱 훌륭하게 그려서 살롱전에 출품할 계획을 세웠다.

이 그림의 제작 동기는 아직 무명 화가인 모네가 이미 유명해진 마네라는 대가와 대결하려는 경쟁심에서 비롯됐다. 마네의 그림이 음란하다는 이유로 낙선한 만큼 자신은 그림 속 인물들 모두에게 옷을 입혀서 자연스러운 〈풀밭에서의 점심〉을 리메이크하여 대중의 사랑을 받고자 했다. 크기도 마네 것의 거의 두 배(370×550cm)로 제작하였다. 그러나 결국 완성하지 못했으며 살롱전에 출품하지도 못했다. 이 그림은 이후 보관을 잘못하여 그림의 상당 부분이 손상되어 세 부분으로 잘라 냈다. 현재 오른쪽 부분은 손실되었고, 왼쪽 부분과 아래 위를 또 잘라 낸 가운데 부분만 남아 있다. 다행히 모네가 똑같은 그림을 조금 작게 그린 것이 전해지고 그 습작도 남아 있다.

세잔도 마네의 이 그림을 여러 번 리메이크하였다. 벌거벗은 여자들과 옷 입은 남자라는 주제, 야외에서의 놀이라는 설정을 그대로 따랐다. 그러나 세잔의 화풍은 여실히 드러난다. 세잔은 마네의 그림과 설정된 주제에서 성적인 면을 느낀 탓인지 자신의 그림에서 그것을 그대로 표현하였다. 거장 피카소도 마네의 이 그림에서 영감을 받아 그림이나 판화, 드로잉 등으로 여러 번 리메이크하였다.

세잔, 〈풀밭에서의 점심〉, 1873~1878년, 캔버스에 유채, 21×27cm, 오랑주리 미술관, 프랑스 파리

"마네를 따라(apres Manet)"

미술 등 문화 전반에서 표절은 복잡한 문제이다. 문화계에서 사용하는 용어로는 표절(plagiarism), 모방(imitation), 인용(citation), 패러디(parody), 오마주(hommage), 패스티쉬(pastiche), 리믹스(remix), 리메이크(remake) 등이 있다.

리믹스와 리메이크는 음악 용어인데 기존 음원을 여러 기술을 사용하여 조작을 가한 것은 리믹스, 다른 사람의 음악을 자신의 방식으로 재해석하여 다시 만든 것은 리메이크다.

이것은 미술에서도 많이 나타나는데 마네의 〈풀밭에서의 점심〉을 모네, 세잔, 피카소 등이 같은 제목과 주제와 구성으로 그리되 자신의 필치나 화풍으로 다시 그린 것은 리메이크에 해당하고, 뒤샹Henri-Robert-Marcel Duchamp, 1887~1968이 다빈치Leonardo da Vinci, 1452~1519의 〈모나리자〉에 수염을 달아서 발표한 〈L.H.O.O.Q.〉는 리믹스에 해당한다.

표절은 원작을 알아채지 못하게 몰래 인용하는 것이고, 오마주나 패러디, 패스티쉬는 일부러 원작이 무엇인지 드러나게 하거나 아예 밝히는 것이다. 특히 패러디는 풍자의 의미가 있으며, 오마주는 원작자에 대한 존경이 담겨 있다. 그런 면에서 본다면 모네, 세잔, 피카소 등이 그린 그림은 마네에 대한 오마주에 해당한다고 할 수 있다. 특히 피카소는 그림 제목에 "마네를 따라(apres Manet)"라는 구절을 넣어서 오마주임을 확실하게 밝혔다. 후대의 화가들이 마네의 작품을 오마주하며 존경을 표하는 것으로 보아 마네의 그림이 라파엘로 작품의 표절은 아닌 모양이다. _ Manet

거인들의 표절 논쟁

다른 사람의 저작물을 몰래 쓰는 행위를 뜻하는 표절(剽竊)의 또 다른 명칭은 뜻밖에도 해적질(piracy)이다. 해적질은 바다라는 공간적 특성상 법으로 단속하기 어려운 범죄인 탓에 해적들은 스스럼없이 위법을 자행하면서도 둔감하다. 그런 뜻에서 표절도 다르지 않다. 지식과 예술을 무체재산(無體財産)이라 하는데, 형태가 없는 남의 지식을 베끼는 행위라 그런지 법적으로 도덕적으로 둔감한 경우가 많다. 어디까지가 표절이고 어디서부터가 정당한 인용인지 기준도 모호해서 의도치 않게 남의 저작물을 도용하는 사례도 적지 않다.

표절은 과학계에서도 빈번하다. 과학 저널리스트인 브로드William Broad와 웨이드Nicholas Wade는 『Betrayers of the Truth : 진실의 배반자』(국내판 제목 : 진실을 배반한 과학자들)라는 책에서 고대 천문학자 프톨레마이오스에서 만유인력의 뉴턴과 진화론의 다윈에 이르기까지 인류 과학사의 거인들도 표절에서 자유롭지 않았다고 밝혔다.

2세기경 천동설을 정립했던 프톨레마이오스Ptolemaeus의 별자리 지도가 사실은 BC 150년경 그리스 천문학자 히파르코스Hipparchos의 것을 베낀 것이라는 주장은, 표절이 얼마나 오래 전부터 자행됐는지 되돌아보게 한다. 미국의 천문학자 롤린스Dennis Rawlins에 따르면, 히파르코스가 이미 항성 목록을 집대성했으며, 프톨레마이오스는 자신의 저작에 히파르코스의 관측 결과를 마치 자기가 직접 관측해서 찾아낸 것처럼 기록했다는 것이다. 그런 사실을 알지 못했던 중세의 학자들은 프톨레마이오스의 저작에 '위대하다'는 뜻이 담긴 『알마게스트(Almagest)』라는 제호를 붙였다. 역사적으로 히파르코스의 학문적 성과와 업적을 프톨레마이오스가 가로챈 것이다.

뉴턴Isaac Newton, 1642~1727과 라이프니츠Gottfried Wilhelm Leibniz, 1646~1726가 미적분 이론을 둘러싸고 벌인 갈등도 유명하다. 두 사람은 서로 미적분을 가장 먼저 발견한 사람이 자신이라고 주장했다. 당시 최고 권위 과학단체인 영국 왕립학회(Royal Society)는 뉴턴의 손을 들어주었다. 라이프니츠가 표절의 혐의를 쓰고 만 것이다. 그런데 뉴턴은 왕립학회의 회장이었으니 이 사건의 결과가 얼마나 정치적이었는지 짐작케 한다. 오늘날 학계에서는 라이프니츠가 뉴턴과 무관하게 독창적으로 미적분 이론을 정립했다고 보고 있다.

진화론의 대가 다윈Charles Darwin, 1809~1882도 논란을 일으켰다. 인류학자 아이슬리Loren Eiseley에 따르면, 다윈은 자신의 저서 여러 군데에 동물학자 블리스Edward Blyth, 1810~1873의 연구를 도용했다고 밝혔다. 도용(盜用)이란 적절한 인용 표시 없이 남의 저작물을 가져다 쓰는 행위다. 문인 버틀러Samuel Butler, 1835~1902는, 다윈이 『종의 기원』을 처음 출간했을 때 선행 연구자들을 밝히지 않았음을 지적하기도 했다.

과학자이자 저널리스트 찬클Heinrich Zankl은 과학계의 표절과 도덕적 해이를 다룬 자신의 책 제호를 『Faelscher, Schwindler, Scharlatane』으로 붙였는데, 우리말로 '위조자, 사기꾼, 협잡꾼'이 된다(국내에서는 『과학의 사기꾼』이란 제호로 출간됐다). 비난의 강도가 해적 못지않다.

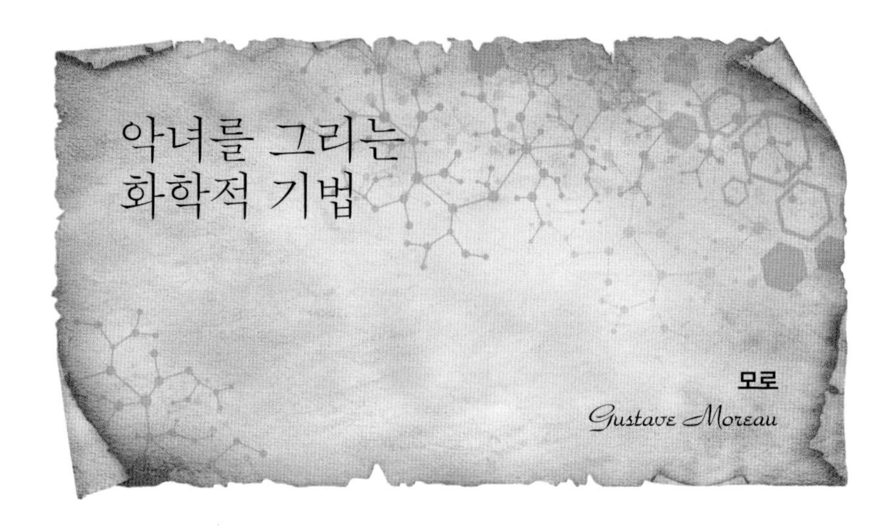

피해자인 동시에 가해자인 운명

'운명적'이라는 관형사가 자주 등장하는 소설이나 영화는 결말이 비극적일 때가 많다. 운명적인 만남이나 운명적인 사랑에는 대개 불행이나 파국을 내포하고 있어서 책을 읽거나 영화를 관람하는 내내 긴장감을 늦출 수 없다. 작가는 등장인물의 운명이 가혹할수록 극적 요소가 풍부해진다는 사실을 잘 알고 있다.

소설이나 영화에 등장하는 악녀 캐릭터를 두고 '팜 파탈(famme fatal)'이라고 부르는데, 이들은 가혹한 운명의 상징적 존재로 군림한다. '팜(femme)'은 '여성'을, '파탈(fatal)'은 '운명적인'을 뜻한다. 우리말로 풀어보면 '치명적인

여인'이 되는데, 남성을 죽음이나 고통 등 비극적인 상황으로 몰고 가는 악녀나 요부를 가리킨다. 19세기 낭만주의 작가들이 문학작품에 팜 파탈을 등장시킨 이후 미술과 영화 등 다양한 장르로 확산되었다.

팜 파탈은 '악녀'로 살아야 하는 가혹한 운명의 피해자인 동시에 타인의 운명을 가혹하게 만드는 가해자이기도 하다. 결국 팜 파탈은 운명과 떼려야 뗄 수 없는 존재이기에 종교적 · 신화적 이미지와 맞닿아 있다. 성경에서도 팜 파탈 캐릭터를 찾아볼 수 있는데, 살로메(salome)가 대표적인 인물이다.

악녀의 고전

살로메라는 이름은 성경에 직접 등장하지 않고, '헤로디아의 딸'로 기록되어 있다. 유대의 왕 헤롯(Herod)의 아내 헤로디아(Herodias)는 한때 헤롯의 동생 빌립(Philip)과 결혼한 적이 있었다. 그녀가 빌립과 이혼하고 헤롯과 결혼한 것은 유대 율법에 어긋나는 일이었다. 이에 대해 요한(John the Baptist)이 이의를 제기하자 헤롯은 그를 괘씸히 여겨 감옥에 보냈다. 헤로디아는 요한을 죽여서 다시는 자신의 과거가 회자되지 않길 바랐지만, 요한을 선지자로 믿는 백성들의 반발이 두려웠다. 묘안을 짜낸 헤로디아는 자신의 딸인 살로메를 남편 앞에서 춤추게 하여 헤롯을 매혹시켰다. 헤롯은 의붓딸 살로메의 춤사위에 매혹 당해 그녀에게 뭐든 소원을 들어주겠다고 했다. 헤로디아의 술수에 말려든 것이다. 살로메는 어머니 헤로디아의 부탁에 따라 요한의 머리를 베어 접시에 올려달라고 했다. 헤롯은 내키지 않았지만 약속을 어길 수 없어 요한을 참수했다.

살로메 이야기는 화가들에게 매력적인 소재였다. 르네상스 시대 화가 보티첼리Sandro Botticelli, 1444~1510와 바로크 거장 카라바조Michelangelo Merisi da Caravaggio, 1573~1610를 비롯한 여러 화가들이 살로메를 그렸다. 19세기 프랑스 화가 모로Gustave Moreau, 1826~1898는 살로메를 매우 많이 그린 화가로 유명하다. 그 가운데 〈헤롯 앞에서 춤추는 살로메〉에서는 살로메의 팜 파탈 이미지를 임파스토(impasto) 기법으로 묘사했다(285쪽).

모로, 〈환영〉, 1876년, 캔버스에 유채, 55.9×46.7cm, 포그 박물관, 미국 매사추세츠

임파스토란 물감을 두껍게 칠해서 질감을 표현하고 입체적인 효과를 내는 기법이다. 물감을 두껍게 칠하면 부분적으로 입체감을 내기도 하지만 거칠고 두꺼운 붓 터치를 사용하여 강한 질감 효과가 나타난다. 임파스토 기법은 고흐Vincent Van Gogh, 1853~1890의 그림들에서 많이 볼 수 있다. 고흐는 임파스토를 통해 자신의 감정을 강렬하게 표현했다.

모로는 살로메를 그리는 데 있어서 자신만의 임파스토 기법을 구현했다. 〈헤롯 앞에서 춤추는 살로메〉를 보면, 인물들이 전체 화면에서 비교적 작게 묘사돼 있는데 그림의 주인공인 살로메도 마찬가지다. 이슬람 사원을 연상케 하는 아라베스크 문양으로 장식된 화려한 공간은 헤롯왕의 막강한 권력을 상징한다. 그런데 왕의 강력한 권력을 나타내는 공간을 압도하는 인물이 있으니 바로 살로메다. 전체 화면에서 비교적 작게 묘사되었지만 헤롯을 매혹시키는 살로메의 동작은 왕의 존재를 지울 정도로 독보적이다. 한마디로 팜 파탈이 발휘되는 순간이다. 모로는 마치 살로메가 캔버스 밖으로 튀어나올 것처럼 역동적인 효과를 내기 위해 임파스토 기법을 사용한 것이다.

〈헤롯 앞에서 춤추는 살로메〉와 비슷한 구도의 〈환영〉이란 그림에서는 살로메의 동작이 좀 더 도드라진다(287쪽). 모로는 〈환영〉에서 살로메의 눈에만 보이는 세례 요한의 모습을 묘사했는데, 임파스토와 함께 강렬한 명암 대비 효과가 인상적이다.

팜 파탈의 이미지를 살린 화학적 표현 기법

임파스토는 대단히 화학적인 표현 기법이라 할 수 있다. 입체적인 효과와 강한 질감 표현을 위해 처음부터 물감을 두껍게 칠하거나 덧칠하게 되면 그만큼 그림 전체가 물감의 화학 변화에 더 많은 영향을 받게 된다. 고흐의 그림들이 대표적인 예이다. 실제로 프랑스의 화학자들은 2014년경 고흐의 그림에 사용된 임파스토 기법을 유변학(流變學, Rheology)이란 이론을 적용해 규명하는 연구를 진행했다.

유변학은 물질의 변형과 움직임을 대상으로 하는 학문으로, 유동성을 가진 물질의 힘이나 에너지에 반응하는 탄력, 변형 등을 주로 연구한다. 임파스토 기법으로 덧칠된 물감은 진득한 점탄성을 지니지만 건조하는 과정에서 변형을 일으켜 독특한 고체 형태로 캔버스에 부착된다. 두꺼운 물감의 화학작용으로 그림의 느낌이 변하는 것이다.

물론 모로가 임파스토 기법에 내재한 유변학적 성질을 이해하고서 살로메를 그리진 않았을 것이다. 하지만, 그림에서 살로메의 강렬한 팜 파탈 이미지를 전달하기 위해서 모로가 사용했던 임파스토 기법은 탁월했다. 캔버스 밖으로 튀어나올 것만 같은 살로메의 존재감에 최고 권력자인 헤롯의 모습은 무기력해 보이기까지 하다.

프로이트 연구의 모티브가 된 신화

모로에게 화가로서의 명성을 안겨다 준 작품은 〈헤롯 앞에서 춤추는 살로메〉에 앞서 그린 〈오이디푸스와 스핑크스〉(290쪽)다. 1864년 살롱 출품작인 이 그림에도 팜 파탈이 등장하는데, 살로메하고는 전혀 다른 분위기다.

원래 스핑크스는 이집트 왕의 수호신 혹은 상징이어서 피라미드와 함께 나타나는 경우가 많다. 스핑크스는 대개 머리는 인간이고 몸은 사자로 묘사되는데, 바빌론으로 건너가서 사악한 괴물신이 되었다. 중동 지역에서는 보통 스핑크스가 남자로 알려져 있지만 때때로 여자로 묘사되기도 한다. 그러다 그리스신화 오이디푸스 이야기와 결합하여 에키드나(Echidna)와 오르트로스(Orthrus) 사이에서 태어난 아들 혹은 라이오스(Laius)와 이오카스테(Iocaste) 사이에서 태어난 딸로 묘사됐다.

미케네와 크레타 지역에서는 기원전 1600년경부터 날개를 단 스핑크스 이야기가 회자됐다. 그 영향으로 중세의 화가들은 스핑크스를 날개 달린 여성으로 그렸는데, 수백 년 뒤 모로도 날개 달린 스핑크스를 그린 것이다. 아무튼 모로의 그림을 이해하기 위해서는 오이디푸스 이야기를 알고 있어야 한다.

테베의 왕 라이오스와 왕비 이오카스테의 아들 오이디푸스는 태어나면서부터 아버지를 죽이고 어머니와 결혼할 운명이라는 신탁을 받고 버려졌다. 그는 한 양치기에게 구조되어 코린토스의 왕 폴리보스(Polybus)의 아들로 자라게 된다. 성인이 된 오이디푸스는 자신이 주워온 아들이라는 걸 알게 된 뒤 델포이의 아폴론 신전에 가서 예언자의 신탁을 받는데, 거기서 자신이 아버지를 죽이고 어머니와 결혼할 운명임을 알게 된다. 폴리보스가 친아버

지라고 여긴 오이디푸스는 저주를 피하기 위해 코린토스를 떠난다. 그러다 우연히 어떤 이와 시비 끝에 살인을 저지른 뒤 테베라는 도시로 도망한다. 그곳에는 길을 막고 지나는 사람에게 어려운 수수께끼를 내어 풀지 못하면 사람을 죽이는 스핑크스라는 괴물이 있었다. 테베인들은 스핑크스를 죽이는 사람에게 왕의 자리를 주기로 하여 많은 사람들이 도전했지만 모두 실패하고 목숨을 잃었다. 스핑크스 앞에 선 오이디푸스는, "아침에는 네발로 걷고 점심에는 두발로 걸으며 저녁에는 세발로 걷는 동물이 무엇인가?"라는 문제를 받는다. 오이디푸스는, "갓난아기 때는 네발로 기어 다니다 청년이 되면 두발로 걷고 노년이 되어 지팡이를 짚으니 그것은 '인간'!"이라고 정답을 맞췄다. 그러자 스핑크스는 절벽에서 떨어져 죽었다. 스핑크스의 시체를 들고 테베의 왕궁으로 간 오이디푸스는 왕으로 추대되는데, 때마침 라이오스왕이 의문의 죽음을 당한 상태였다. 오이디푸스는 라이오스왕의 미망인 이오카스테와 결혼까지 한다. 테베에는 평화가 찾아오는 듯 했지만 이내 역병이 돌아 많은 백성들이 죽어나갔다. 백성들은 난관을 극복하고자 신탁을 구했는데, 라이오스왕을 죽인 사람을 찾아내 추방해야 역병이 그칠 것이라는 묘책을 얻는다. 뜻밖에도 범인이 오이디푸스라는 사실이 밝혀졌는데, 그가 코린토스를 떠나 테베로 오는 길에 우연히 싸움에 휘말려 살해한 나그네가 바로 스핑크스를 만나러 가던 라이오스왕이었던 것이다. 사건의 전말을 알게 된 왕비 이오카스테는 아들과 동침한 패륜을 깨닫고 스스로 목을 매 죽는다. 깊은 실의에 빠진 오이디푸스는 보아야 할 것을 보지 못하고 보지 말아야 할 것을 본 자신의 두 눈을 찔러 실명한 뒤 테베를 떠난다.

프로이트Sigmund Freud, 1856~1939는 정신분석학 연구를 통해서, 남자라면 어린

모로, 〈오이디푸스와 스핑크스〉, 1864년, 캔버스에 유채, 206×105cm, 메트로폴리탄 미술관, 미국 뉴욕

시절 누구나 겪는 어머니에 대한 성적 잠재의식을 어머니와 결혼한 오이디푸스신화에서 인용해 '오이디푸스 콤플렉스'라고 불렀다.

스핑크스에도 팜 파탈의 기운이?!

다시 그림(290쪽)을 보자. 모로는 오이디푸스가 스핑크스와 대면하는 긴장된 순간을 그렸다. 화면 아래에는 지금까지 문제를 풀지 못해 죽은 사람의 발이 보인다. 오른쪽 기둥을 감고 있는 뱀과 화면 왼쪽의 무화과나무 모두 유혹과 타락을 상징한다. 죽은 사람의 발 부근에 있는 부서진 왕관은 권력의 허무함을 뜻한다.

그런데 그림 속 스핑크스는 많은 사람들을 죽인 무시무시한 모습과 거리가 있다. 봉긋 솟은 가슴을 오이디푸스에게 들이대면서 뒷발로는 남자의 은밀한 곳을 짚고 있다. 마치 사랑을 갈구하는 요염한 눈빛이다.

여기서 오이디푸스의 시선으로 스핑크스를 보자. 오이디푸스 눈앞에서 펼쳐진 날개 때문에 무서운 사자의 억센 다리와 날카로운 발톱은 정작 오이디푸스에게는 보이지 않는다. 스핑크스는 미모의 얼굴과 아름다운 가슴만 보이도록 날개를 활짝 펴 오이디푸스의 시야를 가리고 있는 것이다. 사랑을 구하듯 오이디푸스의 품에 매달려 있는 스핑크스의 표정만 봐서는 악녀의 이미지하고는 거리가 멀다. 스핑크스를 바라보는 오이디푸스의 눈빛도 적대적이지 않다. 오이디푸스와 스핑크스는 서로 관능적인 교감을 주고받고 있는 것처럼 보인다.

모로는 스핑크스의 날개를 입체적으로 도드라지게 그려 맹수의 하반신이 오이디푸스의 시야를 가리는 효과를 가져왔다. 〈헤롯 앞에서 춤추는 살로메〉에서의 임파스토 기법을 스핑크스의 날개에 활용한 것이다. 스핑크스의 날개를 자세히 보면 깃털 부분이 층을 이루고 있고, 오른쪽 날개와 왼쪽 날개의 명암 대비로 입체성이 부각되었다.

눈에 보이지 않는 내면의 가치를 그린다!

모로는 〈오이디푸스와 스핑크스〉를 자신이 존경했던 선대 화가 앵그르Jean Auguste Dominique Ingres, 1780~1867가 그린 동명의 그림(294쪽)을 모델로 그렸다. 두 작품 다 오이디푸스와 스핑크스가 시선을 마주하는 순간을 그렸다. 돌이 많은 계곡을 무대로 삼은 것, 오이디푸스의 창이 땅을 향한 것, 문제를 풀지 못해 죽은 시체의 발이 나타나는 것, 무엇보다 반인반수의 스핑크스를 팜 파탈로 표현한 것에서 두 작품은 닮았다. 하지만 모로와 앵그르는 같은 주제를 그렸음에도 두 그림이 자아내는 분위기는 사뭇 다르다.

"나는 눈에 보이는 것을 그리지 않는다. 오직 내면에서 느낄 수 있는 것만이 가치가 있다." 평소 모로가 입버릇처럼 했던 말이다. 모로가 활약하던 시기는 신고전주의와 사실주의 그리고 인상주의가 교차하던 때였다. 당시 화가들은 서로 비방도 불사하면서 자신의 화풍이 맞다고 치열하게 다퉜지만, 모로에게는 모두 마찬가지였다. 주제와 형식은 서로 달라도 고전주의, 사실주의, 인상주의는 모두 객관적으로 눈에 보이는 것을 그렸기 때문이다.

모로는 눈에 보이지 않는 인간의 내면과 잠재의식을 그렸다. 그래서 그의 그림은 대개 몽환적이고 상징적이다. 종교와 신화, 역사를 그렸지만 자신만

앵그르, 〈오이디푸스와 스핑크스〉, 1808~1825년, 캔버스에 유채, 189×144cm, 루브르 박물관, 프랑스 파리

의 독특한 해석으로 같은 주제를 그린 기존 화가들의 그림과 차별됐다.

모로는 8000점이 넘는 작품을 남겼을 정도로 평생 그림 그리기에 열중했다. 19세기의 파리는 혁명과 정쟁의 여파로 늘 바람 잘 날 없었지만 모로는 작업실에서 은둔하며 창작에만 몰두했다. 그는 여류화가 뒤로Adelaide-Alexandrine

Dureux와 25년 동안 (그녀가 죽을 때까지) 연인 사이로 지냈지만, 결혼은 하지 않고 평생 어머니와 살았다. 호사가들은 이런 그의 사생활을 두고 〈오이디푸스와 스핑크스〉가 화가 자신의 이야기를 그린 게 아니냐고 수군댔지만 사실로 확인된 바 없다.

모로 미술관 내부 (사진 : https://en.musee-moreau.fr/)

모로는 예순여섯이란 늦은 나이로 에콜 데 보자르 교수로 임용되면서 젊은 예술가들로부터 깊은 신뢰와 지지를 받았다. 야수파를 이끈 마티스Henri Matisse, 1869~1954도 모로의 제자로 알려져 있고, 루오Georges Henri Rouault, 1871~1958는 훗날 모로 미술관의 초대 관장직을 맡기도 했다. 현대미술을 연 거장들이 모로에게 막대한 영향을 받았음을 알게하는 대목이다.

모로가 은둔했던 파리의 자택 겸 작업실은 그의 사후 미술관으로 개조되었다. 프랑스 정부는 1902년에 모로 미술관을 국립 미술관으로 공인했다. 전 세계에서 모여든 관람객들로 인산인해를 이루는 루브르나 오르세 미술관을 피해 조용한 곳에서 느긋하게 그림을 감상하고 싶다면 모로 미술관을 권한다. 한적한 파리 9구 골목길을 걷다보면 'Musée National Gustave Moreau'라는 간판이 붙은 운치 있는 저택을 만나게 되는데, 그곳이 바로 모로 미술관이다. 유화와 수채화, 소묘에 이르기까지 7000점이 넘는 명화의 숲에서 잠시 길을 잃고 멍하니 서 있어도 좋을 것이다. _ Moreau

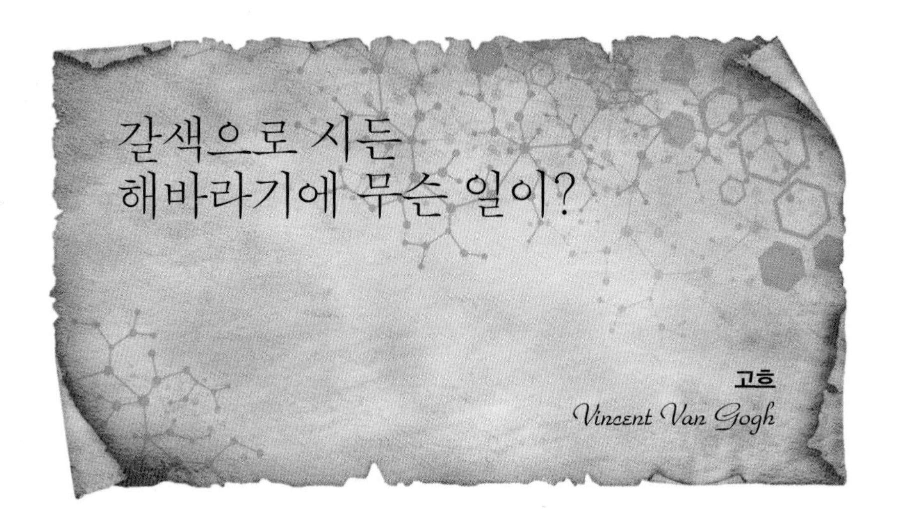

갈색으로 시든 해바라기에 무슨 일이?

고흐
Vincent Van Gogh

고흐, 〈해바라기〉, 1889년, 캔버스에 유채, 95×73cm, 반 고흐 미술관, 네덜란드 암스테르담

해바라기 잎이 시들기 시작했다고?

2018년 5월 말로 기억한다. 영국의 일간지 「가디언」의 보도를 인용해 국내 언론사를 통해 나온 기사를 인터넷 포털에서 읽고 필자는 혼잣말로 중얼거렸다. "결국 터질 게 터지고 말았구나!"

네덜란드 암스테르담에 전시된 고흐Vincent Van Gogh, 1853~1890의 〈해바라기〉가 노란색에서 갈색으로 변색되고 있다는 기사였다. 그림에 관심 없는 사람들은 시큰둥할 소식이지만 필자에게는 꽤 충격적인 뉴스가 아닐 수 없었다.

「가디언」의 보도에 따르면, 네덜란드와 벨기에 과학자들은 수년에 걸쳐 엑스레이 장비를 이용해 암스테르담 반 고흐 미술관에 전시된 1889년작

〈해바라기〉를 관찰해왔다. 그 결과 그림 속 노란색 꽃잎과 줄기가 올리브 갈색으로 변하고 있음을 확인했다.

과학자들은 변색의 원인으로 고흐가 이 그림을 그릴 당시 밝은 노란색을 얻기 위해 크롬 옐로와 황산염의 흰색을 섞어 사용했기 때문이라고 추정했다. 고흐가 크롬 성분이 들어있는 노란색 물감을 다량으로 사용했다는 것이다.

고흐는 노란색 계통의 물감을 즐겨 썼고 그 중에서도 크롬 옐로(chrome yellow)를 많이 사용했다. 크롬 옐로는 납을 질산 또는 아세트산에 용해하고, 중크롬산나트륨(또는 나트륨) 수용액을 가하면 침전되어 생성된다. 다시 이 반응에 황산납 등의 첨가물을 가하거나 pH를 변화시키면 담황색에서 적갈색에 걸친 색조가 생긴다.

크롬 옐로는 값이 싸서 고흐처럼 가난한 화가들이 애용했다. 하지만 납 성분을 함유하고 있어서 대기오염 중 포함된 황과 만나면 황화납(PbS)이 되는데 이것이 검은 색이다. 그러므로 현대 산업사회로 접어들수록 변색의 우려가 크다. 특히 오랜 시간 빛에 노출되면 그 반응이 촉진되는 문제가 있다.

이미 수년 전부터 문제의 심각성을 깨달아온 미술관 측은 200개의 회화와 400개의 소묘 등 보유 작품들을 최상의 상태로 관리하기 위해 전시실의 조도를 재정비했다. 하지만 조도 상태를 손보는 것만으로는 부족했던 모양이다.

〈해바라기〉의 변색은 당장 육안으로 식별될 정도로 심각한 건 아니지만, 아무런 조치 없이 그대로 둘 경우 머지않아 갈색 해바라기가 될지도 모르는 일이다. 이번 연구를 담당해온 벨기에 앤트워프 대학교 소속 미술재료 전문가인 프레데릭 반메이르트Frederik Vanmeert 박사는 “변색이 뚜렷하게 나타나는데 얼마나 소요될지 구체적으로 말하기 어려운데, 그 이유는 변색이 외부 요인들에 달려 있기 때문"이라고 밝혔다. 〈해바라기〉에 사용된 크롬 옐로가 대기환경과 외부 조명에 대단히 취약하다는 얘기다.

크롬 옐로

과학자들은 〈해바라기〉 전체가 변색의 위험이 있는 게 아니라고 분석했다. 흰색을 섞어 밝게 만든 노란색 부분이 특히 변색이 심했고, 나머지 부분은 그나마 변색 가능성이 적다고 보았다. 고흐가 많이 사용한 크롬 옐로는 붉은 빛이 돌면서 따뜻한 느낌을 주는 노란색으로, 노랑 계통 중에서도 색이 곱고 은폐력(隱蔽力)이 뛰어나다. 이런 이유로 고흐는 그림에서 핵심에 해당하는 해바라기 꽃에 이글거리는 태양빛과 가장 유사한 크롬 옐로를 집중해서 사용한 게 아닐까 싶다.

여행을 금지당한 〈해바라기〉

암스테르담 반 고흐 미술관의 〈해바라기〉가 노란색에서 갈색으로 변색되고 있다는 뉴스가 나오고 몇 달 뒤인 2019년 1월경 다시 한 번 이에 관한 외신이 전파를 탔다. 영국 일간지 「텔레그라프」는 반 고흐 미술관 측이 〈해바라기〉를 변색 위험을 이유로 당분간 해외 전시를 하지 않는다는 방침을 내놨다고 보도했다.

반 고흐 미술관은 〈해바라기〉가 지금 당장은 작품 상태가 크게 문제될 게 없지만, 앞으로 해외 전시를 위한 이동으로 변색할 위험이 있다는 결론을 내렸다. 악셀 뤼거Axel Rüger 반 고흐 미술관장은, "〈해바라기〉 그림의 물감 상태가 진동과 습도 및 기온 변화에 따라 민감하게 반응할 수 있다"고 밝혔다. 따라서 "〈해바라기〉가 변색할 위험을 미연에 방지하기 위해 당분간 해외 전시를 허용하지 않을 것"이라고 했다.

반 고흐 미술관의 최근 발표에 따르면, 〈해바라기〉의 변색에서 가장 두드러지는 것은, 붉은색 물감(제라늄 레이크)이 희미해지고 노란색 물감(크롬 옐로)이 어두워지고 있다는 것이다. 2018년 5월에는 크롬 옐로의 변색을 발표했는데, 여기에 붉은색 부분의 변색까지 더해진 것이다. 고흐는 해바라기 꽃의 중심부를 붉은색 계통 물감으로 칠했는데, 이 부분이 희미하게 변색되고 있다는 얘기다.

빨간색은 레이크(lake) 안료가 많은데, 염료로 만든 안료라서 내광성이 약하다. 레이크 안료란 무색투명한 무기안료를 염료로 염색해서 만든 것으로, 제라늄 레이크(geranium lake), 스칼렛 레이크(scarlet lake), 크림슨 레이크(crimson lake) 등이 있다. 레이크 안료를 고흐도 애용했기 때문에 〈해바라기〉에 퇴색이 일어난 것으로 추측된다.

아울러 반 고흐 미술관은 〈해바라기〉 그림 위에 여러 겹 덧입혀진 광택제와 왁스의 색도 영향을 주었다고 밝혔다. 이는 고흐가 아닌 다른 사람이 그림 표면에 덧입힌 것인데, 희끄무레해진 왁스는 제거할 수 있지만 광택제는 물감과 섞여 있어서 제거가 불가능하다.

반 고흐 미술관은 고흐의 그림들 중에서 크롬 옐로 물감을 쓴 다른 작품들도 변색의 위험이 클 것으로 추정했다. 고흐는 '태양의 화가'로 불릴 만큼 노란색에 집착했다. 〈해바라기〉 시리즈 말고도 〈씨 뿌리는 사람〉, 〈노란 집〉,

고흐, 〈노란 집〉, 1888년, 캔버스에 유채, 72×91.5cm, 반 고흐 미술관, 네덜란드 암스테르담

〈밤의 카페 테라스〉 등에서도 노란색이 돋보인다.

고흐가 노란색 물감에 집착한 것을 두고 일각에서는 고흐가 압생트(absinthe)란 독주를 너무 과하게 마셔 주변 사물이 노랗게 변하는 황시증(黃視症)에 걸렸기 때문이라는 견해를 내기도 했다. 압생트에 함유된 투존

(thujone)이라는 테르펜 성분이 신경에 영향을 미쳐 환각 증세를 보이게 된다는 것이다.

하지만 후대의 연구에 따르면, 압생트에는 환각 성분이 들어있지 않음이 밝혀졌다. 단지 도수가 70도 정도로 높은데, 여기에 각설탕을 넣어 마시는 음용법 때문에 자주 과도하게 마시게 되어 알코올 중독에 빠질 위험이 높은 것이다.

결국 고흐가 노란색을 즐겨 썼던 이유는 죽기 전 불꽃 같은 예술 혼을 태웠던 남프랑스의 강렬한 태양이 노랗게 이글거렸기 때문이다. 고흐는 화실로 사용하던 집도 노랗게 칠할 정도로 밝은 태양빛에 집착했다. 이런 그에게 해바라기(sun flower)는 이름 그대로 태양의 꽃이었다. 고흐에게 해바라기를 그린다는 것은 곧 태양을 그리는 것과 다르지 않았다.

파리의 해바라기와 아를의 해바라기가 다른 이유

고흐는 프랑스 남서부 아를 지방에 머물며 일곱 점의 〈해바라기〉를 남겼다. 그는 아를에 오기 전 파리에 머물 때도 〈해바라기〉를 여러 점 그렸다. 하지만 파리에서 그린 〈해바라기〉는 아를의 것과 다르다.

파리에서 그린 〈해바라기〉는 아를의 것처럼 화병에 여러 송이가 꽂혀 있는 게 아니라 바닥에 두세 송이가 놓여 있다. 그것도 아를에서 그린 〈해바라기〉처럼 활짝 피어있지 않다. 그림의 전체적인 색상도 아를의 〈해바라기〉에 비해 어둡고 칙칙하다.

파리에서 그린 〈해바라기〉와 아를에서 그린 〈해바라기〉를 비교해 보면, 두 지역의 날씨를 가늠해 볼 수 있다. 그림 속 해바라기의 개화(開花)와 색상을 통해 파리에 비해 아를의 태양이 훨씬 밝고 이글거림을 알 수 있다. 야외의 자연 환경에 따라 고흐의 그림이 엄청난 영향을 받았던 것이다. 고흐가 대표적인 인상파 화가임을 방증하는 대목이다.

아를에서 그린 일곱 점의 〈해바라기〉 가운데 대중에게 공개된 작품은 다섯 점이다. 암스테르담 반 고흐 미술관을 비롯해 런던 내셔널 갤러리, 뮌헨 노이에 피나코테크, 도쿄 손보재팬 미술관, 필라델피아 미술관에서 각각 한 점씩 전시하고 있다. 나머지 두 점 중 하나는 개인이 소장하고 있고, 다른 한 점은 오사카에 있다가 제2차 세계대전 당시 미군의 폭격으로 소실됐다.

파리에서 그린 것까지 합쳐 모두 열 점의 〈해바라기〉를 한곳에 모아 전시하는 상상을 해본다. 그야말로 찬란한 해바라기의 향연이 될 것이다. 물론 실현불가능한 일이다. 더구나 반 고흐 미술관의 〈해바라기〉는 여행이 금지됐으니…… 그래서 필자는 이 책에 제2차 세계대전에 소실된 〈해바라기〉까지 합쳐 열한 점의 〈해바라기〉 전시회를 열었다. 책이 주는 미덕이 아닐 수 없다. _ *Gogh*

고흐의 〈해바라기〉 컬렉션
Van Gogh 〈Sun Flower〉 Collection

1

2

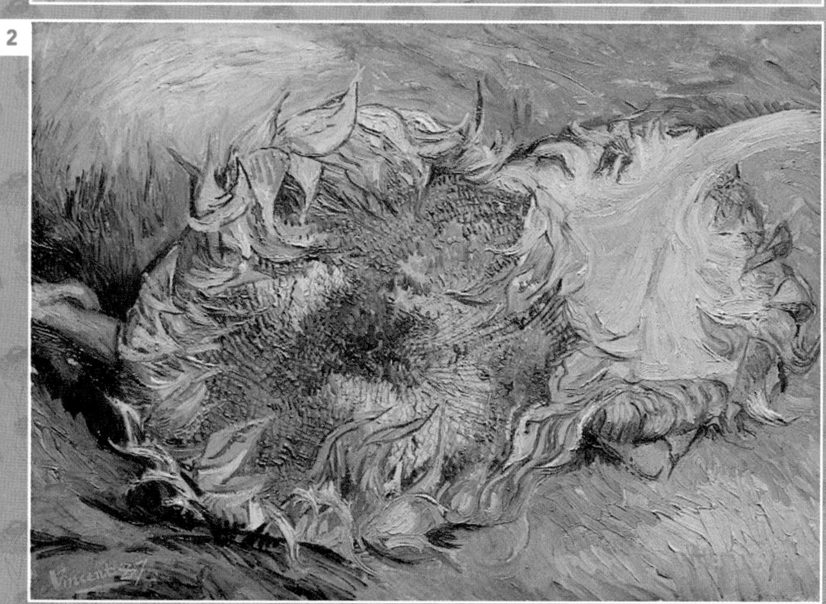

3

4

1 1887년작(파리), 캔버스에 유채, 21×27cm, 반 고흐 미술관, 네덜란드 암스테르담

2 1887년작(파리), 캔버스에 유채, 43.2×61cm, 메트로폴리탄 미술관, 미국 뉴욕

3 1887년작(파리), 캔버스에 유채, 50×60cm, 베른 시립 미술관, 스위스

4 1887년작(파리), 캔버스에 유채, 60×100cm, 크뢸러-뮐러 미술관, 네덜란드 오테를로

5
1888년작(아를),
캔버스에 유채, 92.1×73cm,
내셔널 갤러리, 영국 런던

6
1888년작(아를),
캔버스에 유채, 91×72cm,
노이에 피나코테크, 독일 뮌헨

7
1889년작(아를),
캔버스에 유채, 91×72cm,
필라델피아 미술관, 미국

8

9

10

8
1889년작(아를),
캔버스에 유채, 100.5×76.5cm,
손보재팬 미술관, 일본 도쿄

9
1888년작(아를),
캔버스에 유채, 73×58cm,
개인 소장

10
1888년작(아를),
캔버스에 유채, 69×98cm,
일본 오사카에서 개인 소장 중에
1948년 8월 6일 제2차 세계대전 당시
미군의 공습으로 소실

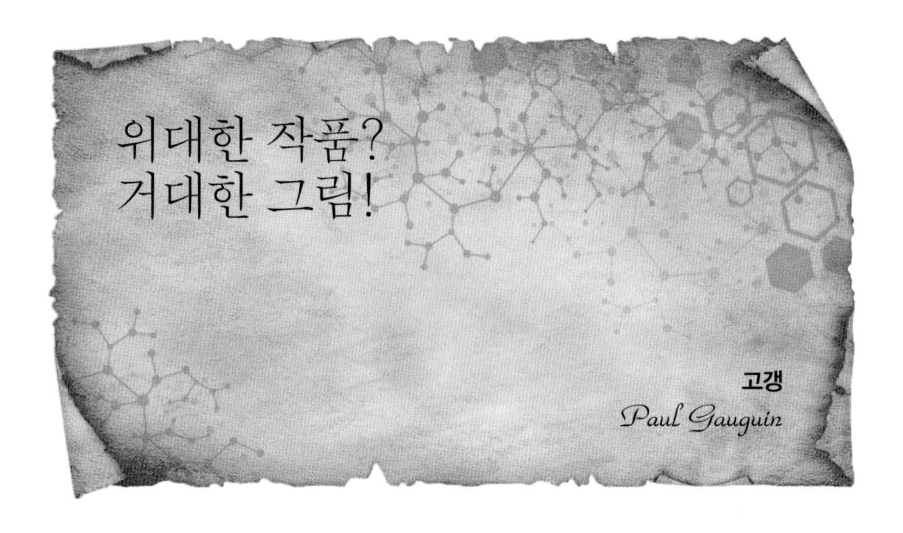

두 화가의 동상이몽

고갱Paul Gauguin, 1848~1903에 관한 이야기를 시작하기 전에 고흐Vincent Van Gogh, 1853~1890의 〈해바라기〉 이야기를 좀 더 해야겠다. 1888년 10월경 고갱이 아를에 있는 고흐의 노란 집에 처음 들어섰을 때 그의 눈을 사로잡은 것은 여러 점의 〈해바라기〉였다. 고갱은 고흐의 그림에 반했고, 이내 고흐의 재능에 자격지심을 느꼈다.

당시 고흐는 프랑스 남부 아를에 화가공동체를 만들 꿈에 부풀어 있었고 고갱을 첫 번째 구성원으로 생각하고 정성을 들였다. 고갱은 고흐의 끈질긴 설득뿐 아니라 숙식을 해결하고 한 달에 그림 한 점을 150프랑에 사주기

고갱, 〈해바라기를 그리는 화가〉, 1888년, 캔버스에 유채, 73×91cm, 반 고흐 미술관, 네덜란드 암스테르담

로 한 계약 조건에 끌려 아를에서 고흐와 공동생활을 시작했다. 고갱은 어떻게든 그림을 팔아 돈도 벌고 인정받고 싶었고, 고흐의 동생 테오Theodor van Gogh, 1857~1891는 그에게 대단히 중요한 에이전시였다. 테오는 실제로 화랑의 판매 중개인으로서 고갱의 그림을 좋은 값으로 팔아 주었다.

하지만 고갱과 고흐는 함께 지내면서 충돌이 잦았다. 결국 고흐가 자신의 귀를 자르는 사건이 일어나 두 달 만에 헤어지고 말았다. 고흐는 아를을 떠난 고갱에 심한 배신감을 느꼈지만 테오를 통해 〈해바라기〉 한 점을 얻고 싶다는 고갱의 부탁을 전해 듣고 당장 새로 그려 주겠다며 반색했다. 세상으로부터 철저히 외면받은 자신의 그림을 고갱이 인정해 줬다는 게 고흐는 더할 나위 없이 기뻤을 것이다.

고갱은 고흐를 모델로 〈해바라기를 그리는 화가〉라는 초상화를 그리기도 했다(309쪽). 고갱의 눈에 고흐가 가장 빛나보였을 때는 아마도 〈해바라기〉를 그리기 위해 캔버스 앞에 앉아 있는 고흐의 모습이 아니었을까?

그런데 〈해바라기를 그리는 화가〉에서 고갱이 그린 해바라기를 바라보는 고흐의 모습은 별다른 감흥이 없어 보인다. 고흐 특유의 광기 어린 열정도 느껴지지 않는다. 그래서일까, 이 그림을 본 고흐는 "그림 속 화가는 분명 나인데, 제정신이 아닌 것 같다"라고 말했다. 아마도 고흐는 자기 자신이 뭔가에 미쳐 있을 때 제정신이라고 여겼던 모양이다.

고흐의 모습만 다른 게 아니다. 그림 속 화병에 꽂힌 해바라기는 고흐가 그린 〈해바라기〉와도 너무 다르다. 네덜란드 암스테르담에 있는 반 고흐 미술관에 가면 고갱이 그린 '해바라기'(〈해바라기를 그리는 화가〉는 그곳에 전시돼 있다)와 고흐가 그린 〈해바라기〉를 비교해서 볼 수 있다.

고흐의 색채 분할은 틀렸다!

고갱과 고흐는 화병에 꽂힌 같은 해바라기를 바라봤지만, 두 사람의 시각은 너무나 상이했다. 그렇게 두 사람은 사물에 대한 관점, 선과 색, 예술에 대한 가치관 등 거의 모든 것에서 달랐고, 서로 격렬하게 논쟁하고 싸우다 마침내 결별했다.

두 사람의 가장 큰 차이는 무엇보다도 재능이었다. 고흐가 천재적 재능을 가진 화가였다면, 고갱은 천재적 재능을 갖길 원했던 화가다. 두 사람은 종종 영화 〈아마데우스〉에 나오는 모차르트Wolfgang Amadeus Mozart, 1756~1791와 살리에리Antonio Salieri, 1750~1825에 비유된다. 살리에리는 모차르트의 천재성에 감탄하면서 한편으론 자신의 능력에 의기소침했다. 고갱도 마찬가지였다. 고갱은 고흐의 광기어린 삶에 치를 떨며 아를을 떠났다. 함께 지내면 늘 비교될 수밖에 없는 친구의 재능에 더 이상 초라해지고 싶지 않았을 것이다.

고갱은 하루빨리 고흐로부터 벗어나 자신만의 고유한 화풍의 그림을 그리고 싶었다. 그것은 아를의 강렬한 태양빛을 그렸던 고흐의 인상주의와의 결별을 의미했다.

고갱이 창안한 것은 이른바 종합주의(Synthetisme)라 부르는 화풍이었다. 여기서 '종합'이란 인상주의의 색채 '분할'에 대한 개념이다. 고갱은 인상주의가 자연에서 태양빛의 분광 효과를 탐구하는 데만 골몰한 나머지 예술적 감성과 지적 이성의 균형을 잃었다고 비판했다. 즉, 눈에 보이는 인상에만 집착함으로써 그리려는 대상의 색상을 해체시켜 본질을 왜곡했다는 것이다. 이를테면 아를의 이글거리는 태양빛을 그린 고흐의 노란색은 격정적이고 강렬하지만, 결국 찰나적이고 충동적인 순간을 그렸을 뿐이라고 생각했다.

아울러 고갱은 명암법이나 원근법 등 회화의 2차원성을 극복하려는 기존 방식에서 탈피해 색과 선 자체의 고유성을 강조했다. 그는 입체적 효과에 집착하는 것은 회화의 2차원성을 부정하는 것으로, 눈속임에 지나지 않다고 여겼다.

고흐의 노란색과 다른 황색 그리스도

아를을 떠나 고갱이 찾은 곳은 프랑스 북서부에 위치한 '브르타뉴(Bretagne)'라는 지역이다. 고갱은 이곳에서 신앙심이 두텁고 순박한 농부들의 삶에 매료되어 그들을 주제로 많은 작품을 남겼는데, 그 가운데 〈황색 그리스도〉는 브르타뉴에서 그린 고갱 최고의 작품으로 꼽힌다.

그런데 고갱은 공교롭게도 〈황색 그리스도〉에서 예수를 노란색으로 그렸다. 그림의 배경에도 전체적으로 노란색이 쓰였다. 하지만 그림에 채색된 노란색은 고흐의 노란색과는 분명 다르다.

고갱은 브르타뉴 퐁타벤 마을 근처 트레말로(Tremalo) 교회에 있는 목재로 된 십자가상을 모델로 그렸다. 고갱은 자연적인 채광 효과를 배제한 채 자신이 창안한 종합주의에 입각해 이 그림을 완성한 것이다.

예수상 주변에는 브르타뉴 여인들이 모여 있는데, 그 모습이 마치 2000년 전 십자가에 못 박힌 상황을 재현하는 듯하다. 그림은 영적 존재인 예수가 현실을 살아가는 브르타뉴 여인들 곁에 늘 함께 있다는 메시지를 던진다. 신앙과 현실세계를 한데 묶어 배치시킴으로서 고갱이 주창한 종합적 사고를 구현해낸 것이다.

고갱, 〈황색 그리스도〉, 1889년, 캔버스에 유채, 92.1×73cm, 올브라이트-녹스 미술관, 미국 뉴욕

이 그림은 회화의 기법적인 측면에서도 기존 인상주의와는 확연히 구별된다. 세세한 붓놀림으로 자연광을 섬세하게 묘사한 인상주의와 달리 선과 색을 단순화해 메시지를 명징하게 전달하는 데 주력했음을 느낄 수 있다.

거듭된 실패, 보헤미안 같은 삶

고갱과 고흐는 거의 모든 게 달랐지만 한 가지 공통점이 있었다. 둘 다 살아 있을 때 인정받지 못한 화가였다는 사실이다. 고흐는 동생 테오의 노력에도 불구하고 그림을 거의 팔지 못해 늘 가난에 찌들어 살았다. 고갱도 다르지 않았다. 〈황색 그리스도〉는 분명 새로운 시도였지만, 당시 평단의 주목을 끌어내는 데는 실패했다. 그렇게 고갱은 평생 화가로서의 성공을 꿈꾸며 새로운 시도와 도전을 이어갔지만 현실은 녹록치 않았다.

고갱은 정식으로 미술공부를 하지 않았다. 십대 때는 해군에 지원해 배를 타고 전 세계를 떠돌아 다녔고, 파리로 돌아와 정착해 가정을 꾸렸을 때는 증권사 직원으로 일했다. 그러다 우연히 미술중개상 업계 사람들과 친해지면서 그림의 매력에 빠졌다. 그는 그림을 감상하는 것에 머물지 않고 붓을 들고 직접 그리기 시작했다. 그리고 결국 회사를 그만두고 직업화가로의 길로 접어들게 된 것이다.

무명 직업화가의 경제력은 빤했다. 아내와 자주 갈등했고, 급기야 가족들을 덴마크에 있는 친정으로 보내야 했다. 파리에 혼자 남게 된 고갱은 고흐가 있는 아를로 가 돌파구를 찾았지만 그마저도 여의치 않았다.

고갱은 늦은 나이에 직업화가로 나섰던 탓에 항상 조급했다. 그는 늘 하루 빨리 화가로 성공해야 한다는 강박에 시달렸다. 실패를 거듭하던 고갱은 파리를 떠나 남태평양의 타히티로 갔다. 고갱은 타히티의 자연과 원주민들을 그리며 창작활동에 전환점을 모색했다.

고갱은 타히티에서 그린 수십 점의 그림들을 가지고 파리로 돌아왔다. 타히티에서의 작업에 '원시주의(primitivism)'라는 이름을 붙이고 지인들의 도움으로 전시회를 열었지만 결과는 기대 이하였다. 심지어 일부 미술관에서는 고갱의 그림을 전시하는 것조차 거절하는 사태까지 벌어졌다. 고갱은 크게 좌절했고, 또 다시 파리를 떠나 타히티로 돌아갔다.

걸작으로 인정받길 원했던 대작

"내가 죽기 전에 꼭 그리고 싶은 대작이 있네. 그래서 미친 듯이 꼬박 한 달을 밤낮으로 작업했어."

1897년 타이티에 머물던 고갱이 친구에게 보낸 편지에 쓴 내용 중 일부다. 고갱이 한 달 동안 밤낮으로 그렸다는 그림의 왼쪽 윗부분 노란색 바탕에는 "우리는 어디서 왔는가? 우리는 누구인가? 우리는 어디로 가는가?"라는 문구가 적혀 있다. 이게 없었다면 도대체 고갱이 무슨 의도로 이 거대한 그림을 그렸는지 아무도 알지 못했을 것이다.

고갱은 전통적 알레고리(allegory)와 도상학을 완전히 무시한 이 그림에 대해서 몇 편의 글을 남겼다. 덕분에 조금은 그의 의도를 읽을 수 있다.

철학적 명제를 제목으로 한 이 그림은 길이가 4미터에 이르는 대작이다. 고갱은 자신의 체험적 철학을 담은 최고의 걸작이라고 말했던 이 그림을 완성한 뒤 (미수로 끝났지만) 자살을 시도했다.

고갱의 그림은 곧 그의 인생이다. 특히 〈우리는 어디서 왔는가? 우리는 누구인가? 우리는 어디로 가는가?〉는 고갱 인생의 총결산이라 할 수 있다. 이 그림을 읽을 때는 동양화와 비슷하게 오른쪽에서부터 왼쪽으로 읽어 가야 한다. 오른쪽 아래 아기의 탄생에서부터 왼쪽으로 성장, 성숙과 노년에 이르

D'où Venons Nous
Que Sommes Nous
Où Allons Nous

고갱, 〈우리는 어디서 왔는가? 우리는 누구인가? 우리는 어디로 가는가?〉, 1897년, 캔버스에 유채, 139.1×374.6cm, 보스턴 미술관(Museum of Fine Arts), 미국

기까지 인생의 흐름을 보여준다.

오른쪽 아래에 갓난아기와 수다를 떠는 세 여인이 있다. 뒤쪽에는 보라색 옷을 입은 두 사람이 운명에 대해 심각하게 이야기를 나누고 서 있다. 그 왼쪽에 비례에 맞지 않게 크게 그려진 사람은 한 팔을 치켜들고 그들의 이야기를 놀란 듯이 듣고 있다.

가운데에 과일을 따는 사람은 남자인지 여자인지 모호하다. 고갱이 이곳에서 파악한 양성인(타히티에서 남자도 여자도 아닌 성 역할이 모호한 사람)이다. 『성경』「창세기」에서는 선악과를 따는 것이 여자인 이브였지만 그는 의도적으로 남녀양성인으로 그렸다. 그 앞의 아이는 이미 과일을 먹고 있다. 과일을 먹는 것은 죄 또는 성행위를 뜻한다. 그 옆의 고양이 두 마리도 이것을 상징한다.

화면 왼쪽 가운데에 있는 우상은 피안(彼岸)의 세계를 가리킨다. 마지막으로 죽음 근처에 있는 노파는 깊은 생각에 잠겨 있고, 그 발밑에는 도마뱀을 발톱으로 쥔 새가 언어의 공허함을 나타내고 있다.

여기서 고갱은 순수한 자연과 원시적 가치, 즉 문화의 보편성을 이야기한다. 그는 타히티에서 남녀의 성 차별이 없거나 모호한 것을 깨닫고 원래 유럽 문명인의 성 차별은 인위적이고 의복에 의하여 부자연스럽게 표출된 것이라고 생각했다. 그래서 이 그림에는 남성성과 여성성이 혼재하고, 타히티의 원시종교와 기독교가 섞여 나타나며, 일상적인 것과 정신적인 것이 중첩된다.

이 그림은 다른 여덟 점의 그림과 함께 파리로 보내어 1898년 11월에 전시하여 화제를 일으켰다. 그러나 호평을 받지는 못했다. 고갱은 이 그림을 계산에 의하여 제작한 것이 아니라 심연에서 분출되는 열정으로 그린 것이며, 음악 같은 색채는 자연의 내적인 힘에 도달하는 감정의 울림과 같은 것이라고 주장했다. 또 과거의 다른 화가들의 그림과 비교하여 전통적인 도상학과 상징성만을 파악하려 들면 자신의 그림을 이해할 수 없으니 먼저 가슴으로 느껴야 한다고 주장했다.

하지만 고갱의 말처럼 가슴으로 느끼기에는 의도적인 그림임을 부정할 수 없다. 미술사가 중에는, 고갱은 그림 값을 올리거나 유명해지기 위해서는 자살 소동도 연출할 만한 사람이라는 견해를 내는 이도 있다. 그는 자신의 예술성을 끊임없이 의심했으며, 이미 제국주의적 식민주의 시대에 유럽인들의 원시 · 야만 · 이국적 취향을 비즈니스맨의 감각으로 내다보고 남과 다른 무언가를 창작하기 위해 조바심 냈던 사람이라고 평가받기도 한다. 그야말로 혹평이 아닐 수 없다.

고갱은 말년에 습진, 매독, 관절염 등 여러 질환에 시달리다 1903년 심장마비로 유명을 달리했다. 고갱을 후원했던 화상 볼라르Ambroise Vollard, 1866~1939는 그의 추모전을 열었고, 그로부터 몇 년 뒤 고갱 회고전이 성황리에 개최되었다. 그가 살아있을 때 그렇게도 열망했던 명성이 죽은 뒤에 찾아온 것이다. 시간이 흘러 고갱의 작품들에 재평가가 이뤄졌고, 마티스Henri Matisse, 1869~1954와 피카소Pablo Ruiz Picasso, 1881~1973 등 20세기 거장들이 고갱에게서 영향을 받았다고 밝히기도 했다. _ *Gauguin*

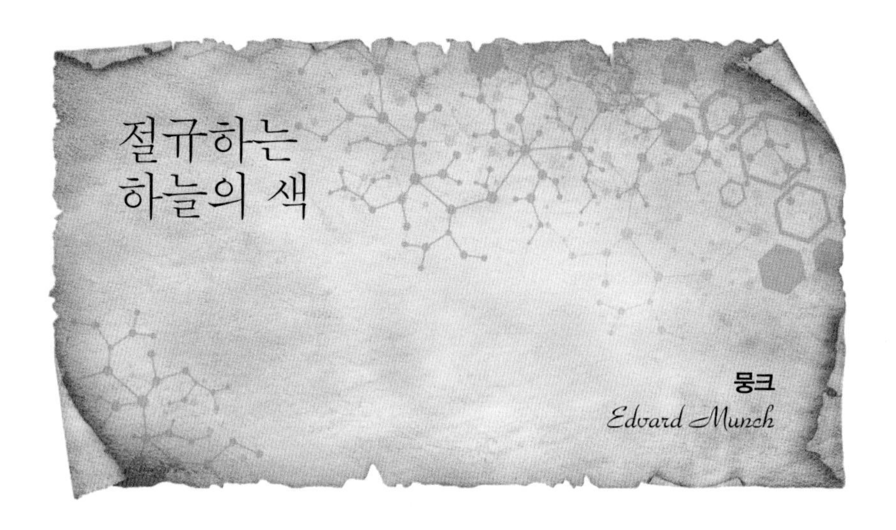

뭉크, 〈절규〉, 1893년, 템페라, 91.3×73.7cm, 노르웨이 국립 미술관, 오슬로

노르웨이 하면 떠오르는 화가와 그림?!

북유럽의 겨울나라 노르웨이하면 가장 먼저 뭐가 떠오를까? 세계에서 가장 긴 협만(峽灣)인 송네피오르드, 오로라를 볼 수 있는 트롬쇠, 노벨평화상, 비틀스Beatles의 노래이자 하루키Murakami Haruki 동명 소설 〈Norwegian Wood(노르웨이의 숲)〉……

필자의 머릿속에는 오드 하셀Odd Hassel, 1897~1981과 에드바르 뭉크Edvard Munch, 1863~1944라는 이름이 인터넷포털 연관 검색어처럼 노르웨이와 함께 떠오른다. 하셀은 노르웨이 출신 물리화학자다. X선 회절법을 통한 분자의 결정구조를 연구해 사이클로헥세인(C6H12) 유도체의 화학구조가 입체적이라는 이론을

발표한 공로로 1969년 노벨화학상을 받았지만, 우리에게 그리 친숙한 이름은 아니다. 반면 뭉크는 이번 꼭지에서 다룰 노르웨이 출신 화가인데, 그가 그린 〈절규〉(321쪽)는 미술과 친하지 않은 사람이라도 한두 번은 본 기억이 있을 만큼 유명하다. 실제로 뭉크는 노르웨이에서는 국민화가로 불릴 만큼 중요한 인물이다. 노르웨이 화폐에 그의 작품과 초상이 나올 정도다.

뭉크와 그의 대표작 〈절규〉가 노르웨이를 넘어 전 세계적으로 화제가 되었던 적이 있다. 노르웨이 릴레함메르(Lillehammer)란 도시에서 동계 올림픽이 열렸던 1994년으로 거슬러 올라간다. 당시 〈절규〉는 오슬로에 있는 노르웨이 국립 미술관에 보관 중이었는데, 어느 날 감쪽같이 사라졌다. 곧 올림픽이 열리면 전 세계인들이 노르웨이를 찾을 것이고 뭉크의 〈절규〉를 보기 위해 미술관에 들를 텐데 노르웨이 정부로서는 마른하늘에 날벼락을 맞은 것이다. 범인을 잡아 그림을 되찾기에 골몰했던 노르웨이 경찰국에서는 기지를 발휘했다. 누군가 천문학적인 거금으로 〈절규〉를 사고 싶어 한다는 거짓 정보를 흘렸고 이에 솔깃한 범인이 나타난 것이다. 이를테면 함정수사 같은 것이다. 다행히 범인을 잡아 그림을 되찾을 수 있었다. 범인은 팔 엥게르라는 전직 축구선수였다.

그로부터 10년 뒤인 2004년경 〈절규〉가 다시 한 번 탈취당하는 사건이 발생했다. 오슬로에 있는 뭉크 미술관 전시실에 복면을 쓴 세 명의 무장 괴한이 들이닥쳤다. 한 사람은 총으로 보안요원을 위협했고 다른 한 사람은 벽에 걸린 〈절규〉와 〈마돈나〉를 떼어 내어 도주했다. 전시실 안에 있던 수십 명의 관람객들은 놀란 나머지 멍하니 쳐다보고만 있었다. 2년 동안의 우여곡절 끝에 그림을 되찾았고, 〈절규〉는 다시 한 번 전 세계적으로 유명세를 탔다.

뭉크가 그린 붉은색 구름

2012년경 뭉크의 〈절규〉가 또 다시 외신에 등장했다. '이 그림 또 도둑맞았나보다'하고 지레짐작 했는데, 이번에는 미술품 경매 사상 최고가로 팔렸다는 소식이었다. 뭉크가 그린 네 점의 〈절규〉 가운데 유일하게 개인이 소장하고 있던 것이 1억1990만 달러(당시 한화 약 1321억 원)에 팔렸다. 흥미로운 건 그림이 도난당하는 일을 겪을수록 그림 값이 천정부지로 치솟았다는 사실이다. 희대의 도난사건이 그림의 가치를 올리는 최고의 마케팅 전략이 된 셈이다.

그 뒤로 한동안 조용했던 뭉크의 〈절규〉가 다시 외신에 등장한 건 뜻밖에도 노르웨이 기상학자들의 독특한 연구 때문이었다. 2017년 7월에 오스트리아 비엔나에서 열린 유럽지구과학연맹(EGU) 회의에서 오슬로대학교 지구과학과 헬레네 무리Helene Muri 박사는, 뭉크가 〈절규〉에서 자개구름(nacreous cloud)을 그렸다는 연구 결과를 발표해 주목을 끌었다.

자개구름은 진주조개처럼 아름다운 분홍색과 녹색으로 빛난다고 해서 진주구름으로 불리기도 한다. 일출 전이나 일몰 후 태양이 수평선보다 낮을 때 특히 아름답게 빛난다. 자개구름은 구름 자체에 색이 있는 게 아니라 태양광이 굴절·반사되면서 붉고 푸른 빛이 뒤섞여 나타나는 현상이다. 무리 박사

자개구름 사진(출처: 세계기상기구)

뭉크의 〈절규〉 속 하늘과 자개구름 비교(출처: 유럽지구과학연맹)

는 20년 넘게 오슬로에서 거주하면서 자개구름을 한 차례 목격한 적이 있다고 밝혔다.

자개구름이 발생하려면 몇 가지 조건이 충족되어야 한다. 무엇보다 높은 고도와 적절한 습도, 매우 낮은 기온이 유지되어야 한다. 고도 20~30km에 있는 겨울철 성층권이 여기에 해당된다.

뭉크의 〈절규〉에 등장하는 하늘을 기상학적으로 연구한 것이 무리 박사가 처음은 아니었다. 2004년경 미국 텍사스 대학교 천체물리학과 도널드 올슨Donald W. Olson 박사는 〈절규〉에 나오는 하늘이 1883년 인도네시아 크라카타우(Krakatau)섬에 있는 화산이 폭발을 일으켰을 때 그 영향으로 발생한 것이라는 연구 결과를 「Sky & Telescope」라는 저널에 발표했다. 엄청난 규모의 화산 폭발로 인해 암석의 파편들이 전 세계 대기 중에 퍼졌는데, 심지어 뭉크가 사는 북유럽 노르웨이의 하늘까지 붉게 물들였다는 것이다. 실제로 화산재는 파장이 짧은 파란빛은 주변으로 산란시키고 파장이 긴 붉은 빛만 그대로 통과시키기 때문에 하늘을 붉게 만든다. 뭉크가 바로 그 엄청난 광경을 목도한 뒤 〈절규〉를 그렸다는 것이다.

자개구름을 촬영한 사진은 세계기상기구(WMO)를 비롯한 기상 관련 사이트에서 확인할 수 있는데, 그 모습이 뭉크의 〈절규〉에 등장하는 하늘과 닮았다.

사람의 절규? 자연의 절규!

뭉크는 〈절규〉를 그리기 전인 1892년 1월의 어느 날 일기장에 이렇게 썼다.

"해질녘에 친구 두 명과 길을 걷고 있었다. 갑자기 하늘이 핏빛으로 물들었다. 나는 멈춰 서서 난간에 기대어 말할 수 없는 피곤을 느꼈다. 불의 혀와 피가 검푸른 피오르드 위 하늘을 찢는 듯했다. 친구들은 계속 걸었고 나는 뒤로 처졌다. 오싹한 공포를 느꼈고 곧 엄청난 자연의 비명소리를 들었다."

일기대로라면 뭉크는 분명히 자개구름을 목도한 게 맞다. 〈절규〉는 화폭이 91.3×73.7cm(세로×가로)로 1미터가 채 되지 않지만, 그림에 등장하는 인물의 표정과 색채는 매우 강렬하다. 핏빛 하늘 아래 흐늘거리는 사람이 해골 같은 얼굴을 감싸고 고통을 호소하고 있다.

과학자들의 연구 · 분석과 상관없이 미술계 전문가들은 뭉크의 〈절규〉를 인간의 보편적 고통을 표현한 작품으로 해석한다. 그림 속 인물이 길가에서 자연의 외부적인 힘에 반응하는 것은 의문의 여지가 없다. 하지만 뭉크가 표현한 부분이 실제적인 힘을 의미하는 것인지, 아니면 심리적인 것이었는지에 대해서 논쟁이 이어져왔다.

뭉크가 이 그림에 맨 처음 붙인 제목은 '자연의 절규'다. 그의 일기에도

'엄청난 자연의 비명소리'라는 말이 등장한다. 뭉크가 일기에 썼던 단어는 노르웨이어 'skirk'인데, 영어로 'shriek' 혹은 'scream'과 같다. 우리말로 옮기면 '절규' 혹은 '비명'이 된다.

영국 박물관 큐레이터 바트럼Giulia Bartrum은 뭉크가 일기에 쓴 표현대로 사람이 절규하는 게 아니라 '자연의 절규'를 듣고 놀라는 장면을 그린 것이라고 해석했다. 바트럼의 해석은 앞에서 소개한 과학자들의 연구 결과를 뒷받침 한다. 그림 속 인물인 뭉크가 정신착란적인 자신의 심리상태를 그린 게 아니라 실제로 그가 봤던 자개구름에 덮인 하늘을 그렸다는 얘기다. 뭉크는 일기장에 그 어마어마한 광경을 목도한 순간을 '자연의 비명소리'로 썼고, 바로 그 기억을 〈절규〉라는 그림으로 남긴 것이다.

죽음을 그릴 수밖에 없는 운명

뭉크는 자기가 그린 그림을 자신의 일부로 여겼고 그림이 팔리면 똑같은 그림을 다시 그려두곤 했다. 뭉크는 1893년에 〈절규〉를 그린 뒤 1910년까지 같은 그림을 세 장 더 그렸을 정도로 이 그림에 애착이 컸다.

〈절규〉는 뭉크의 작품 세계에서 큰 축을 형성한 '생의 프리즈(Frieze of Life)' 시리즈 가운데 하나다. 프리즈는 벽 윗부분에 거는 길고 좁은 액자인데, 뭉크는 삶과 죽음, 공포와 불신, 팜 파탈의 유혹과 허무한 사랑 등을 연작의 형식으로 그린 다음 이를 '생의 프리즈'라는 이름의 카테고리로 묶었다. 뭉크는 1893년 12월 베를린 전시회를 시작으로 1900년까지 '생의 프리즈' 연작들을 발표했는데, 그림에 담긴 어둡고 파격적인 주제로 자주 논란을 일으켰다. 훗날 뭉크는 '생의 프리즈' 연작을 통해 자신의 삶을 진솔하게 고백했다고 밝혔다. 그림으로 쓴 자서전이었던 것이다.

뭉크, 〈지옥에서의 자화상〉, 1903년, 캔버스에 유채, 82×66cm, 뭉크 미술관, 노르웨이 오슬로

뭉크의 인생과 예술을 몇 가지 키워드를 들어 설명한다면 가장 먼저 떠오르는 단어가 '죽음'이다. 그는 태어나면서부터 병약했을 뿐 아니라 어려서부터 가족들의 죽음을 보며 자랐다. 강박증이 심한 성격이상자인 아버지로부터 방패가 되 주던 어머니는 뭉크가 다섯 살 되던 해에 폐결핵으로 사망했다. 그가 열네 살 되던 해에는 늘 따뜻하게 대화를 나눴던 한 살 위 누이가 같은 병으로 세상을 등졌다. 뭉크 역시 열두 살에 건강 악화로 한동안 학업을 중단해야만 했다.

뭉크는 청년이 되었을 때도 여전히 쇠약했다. 스물한 살에 장학금을 받고 파리 유학의 기회를 얻었지만 또 다시 몸져누우면서 포기해야만 했다. 그리고 스물여섯 살 때 아버지마저 눈을 감았다.

비극은 거기서 끝나지 않았다. 그의 형제 중에 유일하게 결혼을 한 동생 안드레아가 결혼 몇 달 만에 목숨을 잃었고, 여동생 로라도 어려서부터 정신병원을 들락거리더니 쉰 살이 되기 전에 사망했다. 그로부터 5년 뒤에는 어머니를 대신해 뭉크를 보살펴주었던 카렌 이모까지 숨을 거뒀다. 뭉크는 평생 가족의 불행과 죽음을 안타깝게 지켜봐야 하는 기구한 삶을 살았다. 그의 인생에서 죽음, 공포, 불안, 질병, 우울을 빼면 기억에 남는 것이 없을 정도였다.

이러한 뭉크의 불행한 삶은 그의 예술의 핵심 주제가 됐다. 〈병든 아이〉(1886년), 〈절망〉(1892년), 〈절규〉(1893년), 〈불안〉(1894년), 〈병실에서의 죽음〉(1895년), 〈영안실〉(1896년), 〈죽은 엄마와 딸〉(1899년), 〈지옥에서의 자화상〉(1903년) 등의 작품들은 당시 그의 삶을 투영한다.

뒤틀린 사랑

뭉크의 작품에서 빼놓을 수 없는 또 하나의 테마는 '실연'이다. 그는 너무 어려서 어머니와 누나의 죽음을 겪으며 평생 애정결핍증의 굴레에 갇혀 살아야 했다. 뭉크가 여인과의 키스나 열애 같은 주제를 많이 다룬 이유는 어려서부터 뼛속까지 느꼈던 외로움 탓이기도 하다.

뭉크, 〈흡혈귀〉, 1895년, 캔버스에 유채, 91×109cm, 뭉크 미술관, 노르웨이 오슬로

뭉크는 몇 번의 뜨거운

연애를 경험했지만 결과는 좋지 못했다. 뭉크가 사랑했던 이성의 대상도 평범하지 않았다. 그는 자신의 재능을 일찍 알아봐준 화가이자 후원자 프리츠 탈로Frits Thaulow, 1847~1906의 형수를 열정적으로 사랑했다. 하지만 그녀의 자유분방한 생각과 행실은 뭉크를 질투와 불안에 떨게 했다. 그의 뜻대로 이루지 못한 사랑에 허무주의 작가 한스 예거Hans Jæger, 1854~1910의 영향까지 더해져 그 시절 뭉크는 여인, 질투, 키스를 반복해서 그렸다. 〈흡혈귀〉(1893년), 〈사춘기〉(1894년), 〈마돈나〉(1894년), 〈질투〉(1895년), 〈키스〉(1897년) 같은 작품에서 실연의 상처와 여성에 대한 배신, 혐오 등을 엿볼 수 있다.

서른 살 이후에도 뭉크의 불안한 사랑은 계속 됐다. 그는 서른네 살 때 툴라 라르센Tulla Larsen이라는 상류층 여인을 만나면서 잠시 안정된 삶을 누렸다. 그 시절 작품인 〈다리의 소녀들〉(1899년)이나 〈삶의 춤〉(1900년)을 보면 뭉크의 작품이 다소 밝아졌음을 느낄 수 있다.

하지만 라르센과의 사랑은 오래가지 못했다. 라르센은 매달리듯 끈질기게 청혼했지만 뭉크는 결혼할 생각이 없었다. 라르센은 뭉크와의 말다툼 끝에 권총으로 위협하다 실수로 뭉크의 손가락에 총을 쏘고 말았다. 이 일로 뭉크의 여성

뭉크, 〈살인녀〉, 1906년, 캔버스에 유채, 110×120cm, 뭉크 미술관, 노르웨이 오슬로

혐오증은 극단으로 치달았다. 뭉크는 끊임없이 사랑을 찾아 방황했지만 자신의 곁에 머물던 여인들은 모두 흡혈귀 같은 살인자와 다를 바 없다고 생각했다. 〈살인녀〉(1906년)와 〈마라의 죽음〉(1907년)이 그 시절 뭉크가 그린 그림이다.

죽음으로써 죽음이란 굴레에서 벗어나다

20세기 초는 나치즘과 파시즘이 득세하면서 유럽 전역을 전쟁의 공포로 질식시키던 때였다. 아이러니하게도 뭉크의 어둡고 우울한 그림들은 당시 사람들에게 큰 공감을 사며 큰 인기를 누렸다. 뭉크는 1933년경 프랑스 정부로부터 명예훈장을 받기도 했다.

하지만 뭉크의 삶은 불행했다. 가족의 병과 죽음으로 어려서부터 불안과 공포에 시달려야 했고, 어른이 되어서도 신경쇠약을 달고 살았다. 사람들과의 관계는 늘 삐걱거렸고, 특히 여성들과 불화했다. 노년으로 갈수록 혼자 지내는 고독한 시간이 늘어나면서 오로지 그림에만 빠져 살았다.

뭉크가 겪었던 정신적 고통을 지켜본 사람들은 그가 머지않아 세상을 등질 거라고 수군거렸다. 뭉크의 내면은 허무와 죽음이 지배했고, 그것으로부터 벗어나는 길은 죽음 밖에 없다고 뭉크 스스로도 입버릇처럼 얘기했다. 하지만 뭉크는 꽤 장수한 화가였다. 항상 죽음을 생각하며 죽음을 주제로 많은 그림을 남겼지만 역설적으로 그것은 긴 세월을 살았기에 가능한 일이었다.

뭉크는 노년에 이르러서도 여전히 삶의 허무를 그리는 데 몰두했다. 여든을 앞둔 1942년에 그린 〈침대와 시계 사이의 자화상〉에서는 자신의 삶이 거

뭉크, 〈침대와 시계 사이의 자화상〉, 1895년, 캔버스에 유채, 149.5×120.5cm, 뭉크 미술관, 노르웨이 오슬로

의 종착지에 다다랐음을 묘사했다. 그림 속 침대와 시계 사이에 서 있는 노인은 자신에게 주어진 시간이 얼마 남지 않았음을 알고 있는 듯하다. 그로부터 2년 뒤 뭉크는 오랜 번민을 끝내고 영면했다. _ Munch

허무한 키스

남자가 두 손으로 여자의 얼굴을 감싸 쥐고 애무하는 동안 여자는 앞으로 이어질 강렬한 성적 판타지를 기대하며 눈을 감고 있다. 여자의 표정은 정숙하고 우아하면서도 관능적이다. 음악적인 운율이 들리는 듯한 호화로운 무늬의 옷에 감싸인 둘의 육체는 이미 하나가 되었다.

사랑을 나누는 두 사람 뒤로 펼쳐진 초원의 흐드러진 꽃들도 춤추듯 환희에 차 있다. 캄캄한 밤, 우주는 이미 둘만의 몽환적인 행위의 결과인 듯, 별이 총총 박혀 아름답기만 하다.

하지만, 둘이 서 있는 곳은 한 발짝만 움직이면 천길 낭떠러지로 떨어질

클림트, 〈키스〉, 1907~1908년, 템페라, 180×180cm, 벨베데레 궁전, 오스트리아 비엔나

절벽의 끝이다. 사랑의 정열과 쾌락이 끝나면 아득하게 떨어질 것이다. 화가는 단순히 엑스터시의 폭발 후에 찾아올 허무한 나락만을 그린 것일까? 거기서 더 나아가 사랑의 아픔, 복잡하게 얽힌 관계, 내면의 번뇌까지 이야기한 게 아닐까?

고독한 사랑

클림트Gustav Klimt, 1862~1918는 그가 그린 그림만큼 신비에 쌓인 화가다. 그 흔한 자화상 하나 남기지 않았고, 자서전도 쓴 적이 없다. 평생 결혼을 하지 않고 독신으로 살았지만, 그가 세상을 떠나자 열네 명의 여인들이 친자확인 소송을 냈다.

그는 여성관계가 꽤 복잡했던 남자였지만, 정신적인 사랑을 나눈 여인은 단 한 명뿐이었다. 에밀리 플뢰게Emilie Flöge, 1862~1918! 그의 대표작 〈키스〉에 등장하는 바로 그 여인이라는 설이 유력하다. 그 말이 사실이라면 그림 속 남자는 클림트 자신? 그렇다면 〈키스〉는 클림트의 자화상?

에밀리는 클림트가 평생 정신적 반려자로 여겼던 여인이다. 에밀리는 클림트의 동생 에른스트Ernst Klimt의 처제다. 사돈지간인 두 사람이 서로 사랑하는 게 부도덕한 건 아니지만, 여성편력이 심한 남자가 평생 정신적 반려자로 삼은 여인의 속마음은 상처투성이였을 것이다.

클림트는 에밀리와 육체적 관계는커녕 키스조차 하지 않은 것으로 전해진다. 〈키스〉 속 여성이 에밀리가 틀림없다면, 클림트에게 있어서 에밀리는 세속적인 사랑을 나눌 수 없는 성녀 같은 존재였는지도 모른다. 클림트는 에밀리와 육체적인 쾌락에 빠지는 순간 그녀와의 관계가 낭떠러지로 떨어지고 말 거라고 생각했던 모양이다.

하지만 에밀리는 클림트의 그러한 분열적인 태도로 인해 더욱 외롭고 고독한 세월을 보내야 했다. 에밀리가 클림트의 무절제한 애정행각에 못 견뎌 2년 여에 걸쳐 그의 곁을 떠나있었을 동안, 클림트는 〈키스〉말고는 단 한 점의 그림도 그리지 못했을 정도로 실의에 빠졌다. 클림트는 에밀리와 재회했지만 두 사람의 관계는 조금도 달라지지 않았다. 그렇게 두 사람은 결혼도 하지 않은 채 평생을 함께했다.

금빛의 화가

클림트는 많은 여성들과 염문을 뿌렸고, 또 다양한 여성들을 그렸다. 클림트의 모델 중에 우리에게 많이 알려진 여인은 아델 블로흐 바우어Adele Bloch-Bauer다(338쪽). 그녀는 상류층 유부녀로 클림트의 유명한 걸작 〈유디트〉의 모델이기도 하다.

클림트가 그린 여성들의 모습은 눈이 부실 정도로 화려하고 관능적이다. 클림트는 금박을 이용해 대상을 더욱 돋보이게 묘사했다. 그가 작품 활동을 펼친 기간 가운데 금색 안료와 금박을 비중 있게 활용했던 시기를 가리켜 '황금시대'라 부를 정도로 클림트는 '금빛의 화가'였다.

사실 금은 아주 오래 전부터 화가들에게 대단히 매력적인 미술재료였다. 금은 지구상의 물질 가운데 가장 귀한 것 중 하나로, 화가들이 성스러움을 표현하는 데 안성맞춤이었다. 화가들은 성모 마리아나 예수를 비롯한 여러

치마부에, 〈산타 트리니타의 마에스타〉, 1280~1290년, 패널에 템페라, 385×223cm, 우피치 미술관, 이탈리아 피렌체

성인을 그리는 데 있어서 금만 한 게 없다고 생각했다.

13세기 이탈리아 화가 치마부에Cimabue, 1240~1302는 〈산타 트리니타의 마에스타〉에서 성모 마리아와 아기 예수의 배경에 도금술을 활용해 금박으로 마감했다. 치마부에는 기름 성분이 든 접착제를 밑그림 위에 칠한 다음 그것이 마르면 그 위에 얇게 금박을 발랐다. 금박은 접착제에만 붙고 나머지는 벗겨 낼 수 있기 때문에 섬세한 선 처리가 가능함을 치마부에는 잘 알고 있었다.

보티첼리Sandro Botticelli, 1444~1510는 대표작 〈비너스의 탄생〉에서 비너스의 금발머리에 소량의 금가루를 섞은 안료로 채색했다(46쪽). 금발머리는 비너스의 부자연스런 자세를 보정하듯 휘감으면서 음부를 가릴 만큼 길게 늘어트려져 있다. 보티첼리는 금발머리를 통해 비너스의 신비로운 존재감을 한 차원 더 고조시켰다.

그런데 당시 이탈리아 화가들은 금의 사용을 주저했다. 그 이유는 문학 뿐 아니라 미술에까지 엄청난 영향력을 행사했던 인문학자 알베르티Leon Battista Alberti, 1404~1472의 『회화론(Dela Pittura)』이란 책 때문이었다. 알베르티는 이 책에서 그림의 가치를 높이기 위해 안료에 금가루를 첨가하거나 도금을 활용하는 화가들을 비판했다. 그는 그림 전체를 금으로 장식한다고 해서 그림이 성스럽게 보이는 것도 예술적 가치가 올라가는 것도 아니라고 했다. 오히려 금을 과하게 사용할수록 천박한 그림이 될 수 있음을 경고했다. 화가가 금빛을 그리고 싶다면 화면에 금박을 붙일 게 아니라 연구와 실험을 통해 황금에 가까운 안료를 만들어 채색할 수 있어야 한다고 알베르티는 설파했다.

알베르티의 『회화론』이 유럽의 화가들에게 교본처럼 퍼지면서 한동안 미술계에서는 금의 사용이 급격히 줄어들었다. 그렇게 오랫동안 자취를 감췄던 금의 화려한(!) 복귀는 20세기 초 클림트를 통해서 이뤄졌다.

클림트는 금세공업자인 아버지의 영향으로 어려서부터 금을 접할 기회가 많았다. 하지만 그가 정식으로 화가의 길로 접어들면서 곧바로 금을 미술재료로 활용한 건 아니다. 부자가 아니고서는 금을 가지고 그림을 그린다는 건 예나 지금이나 상상하기 어려운 일이었다.

클림트가 금에 빠지게 된 계기는 이탈리아를 여행하면서 비잔티움 문명에 깃든 황금빛 모자이크에 크게 감명받으면서부터다. 금은 그 자체에서 빛을 발산하는 동시에 표면에서 빛을 반사하기도 한다. 금이 내뿜는 광채는 그림에 엄청난 역동성과 에너지를 가져다준다는 사실을 수백 년 전 선대 화가인 치마부에나 보티첼리처럼 클림트 역시 깨달은 것이다. 〈키스〉와 〈유디트〉, 〈다나에〉, 〈아델 블로흐 바우어〉(338쪽) 등 황금시대에 제작했던 일련의 작품들은 서양미술사에 클림트의 존재를 각인시키는 대표작이 되었다.

클림트, 〈아델 블로흐 바우어〉, 1907년, 캔버스에 오일·금·은, 138×138cm, 노이에 갤러리, 미국 뉴욕

매우 특별한 금속

금은 구약성서의 창세기에도 등장할 정도로 역사적으로 유서 깊은 금속이다. BC 3000년경 메소포타미아인은 금으로 만든 투구를 사용했고, 이집트의 왕릉에서도 호화로운 금제품이 출토됐다. 그리스인이 처음으로 금을 화폐로 사용하면서 인간의 물욕을 재는 척도로 자리매김했다. 금을 더 많이 소유하려는 욕망에서 연금술이 유행했고, 16세기 들어 금을 찾기 위해 긴 항해도 마다하지 않았으며, 결국 식민주의와 침략전쟁으로까지 이어지고 말았다.

금은 화학적으로도 매우 특별한 금속이다. 원소기호 Au는 라틴어 aurum(빛나는 새벽)에서 유래했으며, 영어 gold는 산스크리트의 빛을 뜻하는 jvolita에서 비롯됐다. 주기율표 11족 6주기에 속하는 구리족원소로, 원자량 196.97g/mol, 녹는점 1064.18℃, 끓는점 2856℃, 밀도 19.3g/cm^{3}의 값을 갖고 있다. 공기나 물에서 변하지 않으며, 빛깔의 변화도 없다. 아울러 전기나 열을 아주 잘 전한다.

금은 주로 자연금(自然金) 또는 일렉트럼(electrum:자연금과 자연은의 합금) 상태로 석영맥(石英脈) 속에서 황철석 · 방연석 · 텅스텐 광물 등과 함께 산출된다. 이 밖에 구리와 납, 아연 등 다른 금속광석 속에서 미립(微粒)의 자연금으로 출토되기도 한다.

순금의 빛깔은 그 상태에 따라 황색, 보라색, 녹색, 적색을 띤다. 얇은 박(箔)이 되면 투과광선에 의해서 녹색이 청색으로 변한다. 14세기경 제작된 제단화에는 금박이 많이 사용됐는데, 당시 화가들은 금의 빛깔 변화를 제대로 파악하고 있었다. 제단화에 금박을 붙이기 전에는 패널 표면에 적색 빛이 도는 점토를 칠했는데, 이는 금에 내재한 붉은 기운을 돋보이게 하기 위해서였다. 금은 붉은 빛을 띨수록 따뜻한 이미지를 연출함으로써 종교화 본연의 교화적 효과를 이끌어내는 데 탁월하다. 제단화에 사용한 금박이 자칫 녹색 빛을 띠게 되면 차갑게 느껴져 금 고유의 따뜻한 이미지를 해치게 된다. 수백 년 전이라고는 믿어지지 않을 정도로 금에 대한 화가들의 안목은 과학자 못지않았다.

'분리'라는 이름의 용기

클림트가 회화에 금박을 탁월하게 사용할 수 있었던 것은 이탈리아로의 답사여행을 통해 선대 화가들의 혜안을 제대로 터득했기에 가능했다. 금박으로 수놓은 클림트의 작품들은 돈 많은 미술애호가들을 열광시켰다. 부자들에게서 클림트 앞으로 다양한 제안과 주문이 쏟아졌다. 클림트의 불후의 명작으로 꼽히는 〈스토클레 프리즈〉는 그 중 하나다.

1903년 벨기에의 사업가 아돌프 스토클레Adolphe Stocle, 1871~1949가 건축가 요제프 호프만Josef Hoffmann, 1870~1956에게 저택 건축을 의뢰하자 호프만은 클림트에게 식당을 벽화로 장식해 줄 것을 요청했다. 벽화는 세 부분으로 구성되어 있는데, 중심에 〈생명의 나무〉가 있고, 왼쪽에 한 여인이 그려진 〈기대〉가, 오른쪽에 남녀가 깊은 포옹으로 황홀경에 빠진 〈성취〉가 있다.

스토클레 저택의 벽화에서 특히 인상적인 건 오른쪽의 〈성취〉다. 남녀의 포옹 장면은 〈키스〉의 구도를 닮았다. 남자의 등 뒤로 보이는 여자의 얼굴에서 남자를 향한 깊은 애정이 느껴진다.

클림트는 부와 명성을 얻었지만 안주하지 않았다. 새로운 시도를 두려워

클림트, 〈스토클레 프리즈*(기대, 생명의 나무, 성취)〉, 1905~1909년, 카드보드, 193.5×337.3cm, 응용미술 박물관, 오스트리아 비엔나.
(여기서 *프리즈(frieze)는 벽 윗부분에 거는 길고 좁은 액자로, 일반적으로 벽화를 의미함)

하지 않았고, 조국인 오스트리아 미술계에 만연한 구태에도 맞섰다. 그는 20여 명의 예술가들을 규합하여 빈(Wien) 미술가협회를 탈퇴해 빈 분리파(Wien Secession)를 결성하고 초대회장이 되었다.

빈 분리파의 첫 전시회에 5만여 명이 관람했고, 218점의 작품이 팔렸다. 개회식에 황제까지 참석할 정도로 전시회는 대성황을 이뤘다. 클림트는 「베르 사크룸(Ver Sacrum : 성스러운 봄)」이라는 매거진을 창간했고, 빈 분리파의 사옥까지 지을 정도로 초대회장으로서 왕성한 활동을 이어갔다.

1902년 제14회 분리파 전시회는 클림트가 주도한 분리파 운동의 정점으로 기억된다. 클림트는 전시회에서 연작 벽화 〈베토벤 프리즈〉를 제작해 발표했다. 〈베토벤 프리즈〉는 베토벤Ludwig van Beethoven, 1770~1827의 9번 교향곡 〈합창〉을 회화적으로 재현한 작품으로, 위대한 음악가에 대한 존경의 뜻이 담겨 있다. 전시회의 개막일에는 오케스트라가 베토벤의 〈합창〉을 연주하는 축하공연이 마련되었는데, 오케스트라의 지휘를 말러Gustav Mahler, 1860~1911가 맡았다.

어느덧 빈 분리파는 막강한 힘을 갖춘 권력집단이 되었다. 자연스럽게 내부 균열도 일어났다. 회원들 사이에서 클림트의 독주를 시샘하는 분위기가 생겨났고, 빈 분리파 밖에서도 다양한 비판이 쏟아졌다. 일반 대중들 사이에서는 클림트의 작품이 금의 과도한 사용으로 지나치게 사치스럽고 성적 표현이 너무 노골적이라는 비판도 제기됐다. 수백 년 전 미술재료로 금의 남용을 꼬집었던 알베르티의 경고가 대중들을 통해 재현된 것이다.

하지만 클림트는 굴복하지 않았다. 그의 대응은 또 다시 '분리'였다. 그는 빈 분리파에서 탈퇴하여 독자적인 행보를 걸었다. 진정한 분리파 예술가가 된 것이다. 이후 클림트는 〈키스〉, 〈다나에〉 등 누구도 흉내낼 수 없는 그만의 걸작들을 쏟아냈다.

클림트, 〈베토벤 프리즈〉 중 〈온 세계에 보내는 입맞춤〉, 1902년, 프레스코, 216×300cm, 벨베데레 궁전, 오스트리아 비엔나

삶 혹은 사랑으로부터의 '분리'

클림트는 1862년 오스트리아 비엔나 근교의 바움가르텐에서 금세공사 아버지와 오페라 가수 어머니 사이에서 일곱 남매 중 둘째로 태어났다. 아버지의 사업 부진으로 경제적으로 어려운 유년을 보내야 했다.

클림트,
〈에밀리 플뢰게〉,
1902년,
캔버스에 유채,
181×84cm,
빈 미술관 카를플라츠,
오스트리아 비엔나

열네 살 때부터 빈응용미술학교에서 7년간 모자이크, 금박, 도자기, 부조 등 다양한 공예장식 기술을 배웠다. 클림트가 공부한 것은 아카데믹한 순수미술하고는 다소 거리가 있었다. 아마도 가업을 이어받아 가족의 생계를 꾸려나가게 하기 위한 아버지의 의도가 작용하지 않았을까 싶다. 하지만 클림트는 어린 시절 우상이었던 한스 마카르트Hans Makart, 1840~1884에 매료되어 역사화가를 꿈꿨다.

클림트는 1883년 빈응용미술학교를 졸업하고 동생 에른스트 및 동창 프란츠 마치Franz Matsch와 함께 공방을 차리고 공공건물의 장식 일을 맡아 했다. 그는 비엔나의 새 국립극장 장식을 성공적으로 수행하면서 인정받기 시작했다. 아울러 금박을 이용한 회화를 발표하면서 직업화가로서의 명성도 함께 쌓아 나갔다.

클림트는 예술가로서 성공한 삶을 살았지만 사생활은 안정적이지 못했다. 평범한 가정을 꾸리지 못했고, 많은 여성들의 품을 떠돌았다. 클림트는 1918년 쉰여섯의 나이에 갑작스런 뇌출혈을 일으켜 쓰러졌고, 그로부터 한 달여 만에 합병증으로 숨을 거두었다. 그의 마지막은 역시 에밀리가 지켰다.

구태의연한 속박으로부터의 분리와 독립, 자유는 클림트가 예술가로서의 삶에서 늘 강조했던 최고의 가치였다. 클림트는 죽음을 통해 세상으로부터 분리했는데, 이것은 인간이라면 누구나 맞이해야 할 숙명 같은 분리다. 클림트의 죽음이 가져온 또 하나의 숙명 같은 분리는 바로 에밀리의 클림트로부터의 분리일 것이다. 클림트의 죽음으로 인해 그녀는 비로소 사랑이란 굴레에서 자유로워진 존재가 된 게 아니었을까?_ *Klimt*

분리파 이야기
- 분열과 갈등이 아닌, 융합과 통섭을 향한 분리 -

'분리'는 오해의 소지가 있는 단어다. 자칫 분열이나 갈등으로 읽혀 사회적 합의나 국가적 통합에 배치하는 말로 비춰지기 때문이다. 1897년 클림트가 주도해 만든 예술가 단체 빈 분리파도 마찬가지였다. 당시 오스트리아 미술계의 거대 기득권 조직인 빈 미술가연맹은 빈 분리파를 향해 갈등을 조장하는 반동세력으로 몰아붙였다.

분리파를 뜻하는 제체시온(Secession)은 라틴어 'secedo(분리하다)'에서 비롯한 개념으로, 낡고 구태의연한 생각이나 집단으로부터 분리해서(벗어나) 새로움을 추구하는 예술가들의 모임을 의미한다. 분리파 운동은 오스트리아보다 독일에서 먼저 시작됐다. 1892년 뮌헨 분리파가, 1897년에는 베를린 분리파가 결성됐다.

빈 분리파의 활동은 젊고 새로운 예술가들이 작품을 전시할 수 있는 기회를 제공하는 데 초점이 맞춰져 있었다. 이를 위해서 무엇보다 전시 공간을 만드는 것이 중요했다. 빈 분리파는 성황리에 끝난 첫 전시회 수익금을 재원으로 전시관(제체시온 홀)을 건립했다. 빈 분리파 소속 건축가인 요제프 마리아 올브리히Joseph Maria Olbrich, 1867~1908가 설계를 맡았다. 전시관 입구에는 "시대에는 예술을, 예술에는 자유를(Der Zeit ihre Kunst, Der Kunst ihre Freiheit)"이라는 표어를 내걸어 빈 분리파의 정체성을 분명히 했다.

빈 분리파는 새로운 예술의 존중과 소통을 장려했다. 순수미술인 회화에만 국한하지 않고, 공예와 디자인 등 응용미술에까지 활동 영역을 넓혔다. 아울러 미술 뿐 아니라 건축, 무용, 음악, 문학 등 서로 다른 예술 장르를 조화롭게 소통시켜 새로운 분야를 창출하는 실험을 이어갔다. 클림트가 제작한 벽화 〈베토벤 프리즈〉의 전시를 기념해 빈 필하모닉 오케스트라가 베토벤 9번 교향곡 〈합창〉을 말러의 지휘에 맞춰 협연하는 퍼포먼스를 선보였는데, 이는 음악과 미술이 제체시온 홀이라는 한 공간에서 어우러진 획기적인 이벤트였다.

하지만 빈 분리파는 오래 가지 못하고 두 진영으로 나뉘고 말았다. 응용미술을 강조하는 스승 클림트에 맞서 엥겔하르트Josef Anton Engelhart, 1864~1941 같은 제자들이 순수미술의 중요성을 주창하고 나선 것이다. 그럼에도 불구하고 빈 분리파는 근대 예술사에서 남다른 의미를 지닌다. 그들이 내세웠던 가치는 분열과 갈등이 아닌, 예술의 진정한 자유였기 때문이다. 현대 과학계와 문화계가 강조하는 융합과 통섭을 통한 실험정신은 빈 분리파가 주창해온 가치와 일맥상통 한다.

오스트리아 비엔나 제체시온 홀

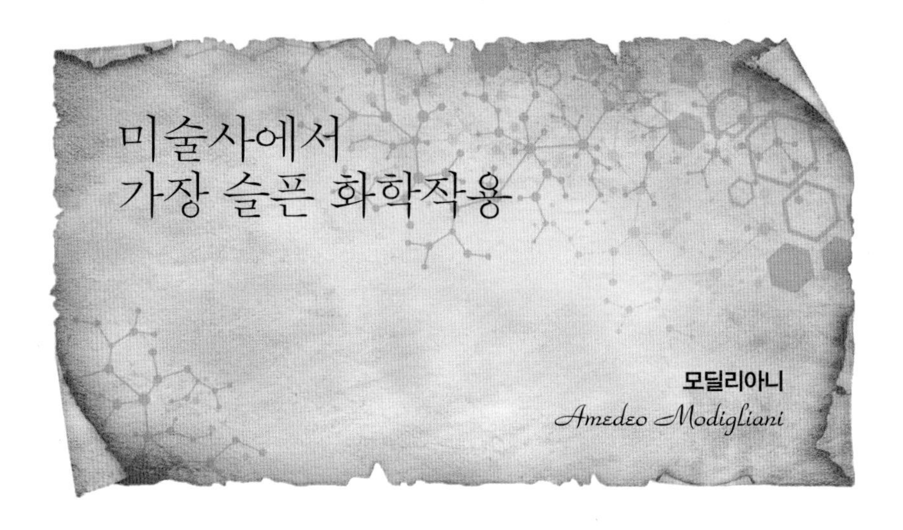

예술가 연인의 가슴 아픈 사랑이 담긴 전시회

미술전람회에는 여러 화가들의 그림을 모은 시대별(예: 고대아프리카미술전), 지역별(예: 러시아미술전), 사조별(예: 인상파전), 컬렉션별(예: 스위스왕립박물관전) 전람회가 있고, 개인전 또는 몇 사람의 합동전이 있다. 개인전은 한 화가의 작품뿐 아니라 인생까지 살펴볼 수 있어 의미가 남다르다. 몇 년 전 국내에서 열렸던 모딜리아니Amedeo Modigliani, 1884~1920와 그의 연인 잔느 에뷔테른Jeanne Hebuterne, 1898~1920의 특별전은 예술가 연인이 나눈 가슴 아픈 사랑을 테마로 한 기획이 돋보였던 전시였다.

에꼴 드 파리의 전설

모딜리아니는 1884년 이탈리아 토스카나 지방 리보르노(Livorno)라는 곳에서 이탈리아인 아버지와 프랑스 마르세유 출신 어머니 사이에서 넷째 아들로 태어났다. 초등학교 때부터 그림에 소질을 보여 열네 살 되던 해 리보르노미술학교에 들어가 화가 미켈리Guglielmo Micheli, 1866~1926에게서 미술을 배웠다. 열일곱 살 때 폐결핵에 걸려 요양 차 나폴리와 로마 등지를 여행했는데, 이때 이탈리아 고전회화와 조각에 심취하게 된다. 그는 이를 계기로 이탈리아로 유학을 떠나 피렌체미술학교와 베네치아미술학교에서 회화와 조각을 공부했다.

모딜리아니는 스물두 살에 파리로 옮겨 직업예술가의 길로 들어선다. 화가들의 성지인 몽마르트르에서 세잔Paul Cézanne, 1839~1906과 로트렉Henri Marie Raymond de Toulouse-Lautrec, 1864~1901과 교류하면서 그들의 회화에서 큰 영향을 받아 원과 기둥의 단순한 형태로 정리된 그래피즘(graphism)에 경도된다.

모딜리아니의 화풍은 어떤 사조라고 규정할 수 없다. 보통 모딜리아니를 '에꼴 드 파리파'(Ecole de Paris : '파리의 학교'라는 뜻으로 간략하게 '파리파'라고도 함)라고 하는데, 이것은 어떤 특정한 화풍을 일컫는 말이 아니다. 제1차 세계대전을 전후로 전 세계 미술지망생들이 예술적으로 자유롭고 풍요로운 파리로 몰려들었는데, 당시 이방인 예술가 집단을 가리켜 에꼴 드 파리파라고 불렀다.

그 시절 모딜리아니는 에꼴 드 파리파 가운데서도 단연 눈에 띄는 예술가였다. 대단한 미남이었고 옷도 잘 입는 모던보이여서 주변 사람들(특히 여성들)로부터 인기가 높았다. 그가 모델이 되어 달라고 하면 어떤 여성이든 그의 캔버스 앞에 서길 주저하지 않았다고 한다.

여성편력도 심했다. 많은 여성들과 교제했고, 그 가운데 몇몇 하고는 오랜 기간 동거도 했다. 그와 사귀었던 여성들은 대부분 뭇 남성들의 시선을 사로잡을만큼 미인이었고, 그 가운데 뛰어난 지식인도 적지 않았다.

이탈리아 고전미＋세잔 정물화 ＋로트렉 그래피즘＋아프리카 원시미술

미남 화가는 주변에 여성들이 많아 모델료 걱정을 하지 않을 정도로 유리할지 모르겠다. 하지만 모델이 줄을 섰다고 해서 초상화나 누드화를 잘 그리는 건 아니다. 미모와 실력은 무관하기 때문이다.

다행히 모딜리아니는 눈부신 미모만큼 화가로서의 자질도 뛰어났다. 개성이 넘치는 화풍은 늘 화제를 모았고, 그가 그린 인물화도 기존 회화와 달랐다. 만화 같은 외곽선, 긴 목과 늘어난 신체, 입체감을 배제한 평면성의 재발견, 모델의 눈동자를 그리지 않는 파격, 배경을 생략한 단순함, 조신하고 경직된 모델을 전혀 부자연스럽지 않게 묘사한 해석력, 세상과 격리된 듯한 모델의 표정에서 자아내는 신비감 등등. 모딜리아니만의 유니크한 매력은 한두 가지가 아니었다.

이러한 모딜리아니의 개성적인 화풍은 하루아침에 뚝딱 만들어진 게 아니다. 인물의 조신한 자세와 부드러운 곡선은 이탈리아 고전회화의 영향에서 비롯한 것이다. 만화풍의 외곽선과 평면감은 로트렉의 그래피즘을 공부한 결과다. 과감한 생략을 통한 단순함의 미학은 세잔의 정물화를 오랫동안

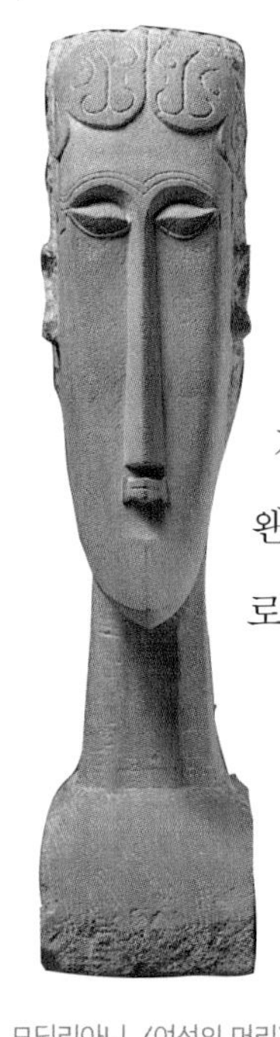

모딜리아니, 〈여성의 머리〉, 1912년, 석회암, 68.3×15.9×24.1cm, 메트로폴리탄 미술관, 미국 뉴욕

관찰하며 터득한 것이다.

하지만 무엇보다도 모딜리아니 인물화의 가장 큰 특징은 모델의 가늘고 긴 얼굴과 목, 그리고 눈동자 없는 눈이라 하겠다. 가늘고 긴 얼굴과 목은 어딘가 슬퍼 보이고 동공을 상실한 눈은 왠지 공허해 보인다. 그래서 모딜리아니가 그린 인물화는 세상으로부터 소외된 채 외롭게 살아가는 사람들의 모습으로 보인다.

모딜리아니는 한때 조각가를 꿈꿨는데, 그가 제작한 작품들을 보면 아프리카 가봉에 거주하던 팡(Fang)족의 가면 조각과 닮았다. 얼굴과 목이 길고 눈동자가 없는 모습이 마치 모딜리아니의 그림을 조각으로 옮겨놓은 것 같다. 모딜리아니는 이탈리아 고전회화와 그래피즘 그리고 아프리카 원시미술에까지 촉수가 미칠 만큼 예술적 호기심이 컸던 화가였다.

실패에 취약했던 나약한 남자

349쪽 그림은 모딜리아니와 운명적(!) 사랑을 나눴던 잔느의 초상화다. 이 그림에는 왼쪽으로 기울어진 얼굴, 길게 수직을 이루는 코와 목, 눈동자 없는 눈에 이르기까지 모딜리아니 특유의 개성 있는 화풍이 잘 나타나 있다. 그림 속 잔느의 모습은 마치 한 마리 고고한 학처럼 우아하지만 동시에 외로움과 슬픔이 한껏 배어 있다. 그녀는 긴 손가락으로 턱을 살짝 괴고 있는데, 이러한 자세는 도상학적으로 우울함을 나타낸다고 한다.

잔느의 깊은 슬픔은 어디서 비롯된 것일까? 그녀의 초상화를 보고 있으면 자연스럽게 모딜리아니와 잔느가 나눴던 사랑이 궁금해진다.

36년 밖에 살지 못한 모딜리아니를 평생 괴롭혔던 건 병약함과 가난이었다. 모딜리아니는 열한 살에 늑막염, 열네 살에 폐렴, 열일곱에 폐결핵에 걸려 학교를 그만 두어야 할 정도로 몸이 허약했다. 그가 좋아했던 조각을 포기하고 회화로 전향했던 이유도 건강과 가난 때문이었다. 조각 작업 중에 발생하는 먼지가 결핵을 앓았던 폐를 더욱 손상시켰고, 조각에 필요한 재료비를 감당하기에 경제적으로 궁핍했다. 결국 모딜리아니는 약 5년 동안 30여 점의 조각품을 완성하는데 그쳤다.

작자 미상, 〈팡족의 가면 조각상〉, 캐 브랑리 박물관, 프랑스 파리

조각가의 꿈을 접고 실의에 빠진 모딜리아니에게 평생의 은인이라 할 만한 두 사람이 나타난다. 한 명은 폴란드 출신의 시인이자 화가인 즈보로프스키Léopold Zborowski, 1889~1932이고, 다른 한 명은 바로 그의 연인 잔느다.

즈보로프스키는 가난한 모딜리아니의 화상이 되어 매일 15프랑씩의 생활비를 보태주었고, 평생 모딜리아니를 지지해 주었다. 1917년경 모딜리아니가 생애 처음으로 개인전을 여는 데도 전폭적인 지원을 아끼지 않았다. 많은 기대를 걸고 나선 개인전이었지만 출품한 누드 작품들이 음란 시비에 휘말려 유화는 하나도 팔지 못하고 소묘만 단 두 점이 팔리는 수모를 겪고 말았다.

모딜리아니는 큰 충격에 빠졌고 또 다시 좌절했다. 그가 실패할수록 그의 주변도 냉소적으로 변해갔다. 재능에 비해 얼굴만 잘 생긴 바람둥이 화가라는 곱지 않은 시선으로 그를 바라봤다. 그럼에도 불구하고 모딜리아니를 향한 잔느의 사랑은 한결 같았다. 잔느는 늘 그를 위로했고 신뢰했다.

사랑과 시련, 그리고 죽음

서른두 살의 모딜리아니는 자기보다 한참 어린 열여섯 소녀 잔느와 만나 사랑에 빠졌다. 잔느 집안의 반대에도 불구하고 두 사람은 동거를 시작했고, 아이를 낳았다. 모딜리아니는 잔느로 인해 잠시 안정을 찾는 듯 했고, 작품 활동에도 열중했다. 한때 모델이자 미술학도였던 잔느 역시 모딜리아니의 영향으로 회화 실력을 키워나갔다(실제로 그녀가 그린 작품들 가운데 수작으로 평가받을 만한 것들이 적지 않다).

하지만, 모범적인 가장으로서의 모딜리아니의 삶은 그리 오래가지 못했다. 오만하고 이기적인 성향이 그의 발목을 잡았다. 자기의 작품을 비판하는 사람에게는 매우 공격적이었고, 타인을 배려하기보다는 늘 자기만을 우선으로 여겼다. 대인관계가 여기저기서 삐걱거렸고, 그럴수록 창작과 전시의 기회도 줄어들었다. 결국 그는 또 다시 생활고에 시달려야 했다.

모딜리아니, 〈누워있는 나부(裸婦)〉, 1917년, 캔버스에 유채, 89.5×146cm, 개인 소장

잔느가 1919년에 그린 것으로 추정되는 〈모딜리아니 초상화〉(크기와 소장처 불명)

결국 모딜리아니는 남편으로서 아버지로서 져야 할 책임을 회피했다. 술과 마약에 젖어 살았고, 여성편력도 또 다시 심해졌다. 이런 남편을 잔느는 묵묵히 참고 하루하루 견뎌냈다. 하지만 빵 한 조각 구하기조차 힘겨워질 만큼 곤궁해지자 잔느는 어쩔 도리 없이 아이를 데리고 친정으로 돌아갔다. 그리고, 그게 끝이었다.

친정에서는 잔느와 아이까지는 받아들였지만, 모딜리아니는 집에 들이지 않았다. 외톨이가 된 모딜리아니는 그리움과 무력감에 더욱 피폐해져 갔다. 술에 의지해 하루하루를 연명하다 의식불명에 빠져 병원에 실려간지 하루 만에 숨을 거뒀다. 젊은 시절 앓았던 폐결핵이 치명적인 합병증을 일으켰다는 설이 있다. 모딜리아니의 죽음으로 잔느는 적지 않은 충격과 슬픔에 빠졌다. 이틀 뒤 그녀는 두 살도 채 안 된 딸을 두고 친정집 아파트 6층에서 뛰어내렸다. 그녀의 뱃속엔 임신 8개월 된 둘째 아이가 있었다. 황망하기 이를 데 없는 죽음이었다.

눈동자를 그릴 수 없었던 이유

누군가는 모딜리아니가 소심한 성격 탓에 낯가림이 심해 사람의 눈을 똑바로 쳐다보지 못해 그림 속 인물의 눈동자를 그리지 못했다고 말한다. 정말 그럴까? 모딜리아니와 잔느가 나눴던 대화 기록을 추정해 보건대 그건 아닌 듯하다.

어느 날 잔느는 자신의 초상화를 그린 모딜리아니에게 물었다.

"당신은 왜 내 눈동자를 그리지 않았나요?"

모딜리아니는 머뭇거리다 이렇게 대답했다.

"나는 당신을 사랑하지만 아직 당신의 영혼까지 느끼지 못했소. 당신의 영혼을 느끼게 되는 날 당신의 눈동자를 그리겠소."

모딜리아니는 그림을 그릴 때 모델의 겉모습 뿐 아니라 내면까지 들여다보려 했고, 그게 여의치 않은 경우에는 차마 눈동자를 그릴 수 없었던 게 아닐까? 하지만 그림 속 동공이 사라진 눈은 훨씬 깊고 내밀하게 느껴진다.

모딜리아니는 세상을 떠나기 몇 년 전 비로소 눈동자가 있는 잔느의 초상화를 그렸다. 이 그림을 본 잔느는 모딜리아니가 드디어 자신의 영혼 깊은 곳까지 느꼈다고 여겼을 것이다. 그녀는 모딜리아니야말로 자신의 운명과 같은 존재라고 다시 한 번 확신하지 않았을까? 운명 같은 사람이었기에 그의 운명이 다했을 때 자신의 운명도 끝나야 한다고 생각했던 게 아닐까?

두 사람은 파리 동쪽 20구에 있는 페르 라세즈 묘지에 함께 잠들어 있다. 묘비에 새겨져 있는 문구가 그들의 삶과 사랑을 함축하고 있는 것 같다. 모딜리아니의 것에는 "막 영광을 움켜쥐려는 순간 죽음이 그를 데려갔다"고 새겨져 있다. 누구도 거들떠보지 않았던 그의 첫 개인전에 공개된 누드화가 그로부터 100여 년이 지난 2018년 경매에서 무려 1억5,720만 달러에 팔렸다고 한다. 물론 100년이란 세월이 순간은 아니겠지만, 그래도 안타까울 따름이다. 잔느의 묘비에는 "목숨까지 바친 헌신적인 동반자"라고 새겨져 있다. 그녀의 마지막 유언은 "천국에서도 당신의 모델이 되어줄게요"라고 한다.

_ Modigliani

모딜리아니, 〈(눈동자를 그린) 잔느 에뷔테른의 옆 모습〉, 1918년, 캔버스에 유채, 46×29cm, 개인 소장

사랑도 화학이다?

모딜리아니를 향한 잔느의 사랑은 죽음까지 넘어설 만큼 강렬했다. 도대체 두 사람 사이에 어떤 '케미'가 작용했던 걸까? 요즘 유행처럼 쓰는 말 중 '케미(chemi)'라는 게 있다. 누구와 마음이 통하면 케미가 작용했다고 표현한다. 케미는 케미스트리(chemistry)를 줄인 말인데, 사랑이 싹트고 호감이 생기고 협력이 잘 되는 데에는 화학반응이 필요하다는 뜻이 담겨있다.

이는 과학적으로 전혀 근거 없는 말이 아니다. 최근 화학이 밝혀낸 바에 따르면 사랑을 나눌 때 우리 몸에서는 여러 화학물질들을 분비하여 반응하고 증강시킨다. 생물체에서 분비하는 화학물질들을 총칭해 호르몬(hormone)이라고 하는데, 이 말은 그리스어의 '자극'하다는 뜻에서 왔다.

화학자 부테난트Adolf Friedrich Johann Butenandt, 1903~1995는 나방이 극소량의 화학물질을 분비해 멀리 떨어진 이성(異性)을 이끈다는 사실을 통해서 페로몬의 존재를 밝혀낸 공로로 1939년 노벨상을 받았다. 1959년에 화학자 피터 칼슨Peter Karlson, 1918~2001과 마틴 루셔Martin Lüscher가 그리스어 '운반(pherein)'이라는 말과 호르몬을 결합하여 페로몬(pheromone)이라고 이름 지었다.

인간에게도 페로몬처럼 이성에게 이끌리게 하는 호르몬으로 페닐에틸아민(phenylethylamine)이란 게 있다. 마법처럼 첫눈에 반한다는 것이 바로 이 호르몬의 역할이다. 페닐에틸아민은 초콜릿의 주성분이기도 하다. 또 남녀가 함께 있으면 도파민(dopamine)과 엔도르핀(endorphin)이 분비된다. 도파

민은 연애 감정을 향한 기대감을 키운다. 엔도르핀은 유사아편이라고도 부르는데 고통을 잊게 하고 기쁨을 증강시킨다. 더 깊은 단계로 가면 남성은 테스토스테론(testosterone)이 분비되면서 성적 욕망이 고조된다. 여성은 에스트로겐(estrogen)이 분비되어 안정감을 갖고 몸과 마음을 열게 된다.

사랑이 최고조에 이르면 옥시토신(oxytocin)이 분비되는데 옥시토신은 '포옹 호르몬'이라고 부르듯이 친밀과 애착을 갖게 한다. 옥시토신은 여성에게 특별한 데, 출산을 돕고 모유의 분비를 촉진시킨다. 그런데 남녀관계가 장기간 지속되면 남성은 바소프레신(vasopressin)을 분비하여 상대에게 집중하게 되고 유대감이 커지므로 '일부일처제의 호르몬'이라고 부른다. 여성에게선 세로토닌(serotonin)이 분비되어 차분한 유대감을 증진시키는 동시에 성적 충동을 자제시킨다. 동물이나 인간이나 모두 여성이 임신을 하고 아이를 키울 때는 남성의 접근을 꺼리게 만들어 자손의 양육에 집중하면서 가정을 지키려는 마음을 지속시키는 것이 바로 옥시토신의 역할이라고 한다.

이렇게 말하면 인간이 사랑을 나누고 마음을 열고 상대를 아끼는 것이 단지 화학물질의 반응 때문이라는 것처럼 들린다. 물론 이러한 호르몬은 분명히 인간의 감정에 영향을 미친다. 하지만 인간의 마음에는 과학으로 다 설명할 수 없는 영역이 존재하는데, 그건 바로 본능을 컨트롤하는 '의지'가 아닐까? 잔느가 자살한 원인에는 옥시토신의 영향도 있겠지만, 지나치게 모딜리아니에 종속된 잔느의 정신적인 문제가 비극으로 몰아 간 것 같아 안타깝기 그지없다.

작품 찾아보기

인명 찾아보기

가·나·다 순

| 가 · 나 · 다 |

| 라 · 마 · 바 |

| 사 · 아 · 자 |

미술관에 간 화학자 | 두 번째 이야기 |

초판 1쇄 발행 | 2019년 05월 27일
초판 4쇄 발행 | 2023년 2월 10일

지은이 | 전창림
펴낸이 | 이원범
기획 · 편집 | 김은숙
마케팅 | 안오영
표지 및 본문 디자인 | 강선욱

펴낸곳 | 어바웃어북 about a book
출판등록 | 2010년 12월 24일 제313-2010-377호
주소 | 서울시 강서구 마곡중앙로 161-8 (마곡동, 두산더랜드파크) C동 1002호
전화 | (편집팀) 070-4232-6071 (영업팀) 070-4233-6070
팩스 | 02-335-6078

ISBN | 979-11-87150-56-5 04400
979-11-87150-34-3 (세트)